Rによる
計量経済学
第2版

秋山 裕 [著] Yutaka Akiyama

Econometrics

Ohmsha

本書に掲載されている会社名・製品名は、一般に各社の登録商標または商標です。

本書を発行するにあたって、内容に誤りのないようできる限りの注意を払いましたが、本書の内容を適用した結果生じたこと、また、適用できなかった結果について、著者、出版社とも一切の責任を負いませんのでご了承ください。

本書は、「著作権法」によって、著作権等の権利が保護されている著作物です。本書の複製権・翻訳権・上映権・譲渡権・公衆送信権（送信可能化権を含む）は著作権者が保有しています。本書の全部または一部につき、無断で転載、複写複製、電子的装置への入力等をされると、著作権等の権利侵害となる場合があります。また、代行業者等の第三者によるスキャンやデジタル化は、たとえ個人や家庭内での利用であっても著作権法上認められておりませんので、ご注意ください。

本書の無断複写は、著作権法上の制限事項を除き、禁じられています。本書の複写複製を希望される場合は、そのつど事前に下記へ連絡して許諾を得てください。

出版者著作権管理機構
（電話 03-5244-5088, FAX 03-5244-5089, e-mail : info@jcopy.or.jp）

JCOPY ＜出版者著作権管理機構 委託出版物＞

はじめに

　「学生のパソコン保有率は高まり、ほぼ100％になろうとしているのに、計量経済学を勉強している学生が少ない。企業でもパソコンが完備され、個人としても多くの人がパソコンを保有しているのに計量経済学に触れたことがない社会人が多い。このままでよいのだろうか。」と日頃から感じていました。

　初版本が増刷を重ね約10年を経過し、その間に、ビッグデータに注目が集まるなど、データ分析を取り巻く環境が大きく変化しているにもかかわらず、計量経済学を勉強する学生や計量経済学に触れたことがある社会人は、残念ですが、それほど増えていないようです。

　現在、日本の大学の経済系の学部の多くでは、統計学は必修でおかれています。そして、それを基礎として計量経済学を学び始めるわけですが、統計学から計量経済学には高いハードルがあるようです。

　この高いハードルを乗り越えるにあたって「R」が役に立つのではないかと感じています。

　経済系の学生の統計ソフトウェア環境の現状と学部レベルでの計量経済学教育の重要性の視点から「R」の利用は非常に有用であると考えられます。初版本の発行時の状況は、約10年経過した時点でも、変わっていないといえるでしょう。

経済系の学生の統計ソフトウェア環境

　多くの大学では、経済系の学部学生は大学のコンピューターで統計解析用のソフトとして、SAS、SPSS、TSP、Stata、Eviews などを利用することができると思います。

　一方、学部の1、2年で学ぶ統計学の講義ではこれらのソフトではなく、Excel が広く利用されていると思います。統計学を勉強するにあたって、講義を聴くだけでは不十分であるため、回帰分析であれば、Excel の分析ツールを利用した課題を課して学習している大学が多く存在します。

iv　はじめに

　統計学は不思議な領域で、数理的なハードルが高いと感じる学生でも、実際にデータに接して、計算を繰り返してみることで分析のイメージが沸き、楽しさを実感することが多くあります。実際に私もそのような学生をたくさん見てきました。

　統計学では、課題が出された場合、学生はどうしているでしょうか。多くの学生は自分の家のパソコンの Excel で計算を行い、Word で文章を作成し、それを推敲する間にまた Excel で再計算し、また Word で文章を練りなおします。「考える」ことを要求するような充実した課題であればあるほど、試行錯誤が重要です。この試行錯誤は大変ですが、これこそが勉強における「深い理解と真の楽しさ」をもたらすのです。

　計量経済学も統計学と同様に実際にデータに接して計算を繰り返すと学習効果が高まる学問領域ですが、学生諸君は自分の家のパソコンに Excel 以外の統計ソフトを持っていないため、十分な試行錯誤ができないのが現状です。

R と計量経済学

　こうした経済系の学生の不十分な統計ソフトウェア環境を改善する方法として、R の利用が考えられるのです。

　R はフリーソフトウェアであり、導入にあたって全くお金がかかりません。R を自分の家のコンピューターにインストールすることができ、いつでも使うことができます。大学に行かないと使えないということはありません。

　もちろん、R は、マウスでメニューを選ぶだけで実行できる他の統計解析ソフトウェアに比べ使い勝手の点で劣るところもあります（R コマンダーによって改善は進んでいます）し、現状では分析の限界もあります。

　現状ではそのような欠点もありますが、自宅で試行錯誤をしながら課題に取り組むことによって計量経済学を学ぶことができるという大きなメリットを R は保有しているのです。

　計量分析ソフトにはたくさんの種類がありますが、1 つのソフトを使えるようになれば、別のソフトを使うのは非常に簡単になります。しかし、1 つ目のソフトを身につけることは多くの学生にとってはとても大変なようです。この1 つ目のソフトを身につけるというハードルを自宅で試行錯誤しながら乗り越えることができるというメリットも R にはあるのです。

本書のねらい

　本書は、慶應義塾大学経済学部の第2学年に設置されている半期2単位科目である「計量経済学概論」の講義ノートを元にしています。「統計学」の基礎を勉強した学生が、「計量経済学」を本格的に学ぶ前に、コンピューター上で実際にデータに触れながら計量経済学についての概要を知ることを目指しています。私が担当している「計量経済学概論」は大教室の講義科目であり、講義中に学生諸君が演習を行うことはありません。私がスクリーン上でRおよびExcelの操作を実演し、学生諸君がそれを自主的に大学のコンピューター室や自宅で復習を兼ねて例題、練習問題、レポート課題を行っています。半期2単位科目という限られた時間の中ですから取り上げられる項目や説明の深さには限界がありますが、計量経済学のさらなる勉強につながることを常に意識しています。

　回帰分析に関しては、一部は統計学の復習も兼ねています。本書で取り上げるトピックは計量経済学の一部にしかすぎませんし、各トピックにおける診断方法や対処方法なども最も単純で最も簡単に行えるものに限定しています。これは、まずは計量経済学についての概要を知ること、Rを通じての計量ソフトの利用の導入であることを重視した結果です。

　Rの操作については、Rコマンダーは用いず、コマンドのかたまりとしてのスクリプトファイルの構築を元にしています。これは、試行錯誤の中でのエラーやミスを自ら解決しやすい面を重視したものです。また、データについてはExcelファイル（CSV形式保存を利用）で整理し、それをRのコマンドで読み込む形式を採用しています。これは、学生がすでにExcelの基本操作に慣れているという面と、将来、大量のデータを利用しての分析をしやすいようにという面を重視したものです。

この本の使い方

　第1章と第2章では、計量経済学についての概観を述べています。計量分析は単にデータをいじるのではなく、経済理論に基づいて、目的を持った分析を行うことが重要であることを学びます。

　第3章から第6章では単純回帰分析を用いてRの使い方を学ぶ（Rのインストールと基本操作については巻末に付録として掲載しました）とともに、係数の推定や有意性の検定とともに自己相関や不均一分散など経済分析特有の問

題について学びます。

　第7章から第10章では重回帰分析を用いて、変数の選択や構造変化などの実用面で有用な分析から、需給均衡を想定した同時方程式体系での推定について学びます。

　第3章以降では、その章で取り上げるトピックを解説し、Rでの操作手順、アウトプットの解釈という流れで構成しています。また理解を深めるためにExcelの分析ツールを利用した場合についても説明が加えられています。

　各章末には、練習問題と演習問題があります。練習問題は、計量経済学の基礎に関しての各章の復習問題となっており、第5章以降の練習問題には、各種白書などで実際に行われている分析例を題材とした問題が含まれています。演習問題は第3章以降についており、実際の経済データを用いてRによる分析を行うものです。これら練習問題と演習問題については、巻末にその解答および解説がまとめてあります。練習問題を通じて、基礎を身につけるとともに、他の人の研究も理解する力をつけ、さらに演習問題を通じてRの操作の確認を通し自らの分析能力を高めていくことを目的としています。

　本書で説明されるRのプログラムおよび用いたデータについては、すべてオーム社ホームページ（http://www.ohmsha.co.jp/）に掲載されています。ダウンロードして利用されることをお勧めします。

第2版における追加および更新

　第2版において、本文における説明などについて、よりわかりやすくするための改訂を行いましたが、それに加えて、以下のような追加・更新を行いました。

- Macユーザーの増加に対応するため、Windows版だけでなく、Mac版に関する記述を追加しました。
- 第5章、第6章では、自己相関や不均一分散の問題解決にあたって、変数変換による対処方法のみの記述でしたが、他の対処方法を知りたいという要望に応えるため、推定方法の変更による対処の節を追加しました。
- 時系列データの観察を行いやすくするため、第5章に、時系列グラフの作成に関するコラムを追加しました。
- 重回帰分析においても実績値と理論値を図によって比較できるようにするため、第7章に、実績値と理論値の図の作成に関するコラムを追加しました。
- 多重共線性の検討を行いやすくするため、第8章に、図による検討を追加

しました。

- いろいろな分析を行うために必要となるパッケージの追加に関するコラムを、巻末付録に移動させ、より使いやすくしました。

- 本書の内容をより学びやすくするため、練習問題を追加し、第1章から第10章までのすべての章末の練習問題数を6問としました。

- 現実に行われている計量分析に触れてもらう機会を増やすため、第4〜10章のそれぞれの練習問題6問のうち、3問は各種白書を題材とした問題としました。その際には、なるべく新しいものを題材としました。

- 現実のデータを用いた分析を通じて、より理解を深めてもらうため、第3〜10章までのすべての章末の演習問題数を2問としました。

- なるべく現在の経済について考えてもらう機会を増やすため、初版と同じ内容の演習問題については、データの更新を行いました。

対象となる読者

本書は、「経済系の学部学生で統計学の基礎（推定と検定）を勉強した人」を念頭におき「計量ソフトを用いながら計量経済学の基礎を勉強したいと思っている人」を対象にしています。

特に、計量経済学について知りたいけれど、同時に「高価な計量ソフトの購入に躊躇している人」にぜひ試していただきたいと考えています。

また、本書は、計量経済学により経済分析を行ううえで、「経済学」、「統計学」、「計量ソフトの利用」を組み合わせながら理解することを特に意識しています。そこで、

- 経済理論の基礎は学んだけれど、実際の経済分析で統計学とどのような結びつきがあるのか、計量経済学の基礎や考え方の概観を知りたい人
- 経済系以外の専攻の人で統計学の基礎は知っているけれども、それを経済理論に基づく経済分析でどのように使えるかを知りたい人
- 統計学を知らなくても Excel についてある程度の馴染みがあって経済分析について知りたい人

についても対象となると考えています。もちろん、すでに R についてある程度知っていてその応用分野を広げたいと考えている人にも有用であると考えられます。

学生ならばご両親に買っていただいたり、アルバイトをして購入したコンピューター、社会人ならば自らの資金で購入したコンピューターをお持ちでしょう。しかし、計算といったら Excel でしかしたことがない方々、これを機会にご自分のコンピューターの能力を活用して計量ソフトを動かして、ご自身の可能性を広げ、ご自身の能力を伸ばしてみませんか。

2018 年 9 月

秋　山　　裕

R の注意点

(1) 本書のとおりにやったはずだけれどもプログラムが実行されないとき、まずは次の 2 点について確認してください。

　①全角と半角の混同はないか。R では変数名以外はすべて半角で記述しなければなりません。本書では、グラフタイトルの日本語表示以外は変数名も含めてすべて半角にしてあります。

　②大文字と小文字の混同はないか。R では関数名や変数名など大文字と小文字は区別されます。例えば、XA と Xa は異なる変数として認識されてしまいます。

(2) 独自の分析を行う際には次のようなルールに基づいて変数名を設定してください。

　①変数名の最初に半角数字を入れるとエラーとなります。

　②アルファベットの大文字と小文字は区別されます。

　③コマンド名として使われる単語（予約語）は使うことができません。
　　予約語のリストは、http://cran.r-project.org/doc/manuals/R-lang.html で確認することができます。

(3) R のバージョンアップについて
　　R は頻繁にバージョンアップされます。画面上の表示メニューの形式などを除いて基本的な部分についての変更はほとんどありません。画面上の表示が異なっても適宜読み替えて使ってください。
　　新しいバージョンの R をインストールした場合、拡張パッケージは引き継がれません。新しいバージョンのパッケージをインストールする必要があります。

(4) R での小数表現について
　　R では Excel などと同様に、小さい値（および大きな値）については、桁数を節約するために指数表記となります。例えば、1.23e-06 と表示されたら、これは $1.23 \times 10^{-6} = 0.00000123$ を表すことになります。同様に、1.23e+06 と表示されたら、これは $1.23 \times 10^{6} = 1230000$ を表すことになります。

目　次

はじめに iii

第 1 章　経済学と計量分析 1

1.1　経済分析における計量分析の増加 2

1.2　経済分析と経済理論 3

　1.2.1　問題解決のための経済理論 3

　1.2.2　経済理論だけでは分析ができない 4

1.3　経済理論の必要性 8

　1.3.1　データ分析手法だけでも分析ができない 8

　1.3.2　説明変数の選択が必要 8

　1.3.3　見せかけの関係 9

1.4　統計分析と経済理論 11

　1.4.1　観察できない変数 11

　1.4.2　識別できない関数 13

1.5　経済分析の 3 つの柱と計量経済学 15

練習問題 17

第 2 章　計量経済学とは 19

2.1　経済学と計量経済学 20

　2.1.1　計量経済分析の流れ 20

　2.1.2　計量経済分析の例 21

2.2　社会科学と実証 28

　2.2.1　消費関数 28

　2.2.2　生産関数 33

2.3　計量経済学の発展 38

　2.3.1　計量経済学の方法論 38

　2.3.2　古典的最小 2 乗法でおかれる仮定と実際 41

　2.3.3　回帰分析と本書の構成 42

練習問題 44

第 3 章　単純回帰分析 45

3.1　最小 2 乗法 46

　3.1.1　最小 2 乗法とは 47

3.2　関数の特定化と回帰分析 51

x 目 次

3.2.1 関数の特定化 51
3.3 R による単純回帰分析 53
3.3.1 R による単純回帰分析 53
3.4 同じことを Excel でやると 62
まとめ 76
練習問題 76

第 4 章 回帰式の説明力と仮説検定 79
4.1 決定係数 80
4.1.1 誤差分散と標準誤差 80
4.1.2 自由度 81
4.1.3 残差平方和の性質 82
4.1.4 決定係数 83
4.2 回帰係数の信頼性 85
4.2.1 古典的最小 2 乗法でおかれる仮定 86
4.2.2 回帰係数の標準誤差 91
4.3 回帰係数の有意性の仮説検定 97
4.3.1 仮説検定と t 分布 97
まとめ 101
練習問題 102

第 5 章 自己相関 105
5.1 自己相関 106
5.1.1 古典的最小 2 乗法の仮定と自己相関 106
5.1.2 自己相関が発生する状況 110
5.2 自己相関の検定 110
5.2.1 ダービン=ワトソン統計量 111
5.2.2 ダービン=ワトソン統計量による検定 113
5.2.3 R のパッケージによる検定 115
5.3 自己相関への対処 121
5.3.1 変数変換による対処 121
5.3.2 変数変換が伴う危険性 127
5.3.3 一般化最小 2 乗法による推定 128
5.4 同じことを Excel でやると 131
まとめ 135
練習問題 136
コラム●時系列グラフの作成 142

第 6 章　不均一分散......149

6.1　古典的最小 2 乗法の仮定と不均一分散......150
6.1.1　回帰式の説明力......150
6.1.2　外れ値の回帰係数の推定への影響......152
6.1.3　不均一分散が発生する状況......153

6.2　不均一分散の検定......154
6.2.1　カイ 2 乗分布と BP テスト......155
6.2.2　R のパッケージによる検定......157

6.3　不均一分散への対処......164
6.3.1　変数変換による対処 1（対数化）......164
6.3.2　変数変換による対処 2（比率）......169
6.3.3　一般化最小 2 乗法による推定......173

6.4　同じことを Excel でやると......177
まとめ......180
練習問題......181

第 7 章　重回帰分析......189

7.1　重回帰分析......190
7.1.1　回帰係数の推定......190
7.1.2　R による重回帰における推定......194
7.1.3　同じことを Excel でやると......195

7.2　回帰係数の仮説検定......197
7.2.1　回帰係数の標準誤差......197
7.2.2　回帰係数の仮説検定......200

7.3　重回帰分析における回帰式の説明力......202
7.3.1　決定係数......202
7.3.2　自由度修正済決定係数......203

まとめ......206
練習問題......207
コラム●実績値と理論値の比較......213

第 8 章　多重共線性と変数選択......219

8.1　重回帰分析と多重共線性......220
8.1.1　回帰係数の標準誤差......220
8.1.2　多重共線性......222

8.2　多重共線性の検討......224
8.2.1　R による多重共線性の検討......225
8.2.2　同じことを Excel でやると......230

8.3　多重共線性への対処......232

xii 目　次

　　8.3.1　データの収集 232
　　8.3.2　変数変換 232
　8.4　変数選択 233
　　8.4.1　赤池情報量基準 233
　　8.4.2　R での変数選択 234
　まとめ 237
　練習問題 238

第 9 章　構造変化、理論の妥当性のテスト 245
　9.1　ダミー変数 246
　　9.1.1　ダミー変数の設定 1（定数項ダミー） 246
　　9.1.2　ダミー変数の設定 2（係数ダミー） 248
　9.2　R による推定 251
　9.3　構造変化のテスト 256
　　9.3.1　t 検定による構造変化のテスト 256
　　9.3.2　F 検定による構造変化のテスト 257
　　9.3.3　同じことを Excel でやると 260
　まとめ 263
　練習問題 264

第 10 章　同時方程式体系 273
　10.1　識別問題 274
　　10.1.1　経済理論と識別問題 274
　　10.1.2　構造方程式と古典的最小 2 乗法 277
　10.2　構造方程式と誘導形 279
　10.3　同時方程式体系の推定 280
　　10.3.1　間接最小 2 乗法 280
　　10.3.2　2 段階最小 2 乗法 281
　10.4　R のパッケージによる推定 282
　10.5　同じことを Excel でやると 288
　まとめ 291
　練習問題 291

付　録 297
　付録 A　R のインストールと基本的操作 298
　付録 B　練習問題解答 312

　参考文献 368
　索　引 369

第1章
経済学と計量分析

　本章では、経済学と計量分析の関係について説明していきます。最初に経済分析における計量的分析が近年、急速に増加していることを紹介します。

　そして、その背景として、経済理論を用いて現実の経済を考えるにあたっては統計分析が必要であることを説明します。また、その一方で、経済理論なしに統計分析だけで経済現象を分析しようとしても困難であることを説明します。さらに、経済分析を行うにあたって、経済理論と統計分析を単純に組み合わせればよいわけではなく、そこには工夫が必要となってくる、すなわち計量経済学の重要性を指摘します。

1.1　経済分析における計量分析の増加

　一般の経済分析において計量的分析が用いられる頻度が増えてきています。経済活動がより複雑なものになるに従って、経済のあらゆる局面でより精密な経済分析が必要となってきていますが、コンピューターの発達に伴い、統計学を利用した計量分析が一般の人を対象とした文献にも以前と比較してさらに多く登場するようになってきました。

　例えば、『経済財政白書』は、毎年、政府が日本経済の現状について経済分析を行った結果を一般の国民に対して公表しているものですが、数ある白書の中で最もよく売れているこの『経済財政白書』においても統計分析の占める割合が年々増加しています。図 1.1 は、代表的な計量分析の1つである回帰分析が『経済財政白書』にどのくらい登場しているかという頻度の推移を表したものです。毎年の変動はあるものの、長期的には確実に増加傾向にあることがわかります。今後さらにコンピューターなどにおける統計的分析が容易になっていくわけですから、この傾向は間違いなく続くでしょう。

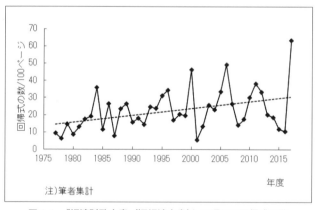

図 1.1　『経済財政白書（旧経済白書）』に現れる回帰式の数

　また、図 1.2 は、世界でも代表的な経済学に関する学術雑誌である"American Economic Review"の中の論文における計量分析の利用割合（有意性の検定を含むものとして算出）の推移を示したものです。"American Economic Review"は決して計量的分析のみに関する学術雑誌ではなく、経済

学全般にわたる学術雑誌です。現在は、ほとんどの論文で統計資料からの数値の引用が行われていますが、それだけにとどまらず、その数値の発生の仕組みなど、計量分析を利用して分析する論文が年々増加しているのです。

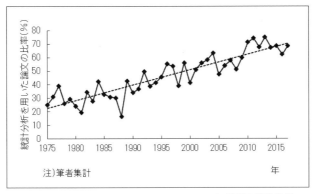

図1.2 "American Economic Review"における統計分析

こうした理由から計量的分析は、実証分析をやってみたい人にとってはもちろん、将来研究者として「純粋」な理論分析をやりたい人にも、経済の歴史や経済思想の研究をやってみたい人にも必要とされる分析方法となってきています。

1.2 経済分析と経済理論

1.2.1 問題解決のための経済理論

経済学は、非常に幅の広い学問です。人類は、個人レベルや国家レベルなどいろいろなレベルにおいて「幸福」という究極の目的を達成するために懸命に生きてきました。現在、経済学は細分化されていますが、その根源は、解決すべき経済問題があり、その問題を解決するためにはどのようにしたらよいか、にあるという点では1つです。

ある経済問題についての解決策を考えるには、現状を分析し、その現状を生み出した経済構造を明らかにする必要があります。経済構造が明らかになることによって、経済のどの部分にどの程度の刺激を与えれば、あるいは治療を施

せば問題が解決するかがわかるようになるのです。

　それでは、経済構造を明らかにするにはどのようにしたらよいでしょうか。現実の経済は非常に複雑です。そのため、ある程度抽象化し集計して考えます。経済理論は、複雑な経済をある程度抽象化して重要な要素に注目し、その経済の各要素の相互依存関係を見出したものです。

　例えば、マクロ経済学は一国の経済活動の大きさがどのように決まるかについて、家計、企業、政府などの集計した主体ごとの行動の結果、現れる経済指標間の関係についての経済法則をまとめたものです。マクロ経済が深く研究されることによって、研究は細分化され、一部にしか注目しないこともありますが、根源的な目的は一国の経済活動の大きさがどのように決まるかです。なぜ、一国の経済活動の大きさがどのように決まるのかが目的になるかというと、相対的な所得分布が一定であるとすれば、一国全体の杯が大きくなれば、一人当たりの所得が大きくなるためです。つまり、一国の経済活動の大きさが決定されるメカニズムがわかれば、経済活動を活発にさせる政策を見出すことができ、不況から早く脱したり、経済を安定させたり、成長を加速させたりすることができるようになるのです。図1.3に表すように経済理論は経済問題を考えるために存在するのです。

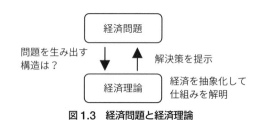

図1.3　経済問題と経済理論

1.2.2　経済理論だけでは分析ができない

　経済学を学ぶにあたって、最初に経済理論としてマクロ経済学やミクロ経済学を学んでいきます。前項で説明したように、マクロ経済学は一国の経済規模がどのように決まるかを説明しようとする学問ですが、ミクロ経済学は市場での価格がどのように決まるかに関連する経済法則をまとめたものです。なぜ、市場での価格がどのように決まるかが目的になるかというと、限られた資源をより有効に使うには、どのようにしたらよいか、という重要な問題を市場取引を通じて解決するには財の価格が正しく決まることが必要なためです。ある財

の価格は市場参加者の需要と供給のバランスで決まります。人々が必要と考える財の価格は高くなり、それを生産しようとする人が増加し、必要と考えない財の価格は低くなり、それを生産しようとする人が減少します。この過程を通じて人々が必要とする財が必要とするだけ生産され、資源が有効活用されるとともに人々がより幸福になることができるのです。

では、マクロ経済学やミクロ経済学の初級を学んだだけで、経済分析が可能となるでしょうか。簡単な例を見ながら考えていきます。

（1）マクロ経済学での例

次の例は、マクロ経済学を学び始めてすぐに学ぶ乗数理論を用いた問題です。

【例題1.1】マクロ経済学の問題

次のような閉鎖経済を想定します。

$$Y = C + I \tag{1.1}$$
$$C = 40 + 0.75\,Y \tag{1.2}$$

ただし、Y：GDP, C：消費, I：投資（民間＋政府）〔兆円〕

であり、完全雇用が達成されていないときの投資乗数を求めてください。

これは非常におなじみの問題でしょう。この投資乗数の値がわかれば、例えば $\Delta I = 1$〔兆円〕の公共投資を行ったとき、GDP がどれだけ増加するかを求めることができます。これによって景気浮揚策を政府が実施するときの投資規模とその経済効果を考えることができるのです。

この体系における投資乗数は、(1.2) 式を $C = \alpha + \beta Y$ として (1.1) 式に代入して、Y について解くと、

$$Y = \alpha + \beta Y + I$$
$$(1 - \beta)Y = \alpha + I$$
$$Y = \frac{\alpha}{1 - \beta} + \frac{1}{1 - \beta}I \tag{1.3}$$

となります。すなわち、投資の増分の $\dfrac{1}{1 - \beta}$ 倍の GDP の増加がもたらされることから、投資乗数は $\dfrac{1}{1 - \beta}$ となるのです。この例題では、$\beta = 0.75$ ですから、1 兆円の公共投資によって、その $\dfrac{1}{1 - \beta} = \dfrac{1}{1 - 0.75} = 4$ 倍、すなわち 4 兆円の

GDP が創出されることがわかります。

しかし、この 4 という投資乗数の大きさを決定するのは、消費関数 $C = \alpha + \beta Y$ の β の値です。この限界消費性向の大きさによって投資乗数の大きさが変わります。例えば、$\beta = 0.5$ ならば投資乗数は 2 にすぎませんし、$\beta = 0.9$ ならば、投資乗数は 10 にもなります。

それでは、この限界消費性向 β はどのように求められるのでしょうか。経済理論を学ぶときには、これらの値は決まっているものとしていますが、実際にこの理論を用いようとするならば、その国の β の値を推定しなければなりません。

すなわち、経済理論を現実の問題の解決に役立てようとすると、関数に現れる係数の推定が不可欠となるのです。

（2）ミクロ経済学での例

また、次の例は、ミクロ経済学を学び始めてすぐに学ぶ効用最大化に関する問題です。

【例題 1.2】 ミクロ経済学の問題

X 財（みかん）と Y 財（りんご）を消費するある個人の効用関数が、

$$U = X^2 Y^3 \tag{1.4}$$

で示され、この個人の所得が 1,000 円、X 財と Y 財の価格がそれぞれ 1 個当たり 50 円、100 円であるとします。この個人が効用を最大化するときの X 財と Y 財の需要量はいくらになりますか。

ミクロ経済学の【例題 1.2】も、同様のことがいえます。予算制約式を $I = p_X X + p_Y Y$、ただし、I を所得、p_X を X 財の価格、p_Y を Y 財の価格、とおき、(1.4) 式の効用関数で効用最大化行動を行うとします。効用関数を $U = X^a Y^b$ として、ラグランジェの未定乗数法で解くと、

$$L = X^a Y^b + \lambda(I - p_X X - p_Y Y) \tag{1.5}$$

この式を X, Y, λ で偏微分して 0 とおくと、

$$\frac{\partial L}{\partial X} = aX^{(a-1)}Y^b - \lambda p_X = 0 \tag{1.6}$$

$$\frac{\partial L}{\partial Y} = bX^a Y^{(b-1)} - \lambda p_Y = 0 \tag{1.7}$$

$$\frac{\partial L}{\partial \lambda} = I - p_X X - p_Y Y = 0 \tag{1.8}$$

(1.6) 式と (1.7) 式を λ について表し、Y について解くと、

$$\lambda = \frac{a}{p_X} X^{(a-1)} Y^b = \frac{b}{p_Y} X^a Y^{(b-1)}$$
$$a p_Y Y = b p_X X$$
$$Y = \frac{b p_X}{a p_Y} X \tag{1.9}$$

これを (1.8) 式に代入して、X について解くと、

$$I = p_X X + p_Y \frac{b p_X}{a p_Y} X$$
$$I = \frac{(a+b) p_X}{a} X$$
$$X = \frac{aI}{(a+b) p_X}$$

同様にして、

$$Y = \frac{bI}{(a+b) p_Y}$$

問題文より、$a = 2$, $b = 3$, $p_X = 50$, $p_Y = 100$ を代入すると、

$$X = \frac{aI}{(a+b) p_X} = \frac{2 \times 1000}{(2+3) \times 50} = 8$$

$$Y = \frac{bI}{(a+b) p_Y} = \frac{3 \times 1000}{(2+3) \times 100} = 6$$

となり、みかん 8 個、りんご 6 個であることがわかります。このようにみかん とりんごの需要量が計算できるのは、効用関数の係数 a と b の値がわかってい るから求められるのです。経済理論を学ぶときには、これらの値は決まってい るものとしていますが、実際にこの理論を用いようとするならば、その国の人々

8 第1章 経済学と計量分析

の効用関数の a と b の値を推定しなければなりません。

このように、経済理論を現実の問題の解決に役立てようとすると、その理論に登場する関数の中の係数の推定が不可欠となるのです。

1.3 経済理論の必要性

1.3.1 データ分析手法だけでも分析ができない............

前節で見たように、経済理論を用いて現実の経済問題を考えるためには、経済理論に出てくる関数の中の係数を実際のデータから推定する必要があります。現実の経済は非常に複雑ですが、経済理論は、経済の仕組みの特徴を損ねることなく、現実の世界をある程度抽象化して、いろいろな法則を導き出すものです。しかし、本当に現実の経済の特徴をうまく表現するような理論を考え出すのは困難ですし、先人の研究を参考にするとしても多くの勉強を必要とします。

ところが、コンピューターが発達し、個人レベルにまで普及するに従って、関数の推定作業が身近なものになってきた現在、ある特定の目的ならば、理論を知らなくても関数の推定をするだけでも十分でないかと感じる人が増えてきているのも実は現実のことなのです。

1.3.2 説明変数の選択が必要..........................

関数に登場する説明変数として何が適切かを次の例を用いながら考えていきます。

【例題1.3】需要関数における変数選択の問題

ある自動車会社が来期の小型乗用車の需要を予測し、それに基づいて生産計画を立てるとしましょう。自動車会社は需要に合わせて生産を行うため、需要の大きさが予測できれば、効率的な生産ができ最大の利潤を生み出すことができます。そこで、小型乗用車の需要量がどのように決まるのかを表す式を求めようと思います。

小型乗用車の需要量を Y として左辺におき、それを説明するであろう変数

$X_1, X_2, \cdots, X_n$ を右辺におきます。

$$Y = \beta_0 + \beta_1 X_1 + \beta_2 X_2 + \cdots + \beta_n X_n$$

それぞれデータを集めて、コンピューターを利用して計算すれば $\beta_0, \beta_1, \cdots,$ β_n の値を推定できそうです。そして、来期の $X_1, X_2, \cdots, X_n$ の値がわかれば、来期の Y が予測できることになります。

　それでは、完璧な式とはどんな式でしょうか。経済は複雑に絡み合っています。世の中に存在するすべての現象が、ほんのわずかかもしれませんが、小型乗用車の需要量には影響を与えるでしょう。例えば、自動車レース F1 でその小型乗用車を生産しているメーカーの車が上位に入れば宣伝効果が発揮され、需要量が高まる可能性があります。そのようなことまで考えていくと、世の中に存在するすべての変数を右辺に並べればよいことになります。

$$Y = \beta_0 + \beta_1 X_1 + \beta_2 X_2 + \cdots + \beta_n X_n + \cdots \tag{1.10}$$

　果たして、この式の $\beta_0, \beta_1, \cdots, \beta_n, \cdots$ をすべて推定できるでしょうか。推定方法の説明は第 3 章から始まりますが、もしも、第 1 期～第 m 期のデータを集めたとすると、データの構造は次のようになっていることがわかります。

$$\begin{cases} Y_1 = \beta_0 + \beta_1 X_{11} + \beta_2 X_{21} + \cdots + \beta_n X_{n1} + \cdots \\ Y_2 = \beta_0 + \beta_1 X_{12} + \beta_2 X_{22} + \cdots + \beta_n X_{n2} + \cdots \\ \qquad\qquad\qquad\quad \vdots \\ Y_m = \beta_0 + \beta_1 X_{1m} + \beta_2 X_{2m} + \cdots + \beta_n X_{nm} + \cdots \end{cases} \tag{1.11}$$

　すなわち、m 本からなる連立方程式で未知なる係数 $\beta_0, \beta_1, \cdots, \beta_n, \cdots$ を求めることになります。何らかの値が求まるのは、式の本数が係数の数を上回っている場合に限られることがわかります。

　時間的にも費用的にもデータを無限に集めることはできませんから、変数は何らかの基準で選ばなければなりません。そのとき、その選択を助けてくれるのが経済理論なのです。

1.3.3　見せかけの関係

　理論的に突き詰めて考えないで式を構築すると、本来は因果関係がないのにあるかのように式が推定されてしまうことがあります。データが関係を支持し

ているように見えても、そこには因果関係がない場合もあるという現象を次の例を用いながら考えていきましょう。

【例題 1.4】 みかんとりんごの収穫量の関係

日本のみかんの収穫量を Y としましょう。例えば、同じくだものであるりんごはみかんの競合作物ですから、需要を反映してりんごの収穫量 X が少ないときはみかんの収穫量が増大し、りんごの収穫量が多いときはみかんの収穫量が減少すると考えることもできるでしょう。そこで、

$$Y = \beta_0 + \beta_1 X \tag{1.12}$$

の式の関係があるかどうかデータを用いて考えてみましょう。

図 1.4 はみかんの収穫量とりんごの収穫量の関係を表したものです。(1.12) 式の関係式をこの図の中で考えると、極めて誤差の小さい関係にあることがわかります。しかしながら、想定とは異なり、りんごが多いときはみかんも多く、りんごが少ないときはみかんも少ないという結果です。

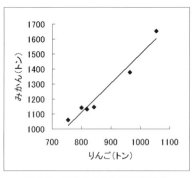

図 1.4 みかんとりんごの収穫量

これは、みかんとりんごの収穫量それぞれに影響する第 3 の要因があるためです。

天候が安定していた年はともに収穫量が多く、悪天候が多かった年はともに収穫量が少なくなります。また、競合する輸入果物の増加は日本産のくだものの作付面積を減らすため、みかん、りんごともに収穫量が減少する傾向にあります。

このように第3の要因があるときにそれを取り入れないで式を特定化し推定すると、誤った関係（見せかけの関係）を見出してしまうことがあります。このようなときも、経済理論に基づいて式を構築することを心がければ誤りを少なくすることができるのです。

1.4 統計分析と経済理論

前節までで、現実の問題を考えるにあたっては、経済理論だけでも分析はできず、統計分析だけでも分析が困難であることが見えてきました。本節では、経済理論と統計分析を単に組み合わせるだけでは不十分であり、そこには工夫が必要であることを説明していきます。

1.4.1 観察できない変数 ....

経済理論には観察できない変数が登場することがあり、それが現実のデータを用いて分析を行うときの障害となります。前述の【例題 1.2】を用いながら考えましょう。

【例題 1.2】に次のような効用関数が登場します。

$$U = X^2 Y^3 \tag{1.13}$$

この関数を用いて【例題 1.2】のような分析を行うにあたっては、2 や 3 などの係数を推定する必要があります。すなわち、データを用いて、

$$U = X^\alpha Y^\beta \tag{1.14}$$

の α と β を推定しなければなりません。両辺を対数化すれば、

$$\ln U = \alpha \ln X + \beta \ln Y \tag{1.15}$$

の形式となり、第 4 章以降で示すように、$\ln X$ と $\ln Y$ を説明変数とし、$\ln U$ を被説明変数とする重回帰分析となりますから、それぞれのデータがあれば α と β は容易に推定できます。

ところが、経済理論に登場する効用 U は観察することができません。X や Y はそれぞれ、みかんとりんごの需要量ですから、計測することができますが、

効用 U は人々の満足度あるいは幸福度を表す変数であり、データとして得ることができないものです。

これでは、経済理論として効用関数を知っていて、統計分析として重回帰分析を知っていたとしても、効用関数を推定することができないことになってしまいます。

この問題は、経済理論を経済統計と結びつけて考えるときに発生する問題であり、計量経済学で研究される分野にあたります。

【例題 1.2】で示したように、人々が効用最大化行動をとっている場合には、予算制約とこの効用関数から、次のような需要関数を導くことができます。

$$
\begin{aligned}
X &= \frac{aI}{(a+b)p_X} \\
Y &= \frac{bI}{(a+b)p_Y}
\end{aligned}
\tag{1.16}
$$

ここで、$\frac{a}{a+b} = A$, $\frac{b}{a+b} = B$ とおくと、これらの需要関数はそれぞれ、$p_X X = AI$, $p_Y Y = BI$ と表すことができます。

これらは、I を説明変数とし、それぞれ、$p_X X$ と $p_Y Y$ を被説明変数とする回帰分析になりますから、係数 A と B を求めることができます。効用の大きさは絶対量で測る必要がないことから、例えば、$a + b = 1$ と規準化すれば、$a = A$, $b = B$ として求めることができます。

このように、効用 U のデータが得られないような場合でも、効用最大化行動など合理的行動を仮定することによって効用関数の係数を得ることができます。

データが入手できない変数やデータを入手しにくいデータを用いなければならないとき、このような工夫が必要となります。例えば、経済理論では、生産関数における代表的な生産要素として、資本ストックと労働を考えます。しかしながら、資本ストックの推計は大規模調査を必要とするため、入手しにくいデータです。このようなときも、利潤最大化行動を仮定することによって、入手できるデータによって回帰分析できる形を導き、それを利用して生産関数の係数を推定することが可能となります。

1.4.2 識別できない関数

関数に登場する変数がデータとして入手可能であって、おなじみの関数であっても、容易に関数を推定できない場合が経済分析では多く存在します。次の例を見ながら考えましょう。

【例題 1.5】市場均衡における数量と価格

完全競争市場において、ある財の価格を p とし、

$$需要曲線 \quad D = 60 - 4p \tag{1.17}$$
$$供給曲線 \quad S = 2p \tag{1.18}$$

で表される場合、市場均衡が成立するときの生産量を求めてください。

これは、市場均衡では $D = S$ となりますから、$60 - 4p = 2p$ より $p = 10$ となります。

これを需要曲線(あるいは供給曲線、図1.5)に代入すると、$60 - 4 \times 10 = 20$ ($2 \times 10 = 20$) となります。

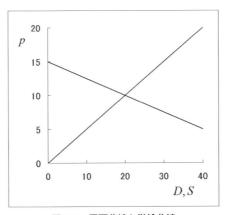

図1.5 需要曲線と供給曲線

したがって、市場均衡が成立するときの生産量は20、そのときの価格は10となります。

ただし、やはり、この問題でも、需要曲線および供給曲線の式の係数を推定する必要があります。

需要関数　$D = \alpha_0 - \alpha_1 p$　　　　　　　　　　　　　(1.19)

供給関数　$S = \beta_0 + \beta_1 p$　　　　　　　　　　　　　(1.20)

とおき、それぞれ回帰分析を行うためにデータを収集します。データは需給均衡が達成されたときの生産量 $D = S$ とそのときの価格 p の組み合わせになります。グラフ上にそれらの組み合わせの点を示すと、図 1.6 のようになったとします。

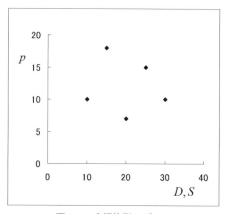

図 1.6　市場均衡とデータ

このデータについて、回帰分析を行って式を推定すると、1 本の式が推定できることになります。これは、果たして需要関数でしょうか、供給関数でしょうか。経済理論で考えるとき、このような需給均衡の図は常識のように登場しますが、需要関数と供給関数は容易には推定できないのです。図 1.7 に示したそれぞれの点では需要と供給は一致しているわけですから、それぞれが需要曲線と供給曲線の交点であると考えられます。

例えば、図 1.7 の点 A は、需要曲線が D_1、供給曲線が S_1 に位置しているときに達成される市場均衡点です。このように需要関数、供給関数が移動するとなると、移動させる要因が価格と数量の他にあることになります。したがって、需要関数、供給関数は、

$D = \alpha_0 - \alpha_1 p + \alpha_2 Z$　　　　　　　　　　　　　(1.21)

$S = \beta_0 + \beta_1 p + \beta_2 W$　　　　　　　　　　　　　(1.22)

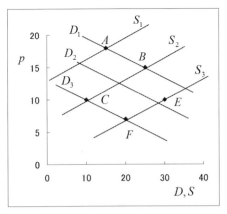

図1.7　市場均衡と需要関数、供給関数のシフト

のように需要関数では Z、供給関数では W のような説明変数が存在することになります。これらの式を推定することになれば、需要関数と供給関数が識別できるようになります。

　このように、価格と数量の調整による需給均衡という理論的枠組みはわかっていても、それを現実のデータを用いて分析しようとなると、さらに深い背景を考えなくてはならないのです。これも経済理論を用いて経済統計を利用して現実の問題を分析する際に考えなければならない問題です。そしてこのような問題も、計量経済学で研究されることになります。

1.5　経済分析の3つの柱と計量経済学

　以上から、経済分析には経済理論と統計分析とその組み合わせが必要であることが見えてきたのではないかと思います。経済理論を用いて現実の経済を考えるにあたっては統計分析が必要です。また、経済理論なしに統計分析だけで経済現象を分析しようとしても非常に困難なものになります。そして、経済分析を行うにあたっては、経済理論と統計分析を組み合わせるには工夫が必要となります。そこが計量経済学の位置づけとなるでしょう。図1.8はこれらの関係を示したものです。

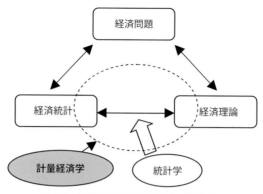

図 1.8　経済分析と計量経済学の位置づけ

　計量経済学は経済理論の関数の推定上の工夫だけにとどまらず、その関数の現実妥当性の評価をも行います。

　経済理論は現実の経済現象がどのような原理で起こっているかを教えてくれます。マクロ経済理論は一国の経済規模が決まる仕組みを教えてくれますが、問題解決のためにある理論を用いるにあたっては、その理論が現実の経済で成立しているかどうかをチェックしなければなりません。そのために統計的な方法が用いられます。実際の経済の特徴を表す統計を用いて理論を構築し、その統計を用いて、実際の経済で理論が妥当するかが検証できて初めてその理論を経済問題の解決に用いることができるのです。

　この方法は、他の諸科学でも同じです。対象とする問題とその問題に適した理論が異なるだけです。そのため、この統計的分析手法である統計学は経済学部だけでなく、自然科学、医学、他の社会科学系の学部でも不可欠な基礎科目として位置づけられています。

　次章では、計量経済学の重要な役割の1つである経済理論の検証を中心に計量経済学とは何かを説明していきます。

練習問題

【問題 1.1】

近年、計量分析が急増しています。その急増をもたらしている要因として重要なものは何でしょうか。説明してください。

【問題 1.2】

経済現象を分析しようとするとき、経済理論だけでは十分ではなく、計量分析が必要となります。それはなぜでしょうか。具体的な例を挙げながら説明してください。

【問題 1.3】

本当は因果関係がないのに、見せかけの相関が存在するために因果関係があるように見えてしまう例を考えてみてください。

【問題 1.4】

効用関数と需要関数の関係について説明してください。

【問題 1.5】

需要関数および供給関数による均衡とそれぞれの関数のシフトの関係について説明してください。

【問題 1.6】

経済分析における 3 つの柱およびそれらと計量経済学との関係について説明してください。

第2章
計量経済学とは

　本章では、実際に行われている計量分析をステップ別に見ることによって計量経済学とは何かを紹介します。

　政策立案や予測を行うにあたっては、現実のデータを用いて、計量分析によって評価され合格した経済理論だけが用いられることになります。この過程を通じて経済理論の改良が行われてきました。この例として消費関数と生産関数を取り上げて説明していきます。

　また、計量経済学の発展は、古典的最小2乗法の改良という形で行われてきたことを説明し、本書の概要をそれに基づいて紹介します。

2.1 経済学と計量経済学

　計量経済学は経済学の様々な分野の中で、比較的歴史の浅い分野です。計量経済学の始まりは、イギリスの経済学者で統計学者でもあったペティの著書、『政治算術』（原書1690年）における現実のデータを用いる分析の重要性を強調した分析であり、本格的に学問として発展し始めたのは、計量経済学会（Econo-metric Society）が創設された1930年とされています。計量経済学会の学会誌の初代編集者フリッシュは、誌名を『エコノメトリカ（Econometrica）』とすることを宣言したあとで、「計量経済学は経済理論、統計学、数学という3つの分野が統合された学問であり、このうちいずれも欠けてはならない」ことを強調しています。これら3つの分野の1つである統計学を実践的に用いるにあたって、近年のコンピューターの発達が計量経済学の発展に大きな影響を及ぼしてきているのです。

2.1.1　計量経済分析の流れ

　第1章で見たように、計量経済学は、単に経済理論だけで考えるのではなく、そして単にデータだけで考えるのではなく、データを用いながら経済理論に基づいて考える学問領域です。ある経済現象について理論的に分析しようとする場合、その理論について現実のデータに基づいて検証を行い、理論の構築を行っていきます。

　まとめると、計量経済学とは、経済理論に基づいて作成された経済モデルを、観測される現実のデータを用いて統計的に推定・検定し、その結果を用いて経済予測や政策の評価・策定を行う学問であり、その推定・検定の過程を通じて経済理論の深化や発展が進んでいくのです。

　ある経済現象について理論的に考える際、(1) 経済理論は関数の形で表現されます。関数を推定するには、その関数に現れる変数の、(2) データを収集し、(3) 関数の型を特定化する必要があります。その型を特定した関数について集めたデータを用いて回帰分析を行い、その関数に現れる、(4) 係数を推定します。求めた係数について、(5) 仮説検定を行い、この経済理論が現実の経済に適用できるか否かを判定します。それに合格した場合、その経済理論を用いて、(6) 政策の評価や予測に用いることになります。

図 2.1 はこの標準的な計量経済分析の方法の流れをまとめたものです。

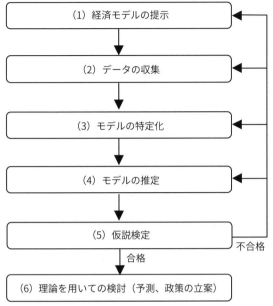

図 2.1　計量経済分析の流れ

2.1.2　計量経済分析の例

第 1 章では、次の例を検討しました。

【例題 2.1】マクロ経済学の問題（再掲）

次のような閉鎖経済を想定します。

$$Y = C + I \tag{2.1}$$
$$C = 40 + 0.75Y \tag{2.2}$$

ただし、Y：GDP, C：消費, I：投資（民間＋政府）〔兆円〕

であり、完全雇用が達成されていないときの投資乗数を求めてください。

第 1 章で説明したように、この問題では、消費関数が $C = 40 + 0.75Y$ として示されています。しかし、これはデータを用いて推定し、現実の経済で成立する値であるかどうかが検証されていなければなりません。以下、この問題を

計量経済分析の流れに従って考えていきます。

(1) 経済モデルの提示

限界消費性向を $\dfrac{\partial C}{\partial Y} = \beta$ とすると、$Y = C + I$ における I が増加したとき、Y がどれだけ増加するかは $\dfrac{1}{1-\beta}$ の乗数の値で求めることができます。

$Y = C + I$ を増分で考えると、

$$\Delta Y = \Delta C + \Delta I \tag{2.3}$$

$\dfrac{\partial C}{\partial Y} = \beta$ より、

$$\Delta C = \beta \Delta Y \tag{2.4}$$

(2.4) 式を (2.3) 式に代入して、

$$\begin{aligned}\Delta Y &= \beta \Delta Y + \Delta I \\ (1-\beta)\Delta Y &= \Delta I \\ \Delta Y &= \frac{1}{1-\beta}\Delta I\end{aligned} \tag{2.5}$$

となり、乗数が $\dfrac{1}{1-\beta}$ であることがわかります。

限界消費性向 $\dfrac{\partial C}{\partial Y} = \beta$ の値を推定するということは、

$$C = F(Y) \tag{2.6}$$

という関数を推定し、それを Y で偏微分すれば求められます。この関数は、経済のメカニズムを表しているため、経済モデルと呼ばれます。現実の経済の動きを模型によって表現するのです。

したがって、消費 C を被説明変数とし、所得 Y を説明変数とする関数の推定が必要となるのです。

しかし、消費 C を説明する変数が所得 Y だけではないかもしれません。例えば、資産 Z などが影響するかもしれません。他の変数が説明変数として入っても、Y で偏微分すれば限界消費性向を求めることができます。

$$C = F(Y, Z, \cdots) \tag{2.7}$$

この経済モデルを提示するためには、経済理論の知識が必要なのは言うまでもありません。

（2）データの収集

次に、（1）で考えた関数を推定するにあたって必要なデータを収集します。消費や所得のデータを時系列（タイムシリーズ）データで収集するのか、横断面（クロスセクション）データで収集するのか、あるいはそれを混ぜたパネルデータで収集するのかを考える必要があります。

時系列データは、国や地域、主体を固定したうえで時間軸の中で異なるいくつかの時点についてデータを集めたものです。横断面データは、時間軸の中である時点に固定して、異なる国や地域、主体についてのデータを集めたものです。

これはそれぞれのデータの特徴から判断することも必要ですし、データの入手可能性や、信頼性なども考慮する必要があります。また、経済理論の知識もどのようなデータの収集の仕方をするかの手助けとなります。

（3）モデルの特定化

$C = F(Y, \cdots)$ で表される関数は、Y で偏微分すると限界消費性向 β が得られますから、C は Y の増加関数になると考えられます。しかしながら、C が Y の増加関数となるような関数型はいくつも存在します。もちろん、最も簡単な形は、線形関数です。

$$C = \alpha + \beta Y \tag{2.8}$$

α と β は定数であり、回帰分析によって推定する係数です。この関数型では、説明変数 Y の係数 β が限界消費性向にあたります。しかしながら、この形のように、求める係数が限界消費性向となるように関数型を決めなければならないということはありません。一般に C を Y で説明する際に生じる誤差が小さいものが望ましいと考えられます。例えば、金額単位で測られる経済変数の場合、その変化を差分でなく変化率で評価することが多いため、一般に対数線形が適切である場合が多く存在します。すなわち、

$$\ln C = a + b \ln Y \tag{2.9}$$

が適切であるとも考えられます。この場合、説明変数 $\ln Y$ の係数 b は、消費の所得弾力性にあたります。

$$\frac{\partial \ln C}{\partial \ln Y} = b$$

ここで、$\dfrac{\partial \ln C}{\partial C} = \dfrac{1}{C}$, $\dfrac{\partial \ln Y}{\partial Y} = \dfrac{1}{Y}$ より、

$$\frac{\partial C / C}{\partial Y / Y} = b \tag{2.10}$$

したがって、限界消費性向は、$\dfrac{\partial C}{\partial Y} = b\dfrac{C}{Y}$ として求めることができます（C と Y は時間とともに変化しますが、乗数理論は短期の経済理論ですから、分析する時点での値を用いれば適切であると考えられます）。

　また、関数型を決めてもそれだけでは十分ではありません。すべての説明変数を右辺に並べることはできませんから、完璧な関数を想定することはできません。したがって、必ず誤差項 u が存在することになります。例えば、

$$C = \alpha + \beta Y + u$$

のように右辺に追加されます。そして、この関数が現実の経済を反映しているか否かを判定するにあたっては、2.3 節で説明するように、この誤差項がいくつかの仮定を満たす必要があります。それらが満たされている場合、誤差の大きさには特定のパターンがなく、正規分布に従うことになります。誤差に特定のパターンが発生しないように関数型を決めることも必要になるのです。

(4) モデルの推定

　モデルの特定化によって、関数の型を決めたあと、その関数を推定することになります。例えば線形で、次のように特定化したとき、

$$C = \alpha + \beta Y \tag{2.11}$$

　関数の推定とは、α と β、それぞれの係数の値を推定することにあたります。そこで、データを集めると、図 2.2 のようになり、データの散らばりの傾向を最もよく反映するような直線を求めることになります。

　しかしながら、すべての点が直線上に並ぶことはありませんから、必ず誤差が生じます。そのため、関数を推定するにあたっては、この誤差が最小になるような直線を求めることになります。

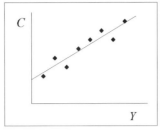

図 2.2 散布図

　この誤差が最小になるような直線を求める代表的な方法として、最小 2 乗法があります。これは直線をあてはめたときに発生する誤差の 2 乗の合計を最小にするような直線を求める方法です（ただし、場合に応じて様々な推定法が利用されます）。

　例えば、α の推定値が $\hat{\alpha} = 40$、β の推定値が $\hat{\beta} = 0.75$ のように求めることができたとすると、

$$C = 40 + 0.75Y \tag{2.12}$$

のように関数が推定できることになります。

（5）仮説検定

　関数が推定できたとしても、それがどれだけ信頼できるかについて評価しなければなりません。例えば、図 2.3 のように、異なるデータ（A 国と B 国）のそれぞれについて同じ関数 $C = 40 + 0.75Y$ が推定できたとしましょう。図の (a) は A 国、(b) は B 国であるとすると、A 国の推定結果は誤差が小さく、B 国の推定結果は誤差が大きいことがわかります。

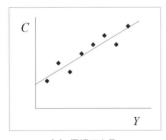
（a）信頼できる

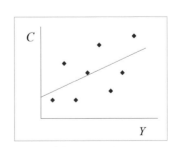
（b）信頼できない

図 2.3 信頼度の異なる関数

信頼できるかどうかは、確率を用いて評価することになります。それにあたっては、統計学の仮説検定の手法を用いることになります。評価方法には目的に応じて様々なものが存在しますが、一般的な手法はその係数の値が0かどうか、すなわち有意性を検討するものです。例えば、次の関数が意味を持つかどうかを考えましょう。

$$C = \alpha + \beta Y \tag{2.13}$$

この関数において、経済政策を評価するにあたっては、限界消費性向の値 β が重要であり、この値が信頼できるかが評価されるべきものになります。一般に有意性の検定では、この値が0か否かで評価することが基本となるため、「帰無仮説 $H_0 : \beta = 0$」と「対立仮説 $H_1 : \beta > 0$」のどちらがより妥当するかを確率で評価することになります。それぞれの仮説を図で表すと図2.4のようになります（一般には、$H_1 : \beta \neq 0$ が広く用いられています。第4章参照）。

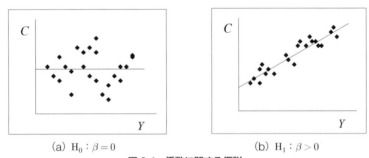

図2.4 係数に関する仮説

これらは、母集団の関係を表すものであり、(a) $H_0 : \beta = 0$ は、Y と C の間に関係がない母集団、(b) $H_1 : \beta > 0$ は、Y が増加すれば C も増加するという関係がある母集団を表しています。

仮説検定では、手元にある標本が、(a) $H_0 : \beta = 0$、(b) $H_1 : \beta > 0$ のどちらの母集団から発生したものかどうかを評価することになります。

(b) $H_1 : \beta > 0$ が支持されれば、検定は合格であり、標本から求められた β の推定値である $\hat{\beta}$ の値が信頼されることになります。そして、その推定値が政策立案など様々な目的に用いられます。

しかしながら、(a) $H_0 : \beta = 0$ が支持された場合は、検定は不合格であり、β の推定値である $\hat{\beta}$ の値が信頼されないことになりますから、それ以前のいずれかのステップに戻らなければなりません。推定結果やそれまでの過程を再考して、(1) 経済モデル、(2) データの収集、(3) モデルの特定化、(4) モデルの推定のいずれかまで遡って考えなおし、同様の手続きを踏み、モデルが合格するまで繰り返します。

(6) 理論を用いての検討

仮説検定に合格した場合、その関数は信頼できるものとして、政策の立案や予測などに用いられます。例えば、次のような関数が推定できたとしましょう。

$$C = 40 + 0.75Y \tag{2.14}$$

例えば、限界消費性向 β の推定値である $\hat{\beta} = 0.75$ を用いて乗数を、

$$\frac{1}{1 - \hat{\beta}} = \frac{1}{1 - 0.75} = 4 \tag{2.15}$$

と求め、乗数理論を用いて経済政策の評価を行うことができます。

また、この消費関数が推定されたことによって、例えば、来年度の所得 Y が 500 であると予想されるときの消費 C の大きさを、

$$\hat{C} = 40 + 0.75\hat{Y} = 40 + 0.75 \times 500 = 415$$

として推計できることになります。

この【例題 2.1】に関する計量分析の過程をまとめると、図 2.5 のようになります。

この過程を見てわかるように、経済分析においては、(1) 理論の提示から、(6) 理論を用いての検討までの経済理論の知識が必要であり、また、それぞれの過程で統計学の知識が必要となってくるのです。

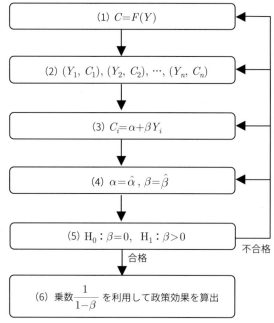

図 2.5　ケインズ型モデルによる経済効果の算出の過程

2.2　社会科学と実証

　前節で説明したとおり、現実の問題を考えるにあたって、計量経済学による分析によって、理論が評価され、不合格になれば、すなわち、現実のデータに適合しなければ理論が再考されるという過程が生まれることになりました。すなわち、計量経済学の各過程の推定や検定に関する方法論が発展してきただけでなく、経済理論の発展にも貢献してきたのです。本節では、代表的な関数である消費関数と生産関数を取り上げ、その改良の歴史を見ていきます。

2.2.1　消費関数

　ある所得を手にしたとき、そのうちどの程度を消費に振り分けるのかを示す消費関数は、マクロ経済学の基本となる関数です。第 1 章で見たようにこの関数の形によって、経済政策を行ったときの効果が大きく異なってしまいます。

もちろん、消費の大きさに影響を及ぼすものは当期の自身の所得の大きさだけではありません。そのため、消費関数がどのような形をしているのかを明らかにすることは非常に重要なことなのです。

(1) ケインズ型消費関数（絶対所得仮説）

【例題2.1】で見てきたように、ケインズにより示された消費関数は、次のように表すことができます。

$$C = \beta_0 + \beta_1 Y \tag{2.16}$$

ただし、C：消費、Y：所得、β_1：限界消費性向

この消費関数を推定することによって、限界消費性向を容易に求めることができ、乗数理論に基づいて政策の効果の評価を計算することができます。

また、$\beta_0 > 0$ であることから、平均消費性向は、

$$\frac{C}{Y} = \frac{\beta_0}{Y} + \beta_1 \tag{2.17}$$

となり、所得 Y の増加に伴って平均消費性向の値は減少していく性質を持っていることになります。

ところが、クズネッツが時系列データを用いて消費関数を推定した結果、消費関数は、ほぼ、

$$C = 0.9Y \tag{2.18}$$

となり、$\beta_0 = 0$ であるとともに、β_1 が非常に大きい値であると推定されました。

ところが、クロスセクションデータを用いて推定を行うと、$\beta_0 > 0$ となり、また、限界消費性向 β_1 も 0.9 を下回るような結果が得られたのです。

これを図示すると、図2.6のようになります。

一般に時系列データによって推定した消費関数が長期を反映し、クロスセクションデータによって推定した消費関数が短期を反映しています。これは家計や地域などを単位として同時点での多くのデータを集めたクロスセクションデータで、時間とともに変化するであろう経済環境が固定されていることから短期と考えられます。これに対して時系列データは時間とともに経済環境が変わりますから長期と考えられます。

これらの推定結果をまとめると、

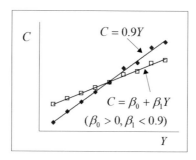

図 2.6 長期と短期の消費関数

時系列データで計測した場合の長期の消費関数

$$C = \beta_{0L} + \beta_{1L}Y \tag{2.19}$$

一方、クロスセクションデータで計測した場合の短期の消費関数

$$C = \beta_{0S} + \beta_{1S}Y \tag{2.20}$$

を比較すると、$\beta_{1L} > \beta_{1S}$ であることになります。

　絶対所得仮説における β_1 の値が長期と短期で変化してしまうとしたら、経済政策を実施したとしてもその効果を正確にはどのように見込めばよいのかがわからなくなってしまいます。そこで、計測の仕方によって、限界消費性向が変化する現象をどのように説明したらよいか、理論の精緻化が行われるようになったのです。

(2) 相対所得仮説：習慣形成効果

　長期と短期における限界消費性向の大きさの違いを説明する考え方の1つにデューゼンベリーの習慣形成仮説があります。これは、経済発展とともに所得水準が長期的にわたって上昇しているとき、ある時点で所得が低下したとしてもいままでの消費生活を維持しようとするため、所得の減少に応じて消費を減少させようとしない行動を考慮したものです。

$$C = \left(\gamma_0 - \gamma_1 \frac{Y}{Y^*}\right)Y \tag{2.21}$$

　ただし、Y^*：過去の最高所得水準

　経済発展が順調に進んでいるときは、現在の所得が過去の最高所得と等しく

なりますから、$Y^* = Y$ となり次のように表されます。

$$C = (\gamma_0 - \gamma_1)Y$$

これは、観察された長期の消費関数の形になり、限界消費性向は、$(\gamma_0 - \gamma_1)$ となります。

一方、所得が減少した時期では、現在の所得が過去の最高所得を下回りますから、平均消費性向は増加することになります（これはラチェット効果と呼ばれます）。長期と短期の平均消費性向を比較すると、

$$\gamma_0 - \gamma_1 < \gamma_0 - \gamma_1 \frac{Y}{Y^*} \tag{2.22}$$

となり、短期のものが長期を上回ることがわかります。

これを図で表すと図2.7のようになり、景気後退期では、所得に占める消費の割合を増やすので関数の傾き、すなわち限界消費性向が小さくなる状況を説明することができることがわかります。

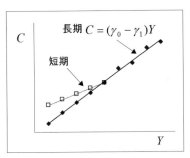

図 2.7　習慣形成仮説

（3）相対所得仮説：デモンストレーション効果

これは、個人の消費がその個人の周囲の人々の消費行動によって影響を受けるという考え方でのものです。

$$C = \beta_0 R + \beta_1 Y \tag{2.23}$$

ただし、R：周囲の人々の所得水準

平均的には、ある個人の所得の増加率とその周囲の人々の所得の増加率は等しくなるので、長期的には Y と R は比例関係にあり、その比率は定数と考

られます。したがって消費関数は、

$$C = (a\beta_0 + \beta_1)Y$$

ただし、$a = \dfrac{R}{Y}$

　これは、観察された長期の消費関数の形になり、限界消費性向は、$(\alpha\beta_0 + \beta_1)$ となります。

　しかし、短期的には、ある個人の所得が増減しても、その個人の周囲の人々の所得と比較して、同じ所得階層に属していると感じますから、R は定数のようにみなして消費行動をすると考えられます。したがって、短期では、

$$C = \beta_0 R + \beta_1 Y \tag{2.24}$$

において、$\beta_0 R$ が定数となり、限界消費性向は β_1 となります。

　これを図示すると、図2.8のようになり、長期の限界消費性向 $(\alpha\beta_0 + \beta_1)$ が短期の限界消費性向 β_1 を上回ることがわかります。

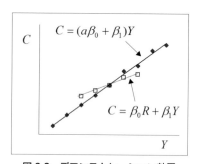

図2.8　デモンストレーション効果

(4) 恒常所得仮説

　これは、所得は、本俸のように安定して得られる恒常所得部分と、歩合給のように得られるとは限らず、またその額も一定しない変動所得部分に分割され、消費は恒常所得に基づいて行われると考える理論であり、フリードマンによって提唱された理論です。これを式で表現すると次のようになります。

$$C = \beta_1 Y_P \tag{2.25}$$

$$Y = Y_P + Y_T \tag{2.26}$$

長期では、変動所得は考慮する必要がありませんから、長期の限界消費性向は β_1 となります。一方、短期では、(2.26) 式の $Y = Y_P + Y_T$ を利用して次のように (2.25) 式の消費関数を考えます。

$$C = \beta_1 \frac{Y}{Y_P + Y_T} Y_P = \beta_1 \frac{Y_P}{Y_P + Y_T} Y \tag{2.27}$$

すなわち、短期では、変動所得を含めて消費活動を行っていますから、消費は所得合計 $Y = Y_P + Y_T$ の関数と考えられます。このとき限界消費性向は $\beta_1 \frac{Y_P}{Y_P + Y_T}$ となり、長期の限界消費性向を下回ることがわかります（図 2.9）。

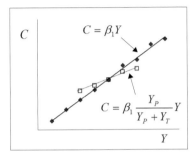

図 2.9　恒常所得仮説

(5) 理論と実証と消費関数

これらの長期および短期の限界消費性向の違いを説明するための消費関数の改良は、消費者行動の理論と発展を促進し、実証分析における計量経済学の重要性を認識させるものとなりました。

ここに挙げた以外にも、流動資産仮説、ライフ・サイクル仮説などが生まれたのも、現実の経済における消費者行動をより正確に説明しようとする試みによるものです。

2.2.2　生産関数

前節で見た消費関数のように、ケインズ型のマクロモデルは、

$$Y = C + I + G + E - M \tag{2.28}$$

と表される GDP の各需要項目、C, I, G, E, M の大きさがどのような法則によっ

て決定されるかを考えることによって構築されていきます。すなわち、需要が経済の大きさを決定するという考え方が基本になっています。これは短期では、供給の大きさを左右する生産能力が市場の動向を見て変化することができないためです。ある企業がある財の需要が高まるのを予想し設備投資を増やしたとしても、それによってつくられた工場が稼働し生産に結びつくには時間がかかります。

　一方、長期における一国の所得の大きさを決定するメカニズムを考えるときには、生産関数が重要になってきます。投資は、(2.28) 式の需要項目の1つとして存在し、資本ストックとしてとらえられる生産設備の大きさを決めることとなります。

　生産関数は、投資の蓄積として大きさが決まる資本ストックなどを説明要因として生産の大きさがどのように表現されるのかを示すものです。生産関数は単純な形のものから複雑な形のものまで様々な形がありますが、これも理論と計測の両面からの実証研究の結果、生まれてきたものです。

(1) コブ゠ダグラス型生産関数

　経済理論のテキストで頻繁に登場するのが次のコブ゠ダグラス型生産関数です。

$$Y = AK^{\alpha}L^{\beta} \tag{2.29}$$

ただし、Y：生産、K：資本ストック、L：労働、A, α, β：係数

　この生産関数は経済理論で要請される生産に関する基本的な特徴、例えば、各生産要素の限界生産力逓減、要素代替に関する不完全代替性などを含んでいます。ここで、要素代替の程度を表す代替の弾力性を考えます。代替の弾力性は2つの生産要素の限界代替率が1%変化したとき、投入比率が何%変化するかを表すもので、図2.10、図2.11のような等生産量曲線を描いたときのその曲線のカーブのきつさを表すものになります。

　企業が利潤最大化行動をとるならば、2つの生産要素の限界代替率はそれらの価格比に相当しますから、代替の弾力性は、生産要素の価格比が1%変化したとき、投入要素比率が何%変化するかを表すものになります。資本と労働を生産要素として考えれば、経済発展に伴い、労働の価格である賃金が上昇したとき、どれだけ労働が資本に転換されるかを表す指標になります。

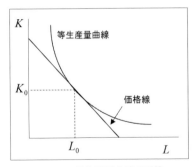

図 2.10 等生産量曲線の形状

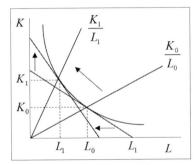

図 2.11 代替の弾力性

① K と L の限界生産力は、

$$\frac{\partial Y}{\partial K} = \alpha A \beta K^{\alpha-1} L^{\beta} = \alpha \frac{Y}{K} \tag{2.30}$$

$$\frac{\partial Y}{\partial L} = \beta A \beta K^{\alpha} L^{\beta-1} = \beta \frac{Y}{L} \tag{2.31}$$

② K と L の限界代替率を求めると、

$$r = \frac{\frac{\partial Y}{\partial K}}{\frac{\partial Y}{\partial L}} = \frac{\alpha}{\beta}\left(\frac{K}{L}\right)^{-1} \tag{2.32}$$

③代替の弾力性（限界代替率が1%変化したとき、要素投入比率が何%変化するか）を求めると、

$$\begin{aligned}\sigma &= -\frac{\frac{\partial\left(\frac{K}{L}\right)}{\left(\frac{K}{L}\right)}}{\frac{\partial r}{r}} = -\frac{\partial\left(\frac{K}{L}\right)}{\partial r}\frac{r}{\left(\frac{K}{L}\right)} \\ &= -\frac{1}{-\frac{\alpha}{\beta}\left(\frac{K}{L}\right)^{-2}}\frac{\alpha}{\beta}\left(\frac{K}{L}\right)^{-1}\left(\frac{K}{L}\right)^{-1} = 1\end{aligned} \tag{2.33}$$

すなわち、コブ＝ダグラス型生産関数では、α, β などの係数がいかなる値であろうとも代替の弾力性、すなわち、等生産量曲線のカーブのきつさが同一

であり、代替の弾力性が常に1であることになります。

経済発展に伴う賃金の上昇により、資本と労働の価格比の1%変化に伴う要素比率の変化が常に1であるというのは非常に強い仮定です。実際に推定すると、産業ごとに大きく変わることが知られています。したがって、代替弾力性 σ が1ではなく、様々な値をとることができる関数が必要となるのです。

(2) CES 型生産関数

そこで、代替の弾力性 σ が1以外の定数となる関数が定式化されるようになりました。これは CES 型生産関数と呼ばれ、次のような式になります。

$$Y = \gamma \left[\delta K^{\frac{\sigma-1}{\sigma}} + (1-\delta) L^{\frac{\sigma-1}{\sigma}} \right]^{\frac{\sigma}{\sigma-1}} \tag{2.34}$$

コブ＝ダグラス型生産関数と同様に、この CES 型生産関数から代替の弾力性を求めると、それは式の中に現れる σ と一致します。図 2.12 は、σ の大小によって、要素価格の比が変化したときの要素投入比率の変化が異なることを表したものです。

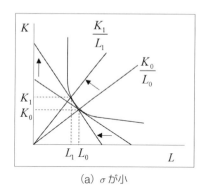
(a) σ が小

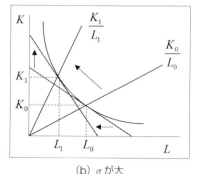
(b) σ が大

図 2.12　代替の弾力性の大小

経済発展による賃金の上昇に対する要素比率の変化が大きい産業と小さい産業が存在します。図 2.12 の (a) と (b) における要素価格比の変化は同じ大きさですが、それによる要素投入比率 K/L の変化の大きさは、等生産量曲線のカーブのきつさによって異なることがわかります。

しかしながら、投入要素が3つ以上の CES 型生産関数を想定すると、すべ

ての投入要素の間の代替の弾力性が同一になってしまいます。例えば、労働 L を、熟練労働 L_H と非熟練労働 L_L に分けて考えると、次のように表すことができます。

$$Y = \gamma \left[\delta K^{\frac{\sigma-1}{\sigma}} + \theta L_H^{\frac{\sigma-1}{\sigma}} + (1-\delta-\theta) L_L^{\frac{\sigma-1}{\sigma}} \right]^{\frac{\sigma}{\sigma-1}} \tag{2.35}$$

この生産関数では、代替の弾力性 σ はどの生産要素間でも同一となります。すなわち、熟練労働者の賃金と非熟練労働者の賃金の上昇率が同じであったとき、熟練労働者から機械設備への転換の大きさと非熟練労働から機械設備への転換の大きさが同じになることを示しています。一般に、非熟練労働を減らして機械化するほうが大きい場合が多いですから、この関数ではそれを十分に表していないことになります。

(3) トランス・ログ型生産関数

そこで、生産要素が3つ以上で、生産要素の特徴が異なる場合、生産要素の組み合わせによって代替の弾力性 σ の値が異なる生産関数が必要となってきます。その中で代表的な生産関数が次に示すトランス・ログ型生産関数です。

$$\begin{aligned}\ln Y = {}& \delta + \ln A + \beta_1 \ln K + \beta_2 \ln L_H + \beta_3 \ln L_L \\ & + \beta_{11}(\ln K)^2 + \beta_{22}(\ln L_H)^2 + \beta_{33}(\ln L_L)^2 \\ & + \beta_{12}(\ln K \ln L_H) + \beta_{13}(\ln K \ln L_L) + \beta_{23}(\ln L_H \ln L_L)\end{aligned} \tag{2.36}$$

この関数は、図 2.13 に示すように生産要素の組み合わせによって代替の弾

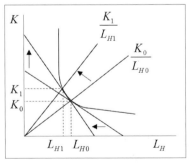
(a) 代替の弾力性が小

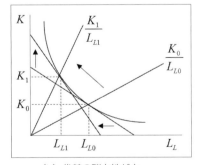
(b) 代替の弾力性が大

図 2.13 同一関数内で代替の弾力性の大小

力性が異なる状態を示すことが可能となります。

　このトランス・ログ型生産関数を、このままの形で推定するのは困難なことが多いため、いくつかの仮定をおいて推定することが多くあります。このときいかなる仮定をおくかについても経済理論の知識が必要となります。

（4）理論と実証と消費関数

　生産関数に関する以上の説明は、関数が持つ代替の弾力性の性質に関するものでしたが、これらの生産関数の形状は実証上の様々な問題から生まれた場合もあります。例えば、CES型生産関数は、入手が困難なことが多い資本ストックのデータがなくても要素価格と生産物価格のデータから代替の弾力性の大きさを推定できることが知られています。また、トランス・ログ型生産関数も費用関数を導くことによって同様の推定が可能となります。

　また、経済をマクロで集計して考えるときは、中間財投入は集計したときに相殺されてしまいますが、経済を産業に分けて考える場合は、生産にあたっての中間財の投入も生産要素の1つに入れるべきものとなります。このような場合、資本、労働、中間投入（材料やエネルギー）の間の代替弾力性が一定であるという仮定はとてもきつい仮定になってしまいます。

　このように分析目的に応じて、生産の特徴を適切に表すために、様々な形の生産関数が利用されるのです。

2.3　計量経済学の発展

　計量経済学の基本的な分析方法である回帰分析は、統計学の分析方法の1つです。それならば、統計学を学び、経済学を学べば、それ以上の勉強は必要ないように感じてしまう人もいるかもしれません。しかしながら、回帰分析が有効となる様々な条件が経済分析を行ううえでは成り立っていない場合が多いため、それを解決することが必要となります。

2.3.1　計量経済学の方法論 ■■■■■■■■■■■■■■■■■■■■■■■■■■

（1）経済分析のデータは受身

　統計学は理系の研究でも多く利用されています。しかし、理系での実証と経

済学の実証で最も大きく異なるのは、経済現象は実験室で観察できるものではないということです。物理や化学の法則を検証しようとデータを収集するとき、基本的法則に関するものであればあるほど実験室で実験を行い、データを収集します。しかし、経済分析はデータの収集に関しては極めて受身です。実験室のような実験ができないので、現実の複雑な経済の中で発生するデータから推定に必要なデータを抽出しなければなりません。しかし、このような受身の中で発生するデータは経済現象特有の様々な特徴を持っており、関数の推定にあたって大きな障害となります。これを解決するのも計量経済学の持つ役割の1つです。

(2) 回帰分析と経済現象

計量経済学の基本的な分析方法である回帰分析は、統計学の分析方法の1つであり、この回帰分析によって、関数が推定できますが、100%完璧な推定を行うことはできません。したがって、誤差が存在することが前提となって推定を考えることになります。

次のような単純な例を考えます。

$$Y_i = \alpha + \beta X_i + u_i$$

ただし、Y_i：被説明変数、X_i：説明変数、u_i：誤差項、α, β：係数

この式に示すように回帰式には必ず誤差が存在します。データを集め、散布図を描き、直線 $Y_i = \alpha + \beta X_i$ をあてはめると、図2.14のように、各点が一直線に並ぶことはなく、必ず誤差が存在します。

そこで、この求めた式の評価が必要となってきます。誤差が小さい場合、この関係は安定していて、信頼できそうですが、誤差が大きい場合、この関係は

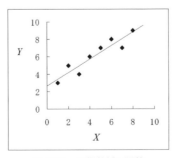

図2.14 回帰分析と誤差

不安定であり、信頼できないと判断されることになります。

　そこで、信頼度をこの誤差の大きさから統計学を利用して評価します。その際には確率で評価することになりますが、古典的最小2乗法において行うことができる統計学的検定にあたっては、いくつかの仮定をおくことが必要になります。それらの仮定が満たされると、図2.14のように、データが直線の周りに規則性なく散らばる、すなわち、誤差の大きさの決まり方に特定のパターンがなく、ランダムになっている状態になります。

　回帰分析を行うにあたって、すべての仮定が満たされていれば何の工夫も必要ないのですが、実際、経済現象はこれらの仮定が満たされないことばかりなのです。

　理系の物理や化学のように実験室でデータを発生させることができる環境であれば、これらの仮定を満たすようなコントロールが可能である場合も多く存在します。例えば、バネに重りをつけて、重りの重さによってバネの伸びがどのように影響を受けるかを実験することを考えましょう。

　重りの重さを何種類か試して、そのたびにバネの伸びを計測することになります。重りの重さ X_i とバネの長さ Y_i のデータを集めて、$Y_i = \alpha + \beta X_i$ の式を推定することになります（そのために、理系でも最小2乗法により α や β を推定します。そして、α や β の推定に評価が必要になり、$Y_i = \alpha + \beta X_i$ の関係が真の関係かどうかを評価することになります。この関係が真ならば誤差がないわけですが、真でないならば誤差が発生します。しかし、たとえ、この関係が真でも、実験室の実験でももちろん、誤差は発生してしまいます。例えば、測定誤差です。バネの長さの測定時に全く誤差なく計測できるわけではなく、数値を小数点第何位以下で四捨五入するということは、丸めの誤差は含んでいるのです。

　そして、この評価にあたっては、誤差にパターンが発生しないことが必要です。重りを重くしたからといって実験室の温度や湿度が影響を受けてしまうことはありません。すなわち、実験室では、バネの長さに影響を及ぼすような変化が生じないようにコントロールできます。

　ところが、経済データを実験室で発生させることはできません。例えば、日本経済の現状について分析するためにデータが必要である場合、日本経済を実験室で再現させることはできないのです。

　計量経済学の方法論の発展の歴史は、経済現象の分析にあたってデータを集

めたときに、誤差が古典的最小2乗法でおかれる仮定を満たさないときにどうすればよいか、が中心となって発展してきたといえるでしょう。

2.3.2 古典的最小2乗法でおかれる仮定と実際 ●●●●●●●●●●●

本項では、古典的最小2乗法でおかれる仮定が経済現象において成立するかどうかという視点から、計量経済学の発展を見ていきます。古典的最小2乗法でおかれる仮定をまとめると以下のようになります。詳しい解説は第4章を参照してください。

古典的最小2乗法でおかれる諸仮定と経済現象

仮定1 $E(u_i)=0$ $(i=1, 2, \cdots, n)$
　　　　　誤差はプラス側やマイナス側に偏っていない
生産における投入と産出の関係を分析するときに発生する問題である。投入量と生産量の間には物理的関係があるが、生産過程では何らかのロスが発生する。したがって、物理的生産可能量を基準として関数を考えれば、回帰分析の誤差はマイナス側だけに発生する。

仮定2 $E(u_i u_j)=0$ $(i \neq j, i, j=1, 2, \cdots, n)$
　　　　　誤差同士の大きさに関係がない（自己相関なし）
時系列データを扱うときに発生する問題である。データの発生に順番があるので、過去のデータの誤差の大きさがあとのデータの誤差の大きさに影響を与える。

仮定3 $E(u_i^2)=\sigma^2$ $(i=1, 2, \cdots, n)$
　　　　　誤差の大きさの平均は一定＜均一分散＞
クロスセクションデータを扱うときに発生しやすい問題である。データの大きさに大小があるので、それに合わせて誤差の大きさにも大小が発生してしまう。

仮定4 X_i $(i=1, 2, \cdots, n)$ は指定変数である（確率変数ではない）
　　　　　誤差と説明変数の大きさに関係がない
連立方程式体系の経済モデルを扱うときに発生しやすい問題である。例

えば、市場の分析をするときは、需要関数、供給関数の相互が均衡を決定する際に影響し合うことから、誤差と説明変数に影響が出てしまうことがある。

仮定 5 u_i （$i=1, 2, \cdots, n$）**は正規分布をする**
　　　　　誤差は正規分布に従う

定性的尺度（例えば、働く＝1、働かない＝0）や比率（耐久財の普及率）などを扱うときに発生しやすい問題である。正規分布は左右対称に $-\infty \sim \infty$ まで分布するものであるけれども、定性的尺度や比率の場合、これが満たされない。

2.3.3　回帰分析と本書の構成 ....

　本書では、まず最初に説明変数が1つの単純回帰分析を用いて、第3章において古典的最小2乗法による推定、第4章において古典的最小2乗法による仮説検定の方法について説明します。

　第5章以降は、上に挙げた古典的最小2乗法が成立しない状況についての分析方法を学んでいきます。

　第5章は、自己相関について扱います。これは、古典的最小2乗法でおかれる仮定2が成立しない場合です。一般に、ある経済活動が開始され、それが瞬時に終了することはありません。いずれの経済活動もある期間が必要となります。そのため、時系列でデータを収集すると、前の期で起こったことが次の期に影響を及ぼすことが多く観察されます。すべての要因を説明変数に並べることはできませんから、誤差に含まれるものの中に、前後の期と関係を持つ場合が出てきます。これが自己相関の現象です。古典的最小2乗法ではこのような関係が存在しない場合を想定しているため、時系列データを用いて経済現象を分析するときには工夫が必要となります。

　第6章は、不均一分散について扱います。これは古典的最小2乗法でおかれる仮定3が成立しない場合です。クロスセクションでデータを収集したとき、発生しやすい問題です。ある同一時点で様々なデータを収集するとき、回帰分析における被説明変数や説明変数について大きく大小が異なる場合が出てきます。例えば、国をデータとして集めると、その規模は大きく異なります。大きな国の値は小さな国の値に比べて直線をあてはめたときの誤差が大きくなりが

ちです。つまり、誤差の大きさを表す誤差分散の大きさが一定ではないということです。これが不均一分散の現象です。古典的最小2乗法ではこのような関係が存在しない場合を想定しているため、クロスセクションデータを用いて経済現象を分析するときには工夫が必要となります。

第7章では説明変数が2つ以上の重回帰分析について学びます。経済現象は複雑なため、経済分析において、誤差をなくし完璧な回帰式を推定しようとすると、無限に説明変数が必要になってきます。そのときにどのように変数を選択するのか、統計学的な考え方について説明します。

第8章では、重回帰分析における変数の選択の問題とともに重回帰分析において発生しやすい多重共線性の問題について学びます。経済分析では、実験室でデータを観察できないため、注目していない変数でも被説明変数に影響を及ぼす変数で観察期間や対象において変化する変数ならば説明変数に加える必要があります。しかしながら、被説明変数の大きさを説明するにあたって、それぞれの変数の影響がうまく抽出できない場合が出てきます。この典型的な場合が、多重共線性の問題です。複数の説明変数が似た動きをすると、回帰分析ではその変数の有意性を判断できない場合があるのです。

第9章では、重回帰分析を利用した構造変化の検定について学びます。経済は常に動いていますが、その構造が大きく変化するときがあります。すなわち、あるデータの収集期間の中で回帰式の係数が変化する場合があります。このような構造変化が発生したときにどのように係数を推定するのか、また、構造変化の有無をどのように検定するのかについて学びます。

第10章では、同時方程式体系について学びます。これは古典的最小2乗法でおかれる仮定4が成立しない場合です。需給均衡など、市場で数量と価格が決定される場合など、経済が複数の関数などで表現される構造を持っているときには、回帰式に現れる誤差の大きさは様々な影響を受けて決定され、その結果、説明変数との間に関係を持つことがあります。このような場合、通常の古典的最小2乗法では正しい推定ができないので、工夫が必要となります。

仮定1や仮定5については、本書では触れませんが、それぞれ、経済分析では満たされないことも多く、計量経済学の研究分野となっています。また、それぞれの仮定が同時に満たされないことも多くあります。例えば、パネルデータを用いて分析する場合は、仮定2と仮定3が満たされない状態を考えなければなりません。

44 第2章 計量経済学とは

　以上のように計量経済学では、単なる興味本位の研究ではなく、問題を解決しなければならない経済問題が存在することを前提とし、それを分析するにあたって古典的最小2乗法が満たされない場合、どのようなメカニズムで満たされないかを検討し、推定方法や検定方法に関する工夫が絶えず行われています。本書を通じてその一部を学んでもらえれば幸いです。

練習問題

【問題 2.1】

　計量経済学とは何をする学問領域であるかを、経済学や統計学を全く知らない人に対して説明するとき、どのように説明しますか。

【問題 2.2】

　計量経済学の学問としての始まりを説明してください。

【問題 2.3】

　計量経済学の発展に大きな影響を与えたのは何でしょうか。説明してください。

【問題 2.4】

　生産関数の推定において、コブ＝ダグラス型生産関数を用いた場合とCES型生産関数を用いた場合では、代替の弾力性の値に違いが生じます。関数の特定化と実証研究の関係から、この違いについて説明してください。

【問題 2.5】

　経済分析のデータは受身であると呼ばれる理由を説明してください。

【問題 2.6】

　古典的最小2乗法でおかれる仮定と計量経済学の発展との関係について説明してください。

第3章
単純回帰分析

　本章では、回帰分析の基本を説明変数が1つの場合である単純回帰分析によって学びます。この単純回帰の設定の下で、回帰分析の基本である最小2乗法の考え方、最小2乗法をRでどのように行うか、また、参考としてExcelでどのように行うことができるかを説明していきます。

　最小2乗法の考え方、Rの操作方法は、説明変数が2つ以上になった重回帰分析でも変わりません。したがって、今後の学習のためには不可欠な章です。統計学で最小2乗法をすでに学んでいる人にとっては既知のことが多いと思いますが、復習として進めてください。

3.1 最小2乗法

本節では、回帰分析の基本である最小2乗法について解説します。それにあたっては、以下のような**単純回帰**（simple regression）**モデル**を想定します。

$$Y_i = \alpha + \beta X_i + u_i \quad i = 1, 2, \cdots, n \tag{3.1}$$

ここで、左辺の Y は、**被説明変数**（explained variable：説明される変数）あるいは**従属変数**（dependent variable）および結果変数と呼ばれ、右辺の X は、**説明変数**（explanatory variable：説明する変数）あるいは**独立変数**（independent variable）および原因変数と呼ばれます。すなわち、X の大きさが変化することによって Y の大きさが変化することを表す関数です。

また、u は**誤差項**（random disturbance）と呼ばれ、α は**定数項**（constant term）あるいは**切片**、β は**傾き**（slope）あるいは勾配と呼ばれる**回帰係数**（regression coefficients）です。

Y と X のデータを集め、図 3.1 のような図を描くことができたとしましょう。

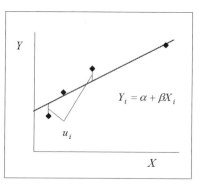

図 3.1 単純回帰モデル

ここで、標本データ X_i および Y_i ($i=1, 2, \cdots, n$) からこの α および β の値を求めます。すなわち、X_i と Y_i の関係を示す式 $Y_i = \alpha + \beta X_i$ を推定することになります。

このようにデータを用いて推定する式を**回帰式**と呼びます。そして、その推定を含めて回帰式にかかわる分析を**回帰分析**（regression analysis）と呼びます。

もしも、データが (X_1, Y_1) と (X_2, Y_2) の 2 点だけなら、2 点を通る直線の式、$Y_i = \alpha + \beta X_i$ は容易に求めることができます。

$$\begin{cases} Y_1 = \alpha + \beta X_1 \\ Y_2 = \alpha + \beta X_2 \end{cases}$$

より、

$$Y_1 - Y_2 = \beta(X_1 - X_2)$$

から、

$$\beta = \frac{Y_1 - Y_2}{X_1 - X_2} \tag{3.2}$$

次に、

$$Y_1 X_2 - Y_2 X_1 = \alpha(X_2 - X_1)$$

から、

$$\alpha = \frac{Y_1 X_2 - Y_2 X_1}{X_2 - X_1} \tag{3.3}$$

しかし、データは何らかの誤差を持っているため、3 点以上のデータがある場合、それらすべての点を通る直線の式を求めることはできません。

3.1.1 最小 2 乗法とは ■■■■■■■■■■■■■■■■■■■■■■■■■■■■■■■

標本データ X_i および Y_i $(i = 1, 2, \cdots, n)$ を用いて推定したときに得ることができる α および β の推定値を $\hat{\alpha}$ および $\hat{\beta}$ とします。これらの推定値が得られたとすると、次の式を考えることができます。

$$\hat{Y}_i = \hat{\alpha} + \hat{\beta} X_i \quad i = 1, 2, \cdots, n \tag{3.4}$$

$\hat{Y}_i$ は X_i を原因として考えたとき $\hat{\alpha}$ および $\hat{\beta}$ を用いて推定できる Y_i の値です。

この $\hat{Y}_i$ を**理論値**(fitted value)と呼びます。実際の Y_i の値を**実績値**(actual value)あるいは実際値と呼びます。この実績値 Y_i と理論値 $\hat{Y}_i$ の差である**残**

差（residual）e_i は、

$$e_i = Y_i - \hat{Y}_i \quad i = 1, 2, \cdots, n \tag{3.5}$$

と表すことができ、これらを小さくするような $\hat{\alpha}$ および $\hat{\beta}$ を求めることが最善の策であると考えられます。e_i は n 個あり、プラスマイナスが混在していますから、それらの2乗の合計を最小とするような $\hat{\alpha}$ および $\hat{\beta}$ を求める方法が考えられます。これを**古典的最小2乗法**（OLS：Ordinary Least Squares method）と呼びます（図3.2）。

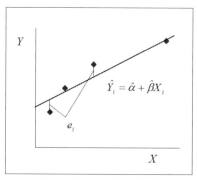

図3.2　最小2乗法の考え方

したがって、OLS は、次の e_i の2乗の合計を最小にする $\hat{\alpha}$ と $\hat{\beta}$ を求めるという最小化問題を解くことになります。

$$\Sigma e_i^2 = \Sigma(Y_i - \hat{Y}_i)^2 = \Sigma(Y_i - \hat{\alpha} - \hat{\beta} X_i)^2 \tag{3.6}$$

そこで、(3.6) 式に関して、$\hat{\alpha}$ および $\hat{\beta}$ それぞれについて偏微分し0とおくことによって、一階の条件を導きます。

$$\begin{cases} \dfrac{\partial \Sigma e_i^2}{\partial \hat{\alpha}} = -2\Sigma(Y_i - \hat{\alpha} - \hat{\beta} X_i) = 0 \\ \dfrac{\partial \Sigma e_i^2}{\partial \hat{\beta}} = -2\Sigma(Y_i - \hat{\alpha} - \hat{\beta} X_i)X_i = 0 \end{cases} \tag{3.7}$$

この一階の条件で導かれた連立方程式を**正規方程式**（normal equation）と呼びます。これを整理します。

$$\begin{cases} \Sigma(Y_i - \hat{\alpha} - \hat{\beta}X_i) = 0 \\ \Sigma(Y_i - \hat{\alpha} - \hat{\beta}X_i)X_i = 0 \end{cases}$$

$$\begin{cases} \Sigma Y_i - \Sigma\hat{\alpha} - \Sigma\hat{\beta}X_i = 0 \\ \Sigma Y_i X_i - \Sigma\hat{\alpha}X_i - \hat{\beta}\Sigma X_i^2 = 0 \end{cases}$$

$$\begin{cases} \Sigma Y_i - n\hat{\alpha} - \hat{\beta}\Sigma X_i = 0 & (3.8) \\ \Sigma Y_i X_i - \hat{\alpha}\Sigma X_i - \hat{\beta}\Sigma X_i^2 = 0 & (3.9) \end{cases}$$

(3.8) 式を $\hat{\alpha}$ について解きます。

$$n\hat{\alpha} = \Sigma Y_i - \hat{\beta}\Sigma X_i \quad \hat{\alpha} = \frac{1}{n}\Sigma Y_i - \hat{\beta}\frac{1}{n}\Sigma X_i = \bar{Y} - \hat{\beta}\bar{X} \tag{3.10}$$

これを (3.9) 式に代入します。

$$\Sigma Y_i X_i - (\bar{Y} - \hat{\beta}\bar{X})\Sigma X_i - \hat{\beta}\Sigma X_i^2 = 0$$
$$\hat{\beta}\Sigma X_i^2 - \hat{\beta}\bar{X}\Sigma X_i = \Sigma Y_i X_i - \bar{Y}\Sigma X_i$$
$$\hat{\beta}(\Sigma X_i^2 - \bar{X}\Sigma X_i) = \Sigma Y_i X_i - \bar{Y}\Sigma X_i$$

$$\hat{\beta} = \frac{\Sigma Y_i X_i - \bar{Y}\Sigma X_i}{\Sigma X_i^2 - \bar{X}\Sigma X_i} \tag{3.11}$$

ここで、

$$\begin{aligned} \Sigma(Y_i - \bar{Y})(X_i - \bar{X}) &= \Sigma(Y_i X_i - Y_i\bar{X} - \bar{Y}X_i + \bar{Y}\bar{X}) \\ &= \Sigma Y_i X_i - \Sigma Y_i\bar{X} - \Sigma\bar{Y}X_i + \Sigma\bar{Y}\bar{X} \\ &= \Sigma Y_i X_i - \frac{1}{n}\Sigma Y_i\Sigma X_i - \frac{1}{n}\Sigma Y_i\Sigma X_i + n\frac{1}{n}\Sigma Y_i\frac{1}{n}\Sigma X_i \\ &= \Sigma Y_i X_i - \frac{1}{n}\Sigma Y_i\Sigma X_i - \frac{1}{n}\Sigma Y_i\Sigma X_i + \frac{1}{n}\Sigma Y_i\Sigma X_i \\ &= \Sigma Y_i X_i - \frac{1}{n}\Sigma Y_i\Sigma X_i \\ &= \Sigma Y_i X_i - \bar{Y}\Sigma X_i \end{aligned} \tag{3.12}$$

また、

50 第3章 単純回帰分析

$$
\begin{aligned}
\Sigma(X_i - \bar{X})^2 &= \Sigma(X_i^2 - 2X_i\bar{X} - \bar{X}^2) \\
&= \Sigma X_i^2 - 2\Sigma X_i \bar{X} - \Sigma \bar{X}^2 \\
&= \Sigma X_i^2 - 2\frac{1}{n}\Sigma X_i \Sigma X_i + n\frac{1}{n}\Sigma X_i \frac{1}{n}\Sigma X_i \\
&= \Sigma X_i^2 - 2\frac{1}{n}\Sigma X_i \Sigma X_i + \frac{1}{n}\Sigma X_i \Sigma X_i \\
&= \Sigma X_i^2 - \bar{X}\Sigma X_i
\end{aligned} \tag{3.13}
$$

（3.12）式、（3.13）式を（3.11）式に代入してまとめると、

$$
\begin{cases}
\hat{\beta} = \dfrac{\Sigma(X_i - \bar{X})(Y_i - \bar{Y})}{\Sigma(X_i - \bar{X})^2} \\
\hat{\alpha} = \bar{Y} - \hat{\beta}\bar{X}
\end{cases} \tag{3.14}
$$

これが、データを集めて最小2乗法を適用したときに求まる回帰係数の値に
なります。これを次の例題によって確認します。

【例題 3.1】

表 3.1 の 2 つの変数 X と Y の関係式 $Y_i = \alpha + \beta X_i + u_i$ $(i = 1, 2, \cdots, n)$
を推定します。

表3.1　X と Y の関係

i	X_i	Y_i
1	1	3
2	2	5
3	4	7
4	9	9

必要となるワークシートを計算します（表 3.2）。

表3.2　ワークシートの計算

i	X_i	Y_i	$(X_i - \bar{X})$	$(Y_i - \bar{Y})$	$(X_i - \bar{X})^2$	$(Y_i - \bar{Y})^2$	$(X_i - \bar{X})(Y_i - \bar{Y})$
1	1	3	−3	−3	9	9	9
2	2	5	−2	−1	4	1	2
3	4	7	0	1	0	1	0
4	9	9	5	3	25	9	15
Σ	16	24			38	20	26
平均	4	6					

$$\hat{\beta} = \frac{\Sigma(X_i - \bar{X})(Y_i - \bar{Y})}{\Sigma(X_i - \bar{X})^2} = \frac{26}{38} = 0.68421 \tag{3.15}$$

$$\hat{\alpha} = \bar{Y} - \hat{\beta}\bar{X} = 6 - 0.68421 \times 4 = 3.26316 \tag{3.16}$$

よって推定式は、

$$\hat{Y}_i = 3.26316 + 0.68421 X_i \tag{3.17}$$

となります。この式を散布図に描き入れると図3.3のようになります。

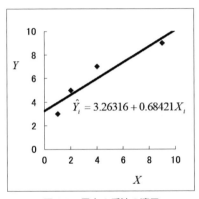

図 3.3　最小 2 乗法の適用

3.2　関数の特定化と回帰分析

3.2.1　関数の特定化

「XがYを説明する」という記述は、$Y_i = \alpha + \beta X_i$の形のみを指すわけではありません。関数の一般形として$Y = F(X)$が考えられますが、これではデータ分析ができません。したがって、事前に式の形を決めなければなりません。2変数でも次のようにいろいろな形が考えられます。

線　　形（linear）：$Y_i = \alpha + \beta X_i + u_i$
対数線形（log linear）：$\ln Y_i = \alpha + \beta \ln X_i + u_i$
片　対　数：$\ln Y_i = \alpha + \beta X_i + u_i$　$Y_i = \alpha + \beta \ln X_i + u_i$

双 曲 線：$Y_i = \alpha + \beta \dfrac{1}{X_i} + u_i$

このように回帰分析を行う式の形を決めることを**関数の特定化**（specification）と呼びます。一方、特定化した式、例えば $Y_i = \alpha + \beta X_i + u_i$ の係数（parameter：パラメータ）である α, β の値を推定することを**関数の推定**（estimation）と呼びます。

どのように特定化するかは、①分析しようとする関係を説明する経済理論が提言する形や、②次章で説明する古典的最小2乗法の諸仮定が成立する形を手がかりにします。

■対数線形（$\ln Y_i = \alpha + \beta \ln X_i + u_i$）を用いる典型的な場合

経済理論的には、X に対する Y の弾力性が一定である場合に用いられ、データの問題としては、不均一分散がある場合に用いられます。詳しくは第6章で説明します（図3.4）。

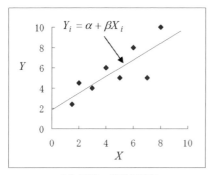 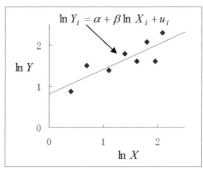

(a) 不均一分散の傾向　　　　　　　(b) 均一分散化

図3.4　対数線形の典型例

■双曲線（$\ln Y_i = \alpha + \beta \dfrac{1}{X_i} + u_i$）を用いる典型的な場合

これは、X の増加に伴い Y が減少するが、マイナスにはならず0に近づいていくような場合に用いられます（図3.5）。

推定した式、例えば $Y_i = \hat{\alpha} + \hat{\beta} X_i + e_i$ を用いて、誤差 $e_i = Y_i - (\hat{\alpha} + \hat{\beta} X_i)$ を計算することができ、その誤差の大きさから、特定化が妥当だったかどうか、再度、検討します。すなわち、特定化と推定についても、繰り返し検討するこ

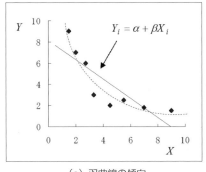 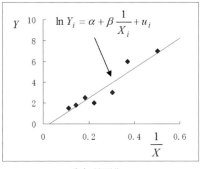

(a) 双曲線の傾向　　　　　　　　　　　(b) 線形化

図 3.5　双曲線の典型例

とも必要となってきます。

3.3　R による単純回帰分析

R を用いて回帰分析を行うにあたっては、あらかじめ「R のインストール」が必要です（詳細な手順は付録 A（298 ページ）を参照してください）。

また、実際に R を繰り返し利用するにあたっては、「R で作業ディレクトリを変更する」ことによって、R 分析専用のフォルダを用意しておくと非常に便利です（詳細な手順は付録 A（304 ページ）を参照してください）。本書では、「リムーバルディスク」に「計量経済学」というフォルダを作成する場合について説明しています。適宜使いやすいフォルダを利用してください。

3.3.1　R による単純回帰分析

ここでは、【例題 3.1】を実際に R で行う手順から R の使い方を説明していきます。

(1) プログラムの入力

① R を起動した後、メニューから［ファイル］－［新しいスクリプト］を選択します。

②［R エディタ］ウィンドウが開くので、プログラムを入力します。

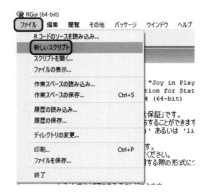

図 3.6 プログラムの入力

```
data1 <- read.table("k031.csv",header=TRUE, sep=",")
data1
plot(data1$X, data1$Y,xlab="説明変数X",ylab="被説明変数Y",
  main="回帰分析")
fm <- lm(Y ~ X, data=data1)
abline(fm)
summary(fm)
```

注：Rでは、グラフタイトルなどを除き、すべて「半角」です。全角で入力するとエラーになってしまいますので注意してください。

（Macではグラフタイトルなどの全角は文字化けすることがあります。文字化けを回避する方法で、最も容易なのは、3行目のplotの行の前に、

　　　par(family = "HiraKakuProN-W3")

の行を加える方法です。）

③メニューから［ファイル］－［保存］を選択します。ファイル名は拡張子を「.R」にします。ここでは、kp031.R（読み込むときに指定が楽になります）。

3.3 Rによる単純回帰分析 55

図 3.7 ファイルの保存

④保存したプログラムを呼び出すときは、メニューから［ファイル］-［スクリプトを開く］を選択します（アイコンでは📂）です。Mac版では［ファイル］-［文書を開く］）。

図 3.8 プログラムの読み込み

(2) Rでのコマンドを集めたプログラムの簡単な説明

ここでは、【例題 3.1】をRで行う際のプログラム中のコマンドについて簡単に説明します。

■プログラムの解説
［1行目］　データの読み込み
```
data1 <- read.table("k031.csv",header=TRUE,
    sep=",")
```

data1：データセットにつけた名前(好きな名前をつけることができます)。

<- read.table：カッコ内で指定したデータを読み込みます。

"k031.csv"：データが入っている Excel ファイル（csv 形式で保存した場合、拡張子が .csv になります）

header=TRUE：1 行目に項目見出しを入れている場合 true。

sep=","：ファイルで用いている区切り記号はドット（Excel で作成する標準 csv はこの形式です）。

[2 行目]　データの表示

    data1

データセット名を記すと、その中身を表示してくれます（R がきちんとデータを読み込んだかの確認のためなので習慣にするとよいでしょう）。

[3 行目]　散布図の作成

    plot(data1$X, data1$Y,xlab=" 説明変数名 X",
        ylab=" 被説明変数名 Y",main=" 回帰分析 ")

plot：カッコ内で指定したデータおよび形式で散布図を描いてくれます。

data1$X：横軸の変数の指定をします（$ の左がデータセット名、右が変数名）。

data1$Y：縦軸の変数の指定をします（$ の左がデータセット名、右が変数名）。

xlab=" 説明変数名 X"："" 内に横軸につけるラベルを入力します（自由に決めることができます）。

ylab=" 被説明変数名 Y"："" 内に縦軸につけるラベルを入力します（自由に決めることができます）。

main=" 回帰分析 "："" 内にグラフのタイトルを入力します（自由に決めることができます）。

[4 行目]　回帰分析を実行

    fm <- lm(Y ~ X, data=data1)

fm：回帰分析の結果に名前をつけます。

<- lm：カッコ内で指定したデータおよび数式に従って回帰分析を実行

します。

Y ~ X：$Y = \alpha + \beta X$ という特定化を行います。

data=data1：data1 と名前をつけたデータセットを用います。

[5行目]　散布図への回帰式の描き入れ

abline(fm)

abline：カッコ内の回帰分析結果に従い、回帰線を散布図に重ね描きします。

[6行目]　回帰分析の結果の要約の表示

summary(fm)

summary：カッコ内の回帰分析結果を表示します。

（3）Rで用いるデータを Excel ファイルで準備する

- Rのプログラムを実行するにあたっては、もちろんデータが必要となります。

- データの入力、整理には Excel を利用することができます（プログラムに直接入力したりする方法もありますが、Excel を用いるのに慣れればミスをしにくくなるので、その点では最も簡単です）。

①わかりやすい形にデータをそろえます。

　必須：1行目は必ず見出しにし、変数名は半角でアルファベットを先頭とする英数字です。

②メニューから［ファイル］－［名前を付けて保存］を選択します。

③［保存先］を、［参照］から、R の作業ディレクトリ（フォルダ）に設定します。

　作業ディレクトリをまだ作っていない場合は［新しいフォルダ］を選択し、作業フォルダの名前を入力します（ここでは「計量経済学」としています）。

図 3.9　Excel でのデータ入力と名前を付けて保存

④［ファイル名］で名前を入れ、［ファイルの種類］では［CSV（コンマ区切り）］を選択し、［保存］をクリックします。

［ファイル名］は、整理しやすい名前を入れておきます（ここでは、「k031」としています）。

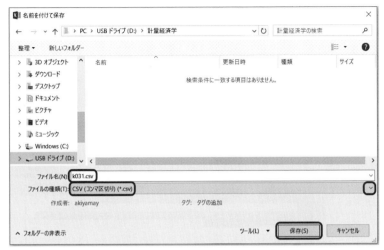

図 3.10　ファイルの種類とファイル名

⑤すると、以下のようなメッセージが出ますが、［OK］を選択します（2枚目以降のワークシートにあるデータは削除されます）。

図 3.11　警告メッセージ①

⑥また、以下のようなメッセージも出ますが、［はい］を選択します（網掛けや罫線などの情報は削除されます）。

図 3.12　警告メッセージ②

(4) Rでのプログラムの実行

① Rエディタで、実行したい行をドラッグし、選択します。

② ［カーソル行または選択中のRコードを実行］アイコン■をクリックします（Mac版では、［編集］-［実行］を選択）。

図3.13　Rエディタのコードを実行

(5) R でのプログラムの実行結果

図 3.14　実行結果：散布図

```
R Console
> data1 <- read.table("k031.csv",header = TRUE, sep =",")
> data1
  i X Y
1 1 1 3
2 2 2 5
3 3 4 7
4 4 9 9
> plot(data1$X, data1$Y,xlab="説明変数名",ylab="被説明変数名",main="グラフタイトル")
> fm <- lm(Y ~ X, data = data1)
> abline(fm)
> summary(fm)

Call:
lm(formula = Y ~ X, data = data1)

Residuals:
      1       2       3       4
-0.9474  0.3684  1.0000 -0.4211

Coefficients:
            Estimate Std. Error t value Pr(>|t|)
(Intercept)   3.2632     0.8612   3.789   0.0631 .
X             0.6842     0.1705   4.012   0.0569 .
---
Signif. codes:  0 '***' 0.001 '**' 0.01 '*' 0.05 '.' 0.1 ' ' 1

Residual standard error: 1.051 on 2 degrees of freedom
Multiple R-squared:  0.8895,    Adjusted R-squared:  0.8342
F-statistic:  16.1 on 1 and 2 DF,  p-value: 0.05688
```

図 3.15　実行結果：回帰分析の結果

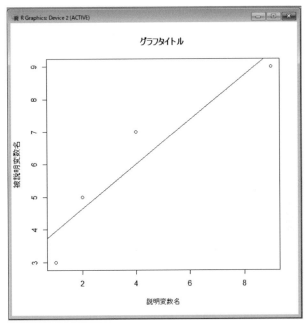

62 第3章 単純回帰分析

■回帰分析の結果の解説

多くの値が推定されていますが、本章では、$\hat{\alpha}$ と $\hat{\beta}$ の推定値のみを利用します。それ以外については、次章以降で適宜説明していきます。

coefficients：回帰係数

[(Intercept): 切片] × [Estimate: 係数] ＝ [回帰係数 $\hat{\alpha}$ の推定値]

$$
\begin{aligned}
\hat{\alpha} &= \bar{Y} - \hat{\beta}\bar{X} \\
&= \bar{Y} - \frac{\Sigma(X_i - \bar{X})(Y_i - \bar{Y})}{\Sigma(X_i - \bar{X})^2}\bar{X} \\
&= 3.2632
\end{aligned}
\tag{3.18}
$$

[X: 説明変数名] × [Estimate: 係数] ＝ [回帰係数 $\hat{\beta}$ の推定値]

$$
\hat{\beta} = \frac{\Sigma(X_i - \bar{X})(Y_i - \bar{Y})}{\Sigma(X_i - \bar{X})^2} = 0.6842
\tag{3.19}
$$

したがって、推定結果は、

$$
\hat{Y_i} = 3.2632 + 0.6842X_i
\tag{3.20}
$$

となります。

3.4 同じことを Excel でやると

Excel では、回帰分析を、①散布図、②分析ツール、③関数（linest）、のそれぞれによって行うことができます。本章で説明している単純回帰分析の係数の推定はいずれでも可能ですが、②の分析ツールの結果の表示は R の回帰分析による結果の表示に似ていますので、本節では、①散布図と②分析ツールに関して【例題 3.1】を用いて説明します。

（1）Excel の散布図による回帰分析

以下の説明は Windows 10、Excel 2016 に基づいています。Excel 2016 for Mac の場合の注意点は（3）を参照してください。

3.4 同じことを Excel でやると

①以下の【例題 3.1】のデータをわかりやすく入力しておきます。

表 3.3 【例題 3.1】のデータ

i	X_i	Y_i
1	1	3
2	2	5
3	4	7
4	9	9

	A	B	C
1	i	X	Y
2	1	1	3
3	2	2	5
4	3	4	7
5	4	9	9

図 3.16　Excel で入力

■散布図の作成

①セル範囲 B1：C5 をドラッグし、[挿入]、グラフのアイコンの中の [散布図 (X,Y) またはバブルチャートの挿入] アイコン を選びます。

図 3.17　グラフアイコンの選択①

②表示される散布図グラフアイコンの中からマーカーのみの散布図を選択します。

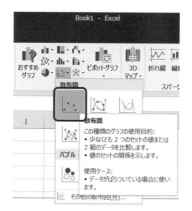

図 3.18 　グラフアイコンの選択②

③グラフ内に生成された［グラフタイトル］欄を選択します。

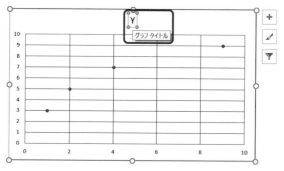

図 3.19 　グラフタイトルの選択

④［グラフタイトル］欄にタイトルを入力します。

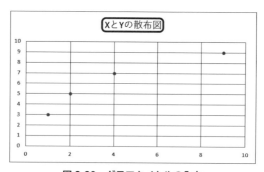

図 3.20 　グラフタイトルの入力

⑤グラフを選択し、グラフ右上に表示される［グラフ要素］アイコン+をクリックします。

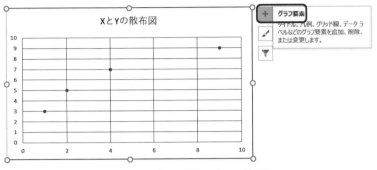

図 3.21　グラフ要素アイコンの選択

⑥［グラフ要素］ボックスを表示させ、［軸ラベル］にチェックを入れると、描いたグラフに［軸ラベル］欄が生成されます。

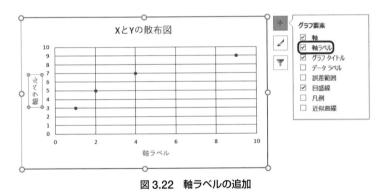

図 3.22　軸ラベルの追加

⑦グラフ内に生成された［軸ラベル］欄を選択し、変数名を入力します。

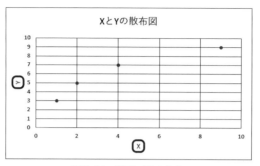

図 3.23　軸ラベルの入力

⑧目盛線などを削除したり、目盛を追加したりして散布図を完成させます。

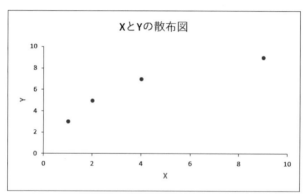

図 3.24　作成された散布図

■散布図に回帰線を描き入れる

　　注：以下の図では作成された図 3.24 の散布図の書式を修正してあります。

①グラフを選択し、グラフ右上に表示される［グラフ要素］アイコン ＋ をクリックします。

3.4 同じことを Excel でやると

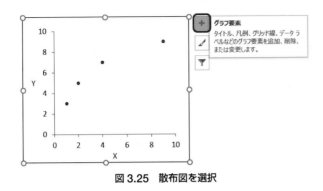

図 3.25　散布図を選択

② ［グラフ要素］メニューの中の［近似曲線］にチェックを入れ、その右ボタンをクリックし、［その他のオプション］を選択すると、［近似曲線の書式設定］メニューが現れますので、［線形近似］、［グラフに数式を表示する］、［グラフに R-2 乗値を表示する］を選択します。

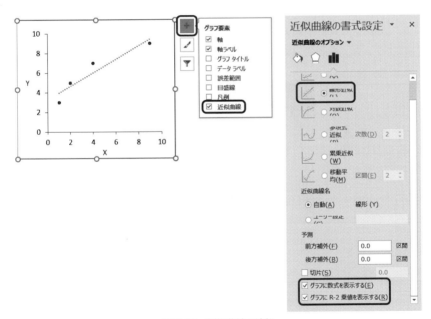

図 3.26　近似曲線の追加

③これらの操作を行うことによって、散布図に回帰分析の結果を表示させることができます。

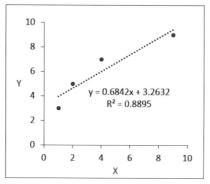

図 3.27 散布図に回帰分析の結果を表示

(2) Excel の分析ツールでの回帰分析の手引き

① 以下のようにわかりやすくデータを入力しておきます。
② メニューの中から、[データ] を選びます。
③ [分析ツール] が表示される場合は⑦に進んでください。
④ [分析ツール] が表示されない場合、メニューの中から [ファイル]、[オプション] を選択します。

図 3.28 分析ツールの追加のためのオプションの選択

⑤ ［Excel のオプション］メニューから［アドイン］、［設定］を選択します。

図 3.29　分析ツールの追加のためのアドインの選択

⑥ ［分析ツール］にチェックを入れ、［OK］をクリックします。

図 3.30　分析ツールの追加

⑦ メニューから、[データ]、[データ分析] を選択します。[分析ツール(D)]を左クリックすると[データ分析]ダイアログボックスが表示されます。

図3.31 データ分析の選択

⑧ [データ分析] ダイアログボックスの [回帰分析] を、左クリックで選択してから [OK] を選択します。

図3.32 分析ツールの選択

⑨ [回帰分析] ダイアログボックスが表示されます。[入力Y範囲] ボックスの右ボタンをクリックし、データ範囲C1：C5をドラッグし、再びボックスの右ボタンをクリックします。すると、[入力Y範囲] ボックスに$C$1：$C$5 が入ります。

図3.33 入力Y範囲（その1）

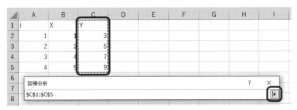

図 3.33　入力 Y 範囲（その 2）

⑩ ［回帰分析］ダイアログボックスが表示されます。［入力 X 範囲］ボックスの右ボタンをクリックし、データ範囲 B1：B5 をドラッグし、再びボックスの右ボタンをクリックします。すると、［入力 X 範囲］ボックスに $B$1：$B$5 が入ります。

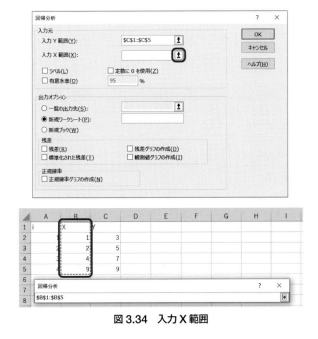

図 3.34　入力 X 範囲

⑪ ［入力元］オプションの中では、［入力 X 範囲］と［入力 Y 範囲］として、変数名を先頭セル（B1、C1）に含めて X、Y のセル範囲を指定しているので、［ラベル］にチェックを入れます。

第 3 章 単純回帰分析

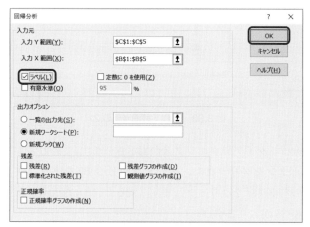

図 3.35 ラベルにチェックを入れる

⑫ ［OK］をクリックすると演算が開始され、図 3.36 のように回帰分析の結果が新しいシートに出力されます。

	A	B	C	D	E	F	G	H	I
1	概要								
2									
3		回帰統計							
4	重相関 R	0.943119							
5	重決定 R2	0.889474							
6	補正 R2	0.834211							
7	標準誤差	1.051315							
8	観測数	4							
9									
10	分散分析表								
11		自由度	変動	分散	測された分	有意 F			
12	回帰	1	17.78947	17.78947	16.09524	0.056881			
13	残差	2	2.210526	1.105263					
14	合計	3	20						
15									
16		係数	標準誤差	t	P-値	下限 95%	上限 95%	下限 95.0%	上限 95.0%
17	切片	3.263158	0.861214	3.78902	0.06313	-0.44235	6.968663	-0.44235	6.968663
18	X	0.684211	0.170546	4.011887	0.056881	-0.04959	1.41801	-0.04959	1.41801

図 3.36 回帰分析の結果

■回帰式の推定結果

	係数
切片	3.263158
X	0.684211

[切片]×[係数]＝[回帰係数 $\hat{\alpha}$ の推定値]

$$\hat{\alpha} = \bar{Y} - \hat{\beta}\bar{X} = 3.263158 \tag{3.21}$$

[X（説明変数名）]×[係数]＝[回帰係数 $\hat{\beta}$ の推定値]

$$\hat{\beta} = \frac{\Sigma(X_i - \bar{X})(Y_i - \bar{Y})}{\Sigma(X_i - \bar{X})^2} = 0.684211 \tag{3.22}$$

したがって、推定結果は、

$$\hat{Y}_i = 3.263158 + 0.684211X_i \tag{3.23}$$

（3）Excel 2016 for Mac を用いる場合の注意点

Excel 2016 for Mac の操作は、Windows 版の Excel とほぼ同じですが、いくつか異なる点がありますので、それらを示していきます。

■散布図の作成と散布図による回帰分析

① ［軸ラベル］や［近似曲線の追加］などのグラフの要素の追加にあたって、グラフを選択しても、グラフ右横に［グラフの要素］アイコンは現れません。メニューから［グラフのデザイン］を選択すると、［グラフ要素を追加］アイコンが現れます。

第3章　単純回帰分析

図 3.37　［グラフ要素を追加］アイコン

②近似曲線の追加にあたっては、プルダウンメニューから、［近似曲線］－［その他の近似曲線オプション］を選択すると、［近似曲線の書式設定］メニューが現れます。

図 3.38　近似曲線の追加

■分析ツールによる回帰分析

① Mac では、［分析ツール］が［ツール］のプルダウンメニューにも表示されます。表示されないときは、［ツール］のプルダウンメニューから［Excelアドイン］を選択してください。

②［アドイン］ダイアログボックスの［分析ツール］にチェックを入れ、［OK］を選択します。

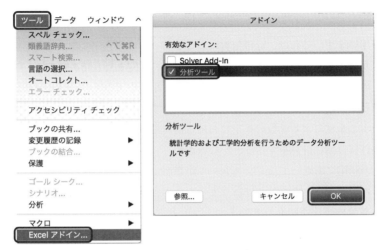

図 3.39　分析ツールの追加

③分析ツールを用いるときは、メニューから［ツール］を選択し、プルダウンメニューの中から［データ分析］を選択することもできます。

図 3.40　データ分析の選択

76 第3章 単純回帰分析

まとめ

　経済モデルに現れる関数をデータを用いて推定するにあたっては、最小2乗法を用います。これは、経済分析におけるデータの収集は受身であり、様々な誤差が発生するため、誤差があることを前提に推定を行うためです。

　そのため、発生する誤差の2乗の合計を最小にするように回帰式の係数を求めるという最小2乗法の考え方が有用となります。

　最小2乗法による係数の推定における計算量は非常に多くなりますが、Rを用いれば容易に計算をすることができます。

　Rの利用にあたってはインストールが必要です。そして利用にあたっては決まった手続きをとらなければなりません。本書では、初心者でも理解しやすく、扱いやすい手法を紹介しています。コマンドを集めたプログラムを作成し、Excelで用意しておいたデータを用いてプログラムを実行させます。

　古典的最小2乗法の場合は、Excelでも同様の計算を行うことができますから、両者の結果が一致するかを確認しながら学習を進めるといろいろな面からの理解が進むでしょう。

練習問題

【問題 3.1】
　回帰分析の基本である最小2乗法の考え方について、概念図を用いながら説明してください。

【問題 3.2】
　回帰分析における「関数の特定化」と「関数の推定」の違いについて説明してください。

【問題 3.3】
　以下は、Rで回帰分析を行う際のコマンドを記したファイルの一部です。この1行はどのような指示をしていますか。説明してください。

練習問題 77

```
plot(data03$C, data03$Q,xlab="気温",ylab="アイスクリーム消費量",
    main="気温とアイスクリーム消費量")
```

【問題 3.4】

　以下は、R で回帰分析を行う際のコマンドを記したファイルの一部です。この 1 行はどのような指示をしていますか。説明してください。

```
fm01 <- lm(W ~ Z, data=data01)
```

【問題 3.5】

　以下は、$n = 5$ のデータから $Y_i = \alpha + \beta X_i + u_i$ を R によって推定した結果の一部です。この情報を用いて推定された式を図の上で表してください。

```
Coefficients:
            Estimate Std. Error t value Pr(>|t|)
(Intercept)  6.93312   11.83763   0.586    0.574
X            0.40238    0.05087   7.910 4.74e-05
```

【問題 3.6】

①R において、「ディレクトリの変更」は何の役に立ちますか。説明してください。

②R において、「コマンドの実行」はどのように指示しますか。説明してください。

③Excel シートを R でデータとして利用するとき、注意すべき点を説明してください。

　本章の演習問題【演習 3.1】、【演習 3.2】は、いずれも標本が小さいデータを題材としています。回帰分析に慣れていない方は、【例題 3.1】で示したワークシートを用いての計算も併用すると理解が確実なものとなるでしょう。

【演習 3.1】

　有効求人倍率が高まるとボーナス支給額が多くなるといわれています。以下は、有効求人倍率とボーナス支給額の平均〔万円〕のデータです。

78　第 3 章　単純回帰分析

表 3.4　有効求人倍率とボーナス支給額の平均

年	2012	2013	2014	2015
有効求人倍率	0.82	0.97	1.11	1.21
ボーナス支給額の平均	35.67	36.69	37.54	38.37

（出所）「日経 NEEDS」より

①これらのデータから回帰分析を行うとしたら 2 つの変数のどちらを説明
　変数に、どちらを被説明変数としますか。理由とともに答えてください。
② ①で考えた関係式について回帰分析を行い、回帰式（定数項と傾き）を
　推定してください。
③散布図を作成し、求めた回帰式を描き入れてください。

【演習 3.2】
　高等教育の充実は生産性を高めるようです。以下は、2015 年の各国の GDP
に占める高等教育への公的支出の割合〔％〕と労働生産性〔1 人当たり 1000
ドル〕のデータです。

表 3.5　高等教育への公的支出と労働生産性

国	日本	アメリカ	フィンランド	イギリス
高等教育への公的支出割合	1.6	2.6	1.8	1.8
労働生産性	39	63	51	48

（出所）The World Bank, *Data Bank.*

①これらのデータから回帰分析を行うとしたら 2 つの変数のどちらを説明
　変数に、どちらを被説明変数としますか。理由とともに答えてください。
② ①で考えた関係式について回帰分析を行い、回帰式（定数項と傾き）を
　推定してください。
③散布図を作成し、求めた回帰式を描き入れてください。

第4章
回帰式の説明力と仮説検定

　本章では、回帰分析の結果得られた回帰式の評価の方法について学びます。関数が推定できたとしても、それが信頼できない式であれば再考が必要となります。この評価にあたっては、統計学の仮説検定の手法が用いられます。Rなどの計量ソフトを利用すれば、様々な統計量が容易に計算できますが、それぞれをどのように用いると回帰式の評価ができるかは、一つひとつ学んでいく必要があります。回帰式全体の評価、係数の評価など見方も異なりますので評価方法の考え方を学ぶことは非常に重要です。

4.1 決定係数

4.1.1 誤差分散と標準誤差

回帰式の説明力を評価するにあたって、誤差の大きさが重要です。図 4.1 は誤差の大きさに違いがある例を示したものです。

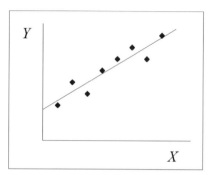
(a) 誤差が小さい

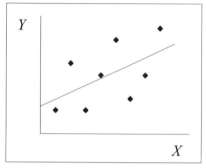
(b) 誤差が大きい

図 4.1 回帰式の説明力と誤差の大小

(a) のほうが (b) よりも全体の誤差が小さく、直線はより信頼できると考えられます。したがって、これらの誤差の大小を評価することが必要です。

ここで、誤差の平均を求めると、

$$\begin{aligned}
\bar{e} &= \frac{1}{n}\Sigma e_i \\
&= \frac{1}{n}\Sigma(Y_i - \hat{\alpha} - \hat{\beta} X_i) \\
&= \frac{1}{n}\Sigma Y_i - \frac{1}{n}\Sigma \hat{\alpha} - \frac{1}{n}\Sigma \hat{\beta} X_i \\
&= \frac{1}{n}\Sigma Y_i - \frac{1}{n}\Sigma \hat{\alpha} - \hat{\beta}\frac{1}{n}\Sigma X_i \\
&= \bar{Y} - \hat{\alpha} - \hat{\beta}\bar{X} \\
&= \bar{Y} - (\bar{Y} - \hat{\beta}\bar{X}) - \hat{\beta}\bar{X} \\
&= 0
\end{aligned} \quad (4.1)$$

となり、0 となってしまいますから、平均の大きさで比較することはできません。

そこで、誤差の2乗についての平均を考えます。

誤差分散 s^2 は誤差の2乗の平均を表現するものであり、**標準誤差** s は誤差分散 s^2 の平方根にあたります（推定値の標準偏差は標準誤差と呼ばれます）。

$$\text{誤差分散} \quad s^2 = \frac{1}{n-2}\Sigma e_i^2 \tag{4.2}$$

$$\text{標準誤差} \quad s = \sqrt{\frac{1}{n-2}\Sigma e_i^2} \tag{4.3}$$

誤差分散が、誤差の大きさを表すものであるのにもかかわらず、分散と呼ばれるのは、誤差の平均が0であるため、次のように式を変形することができるためです。

$$s^2 = \frac{1}{n-2}\Sigma e_i^2 = \frac{1}{n-2}\Sigma(e_i - \bar{e})^2 \tag{4.4}$$

これは、各データから平均を差し引き、2乗したものの平均の形式ですから、分散の式の形に他なりません。ただし、分母は $n-2$ であることに注意が必要です。

4.1.2　自由度 ●●●●●●●●●●●●●●●●●●●●●●●●●●●●●●

単純回帰分析 $Y_i = \alpha + \beta X_i + u_i$ における u_i の標本からの推定値 e_i の自由度は $n-2$ となります。これは、$e_i = Y_i - (\hat{\alpha} + \hat{\beta} X_i)$ によって計算する際の $\hat{\alpha}$ と $\hat{\beta}$ の推定に標本2個が必要ですから、標本3個目から実質的な誤差と見なすことができるためです。2点でも直線を求めることができますが、その場合は誤差が発生しません。

すなわち、誤差の実質的な個数は $n-2$ 個であると考えられるのです。

【例題 4.1】
第3章の【例題 3.1】における標準誤差は、Rの実行結果から読み取ることができます。

```
Residual standard error: 1.051 on 2 degrees of freedom
Multiple R-Squared: 0.8895,    Adjusted R-squared: 0.8342
F-statistic:  16.1 on 1 and 2 DF,  p-value: 0.05688
```

`Residual standard error` が標準誤差に該当します。$s = 1.051$ です。

一方、Excel の分析ツールによる計算結果からは、回帰統計の標準誤差が s に該当します。$s = 1.051315$ です。

回帰統計	
重相関 R	0.943119
重決定 R2	0.889474
補正 R2	0.834211
標準誤差	1.051315
観測数	4

図 4.2　Excel での回帰統計

これにより、誤差全体の大きさを数値化することはできますが、これが大きいといえるのか小さいといえるのかを結論づけるのは、何らかの基準がないと困難です。

そこで、この標準誤差を基本とした新たな統計量として決定係数が考え出されています。

4.1.3　残差平方和の性質

標準誤差の計算における誤差の 2 乗の合計 Σe_i^2 は**残差平方和**と呼ばれ、次のように展開することができます。

$$e_i = Y_i - \hat{Y}_i$$

より、

$$
\begin{aligned}
\Sigma e_i^2 &= \Sigma (Y_i - \hat{Y}_i)^2 \\
&= \Sigma \left[(Y_i - \bar{Y}) - (\hat{Y}_i - \bar{Y}) \right]^2 \\
&= \Sigma \left[(Y_i - \bar{Y})^2 - 2(Y_i - \bar{Y})(\hat{Y}_i - \bar{Y}) + (\hat{Y}_i - \bar{Y})^2 \right] \\
&= \Sigma (Y_i - \bar{Y})^2 - 2\Sigma (Y_i - \bar{Y})(\hat{Y}_i - \bar{Y}) + \Sigma (\hat{Y}_i - \bar{Y})^2
\end{aligned}
\tag{4.5}
$$

ここで、

$$\begin{aligned}
\hat{Y}_i - \bar{Y} &= (\hat{\alpha} + \hat{\beta}X_i) - (\hat{\alpha} + \beta\bar{X}) \\
&= \hat{\beta}(X_i - \bar{X}) \\
\Sigma(\hat{Y}_i - \bar{Y})^2 &= \Sigma\hat{\beta}^2(X_i - \bar{X})^2 \\
&= \hat{\beta}^2\Sigma(X_i - \bar{X})^2 \\
&= \hat{\beta}\frac{\Sigma(X_i - \bar{X})(Y_i - \bar{Y})}{\Sigma(X_i - \bar{X})^2}\Sigma(X_i - \bar{X})^2 \\
&= \hat{\beta}\Sigma(X_i - \bar{X})(Y_i - \bar{Y}) \quad\quad\quad (4.6)
\end{aligned}$$

一方、

$$\begin{aligned}
\Sigma(Y_i - \bar{Y})(\hat{Y}_i - \bar{Y}) &= \Sigma(Y_i - \bar{Y})\hat{\beta}(X_i - \bar{X}) \\
&= \hat{\beta}\Sigma(X_i - \bar{X})(Y_i - \bar{Y}) \quad\quad (4.7)
\end{aligned}$$

(4.6) 式、(4.7) 式から次の関係を導くことができます。

$$\Sigma(Y_i - \bar{Y})(\hat{Y}_i - \bar{Y}) = \Sigma(\hat{Y}_i - \bar{Y})^2$$

これを (4.5) 式に代入してまとめると次の式が得られます。

$$\Sigma e_i^2 = \Sigma(Y_i - \bar{Y})^2 - \Sigma(\hat{Y}_i - \bar{Y})^2 \quad\quad\quad (4.8)$$

$\Sigma(Y_i - \bar{Y})^2$ は実績値 Y_i の平均からの乖離に関する平方和であり、**全平方和**と呼ばれます。一方、$\Sigma(\hat{Y}_i - \bar{Y})^2$ は理論値 $\hat{Y}_i$ の平均からの乖離に関する平方和であり、**回帰による平方和**と呼ばれます。

4.1.4　決定係数

前節の (4.8) 式の関係を用いて、誤差の大きさを割合で考えることができます。ただし、誤差は回帰式で説明できない部分に相当しますから、誤差が大きいほうが回帰式の説明力が小さいことになってしまいます。そこで、次のように**決定係数**という統計量が考えられるようになりました。

$$r^2 = \frac{\Sigma(\hat{Y}_i - \bar{Y})^2}{\Sigma(Y_i - \bar{Y})^2}\left(= 1 - \frac{\Sigma e_i^2}{\Sigma(Y_i - \bar{Y})^2}\right) \quad\quad (4.9)$$

これは、全平方和に対する回帰による平方和の割合であり、1 から全平方和に対する残差平方和の割合を差し引いたものに等しくなります。すなわち、誤

84 | 第 4 章 回帰式の説明力と仮説検定

差が小さいほど、決定係数は大きくなり、回帰式によって説明される説明力が大きいことを表現することができます。決定係数は割合の概念であるため、

$$0 \leq r^2 \leq 1 \tag{4.10}$$

の関係があり、1 に近ければ説明力が高く、0 に近ければ説明力が低いことを表します。標準誤差の大きさを評価するよりも、決定係数の大きさを評価するほうが容易であるため、よく用いられる統計量の 1 つです。

【例題 4.2】

第 3 章の【例題 3.1】における決定係数は、R の実行結果から読み取ることができます。

```
Residual standard error: 1.051 on 2 degrees of freedom
Multiple R-Squared: 0.8895,    Adjusted R-squared: 0.8342
F-statistic:  16.1 on 1 and 2 DF,  p-value: 0.05688
```

Multiple R-Squared が r^2 に該当します。$r^2 = 0.8895$ です。

一方、Excel の分析ツールによる計算結果からは、回帰統計の重決定 R2 が r^2 に該当します。$r^2 = 0.889474$ です。

回帰統計	
重相関 R	0.943119
重決定 R2	0.889474
補正 R2	0.834211
標準誤差	1.051315
観測数	4

図 4.3 Excel での回帰統計

これにより、決定係数が 1 に近いことから、この回帰式の説明力は高いといえそうです。

決定係数はこのようにその大きさを簡単に評価することができるので使いやすい統計量ですが、どのくらい1に近ければどのくらい信頼できるのかという厳密な評価をするにあたっては不十分です。そこで、確率を用いて厳密に評価する方法が考えられ広く利用されています。次節以降ではそれに関して説明していきます。

4.2　回帰係数の信頼性

　回帰係数（勾配 $\hat{\beta}$）の標準誤差（$s_{\hat{\beta}}$）は回帰係数の信頼度を表します（推定値の標準偏差は標準誤差と呼ぶ慣習があります）。回帰係数（勾配 β）が0でないということは、説明変数である X が被説明変数の Y に影響があることになりますから、$H_0: \hat{\beta} = 0$、$H_1: \hat{\beta} \neq 0$ の仮説検定は極めて重要です。

　その仮説の検定にあたっては、t 分布を用いることができますが、そのためには、$t_{\hat{\beta}} = \dfrac{\hat{\beta} - 0}{s_{\hat{\beta}}}$ を計算しなければなりません。したがって、この式の分母に現れる $s_{\hat{\beta}}$（推定した $\hat{\beta}$ の標準偏差）の計算が必要になります。$s_{\hat{\beta}}$ を求めるにあたって、古典的最小2乗法の仮定をおくと計算が容易になり、t 分布を用いることができます。

　$\hat{\beta}$ の分布は次のように考えることができます。母集団に $Y_i = \alpha + \beta X_i + u_i$ の関係があり、そこから繰り返し標本を取り出し、そのたびに $\hat{\beta}$ を計算すると、多くの $\hat{\beta}$ を得ることができることになります。これを図示すると図4.4のようになります。

　母集団の誤差が大きければ、標本は安定しないことになりますから、その結果得られる $\hat{\beta}$ は様々な値をとり、分布で考えると散らばりが大きくなります。そこで、標本から求めた標準誤差 s に基づいて回帰係数 $\hat{\beta}$ の標準誤差（標準偏差）$s_{\hat{\beta}}$ を導くことを考えます。

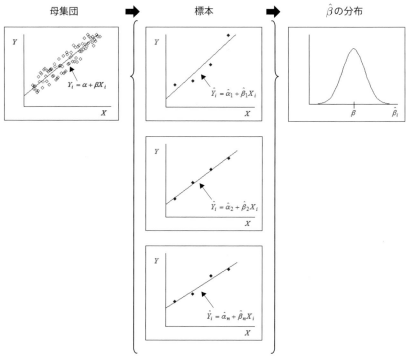

図 4.4　回帰係数 $\hat{\beta}$ の分布

4.2.1　古典的最小 2 乗法でおかれる仮定

次項で示すように、回帰係数の推定値 $\hat{\beta}$ の標準誤差 $s_{\hat{\beta}}$ は、

$$s_{\hat{\beta}} = \frac{s}{\sqrt{\Sigma(X_i - \bar{X})^2}} \tag{4.11}$$

として求めることができますが、これには以下のような仮定が必要です。これらの仮定の下で行う最小 2 乗法は**古典的最小 2 乗法**と呼ばれます。

古典的最小 2 乗法でおかれる仮定

仮定 1　　$E(u_i) = 0 \quad i = 1, 2, \cdots, n$
　　　　　誤差はプラス側やマイナス側に偏っていない

仮定 2　　$E(u_i u_j) = 0$　$i \neq j$, $i, j = 1, 2, \cdots, n$
　　　　　誤差同士の大きさに関係がない（自己相関なし）

仮定 3　　$E(u_i^2) = \sigma^2$　$i = 1, 2, \cdots, n$
　　　　　誤差の大きさの平均は一定（均一分散）

仮定 4　　X_i $(i = 1, 2, \cdots, n)$ は指定変数である（＝ 確率変数ではない）
　　　　　誤差と説明変数の大きさに関係がない

仮定 5　　u_i $(i = 1, 2, \cdots, n)$ は正規分布をする
　　　　　誤差は正規分布に従う

　また、ガウス＝マルコフの定理（仮定1～4を用いる）によって、最小2乗法によって求める $\hat{\beta} = \dfrac{\Sigma(X_i - \bar{X})(Y_i - \bar{Y})}{\Sigma(X_i - \bar{X})^2}$ は、線形関数として表されるあらゆる不偏推定量（期待値が母集団の値に等しい）の中で分散が最も小さいという望ましい特性を持っています。

　これらの仮定はすべて誤差の特徴を表していますが、これらの仮定1～5が成り立っていると、図4.5のように $Y_i = \alpha + \beta X_i$ の直線の周りにランダム（誤差の散らばり方に特別な傾向がない）に散らばっている状態を想定していることになります。

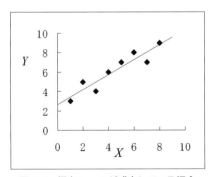

図4.5　仮定1～5が成立している場合

(1) 仮定 1「$E(u_i) = 0$　$i = 1, 2, \cdots, n$」が成立していない場合

　例えば、図4.6のように誤差がマイナスばかりの場合がこれにあたります。

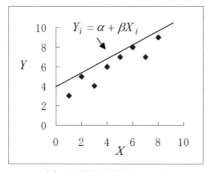 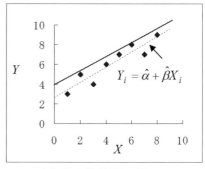

(a) 母集団の誤差がマイナス　　　　(b) OLS 推定は正しくない

図 4.6　仮定 1 が成立していない場合

企業の生産（能力）関数を推定するとき、このような状態が発生します。生産の大きさをその生産能力で考えるとすると、遊休設備の存在や不良品の発生など、実際に観察される生産量は生産能力を必ず下回るため、(a) で示されるように誤差は常にマイナスになります。

このような状態のときに古典的最小 2 乗法を適用すると、(b) のように $\hat{\alpha}$, $\hat{\beta}$ は誤った推定値となり、$s_{\hat{\beta}}$ も適切ではないことがわかります。

(2) 仮定 2「$E(u_i u_j) = 0 \quad i \neq j, \ i, j = 1, 2, \cdots, n$」が成立していない場合

例えば、図 4.7 のように誤差がプラスになるとしばらくプラスが続き、マイナスになるとしばらくマイナスになる場合がこれにあたります。このようなパターンは自己相関と呼ばれます。

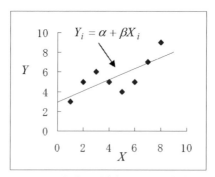

図 4.7　仮定 2 が成立していない場合

経済主体、国、地域などを固定して時間軸の中で多くのデータを集めた時系列（タイムシリーズ）データの場合、データの発生に順番がつきます。GDP、株価、所得、消費などは、好況、不況などの循環的変動の影響を受けているため、これらの変数を用いて回帰分析を行う場合、図4.7のようなパターンが発生しやすくなります。このような場合、推定した $s_{\hat{\beta}}$ は母集団の値の推定値としては一般に適切ではありません。

第5章では、この仮定2が成立していない場合、すなわち自己相関が存在する場合の対処方法について説明します。

(3) 仮定3 「$E(u_i^2)=\sigma^2 \quad i=1, 2, \cdots, n$」が成立していない場合
＜不均一分散と呼ばれる現象です＞

例えば、Xが大きいときに誤差も大きくなりやすく、Xが小さいときに誤差が小さくなりやすい場合がこれにあたります。このようなパターンは不均一分散と呼ばれます。一方、仮定3が成立している場合は均一分散と呼ばれます。

時間をある時点で固定し、様々な企業あるいは、家計、国、地域などのデータを集めた横断面（クロスセクション）データの場合に発生しやすいパターンです。国を標本とするとき、大国から小国まで様々な国の規模が大きく異なるため、小国は原点に近いところに集中し、大国は原点から離れたところに散らばるため、図4.8のようなパターンが発生しやすくなります。このような場合、推定した $s_{\hat{\beta}}$ は母集団の値の推定値としては適切でない可能性があります。

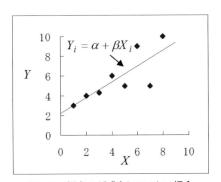

図4.8 仮定3が成立していない場合

第6章では、この仮定3が成立していない場合、すなわち不均一分散が存在する場合の対処方法について説明します。

（4）仮定4「X_i（$i=1, 2, \cdots, n$）は指定変数である（= 確率変数ではない）」が成立していない場合

X_i が指定変数である、というのは、わかりやすく表現しなおせば、X_i と u_i に関係がない状態です。

例えば、X が大きいときに誤差もプラスになりやすく、X が小さいときに誤差がマイナスになりやすい場合がこれにあたります。

需要関数と供給関数のように市場で価格と数量が調整され、均衡値が決定するような構造であるとき、図4.9のようなパターンが発生します。例えば、ある式で発生する誤差の大きさがもう一方の式の影響を受けて市場で決定する説明変数の値にも影響を及ぼす関係が生じます。

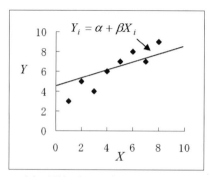
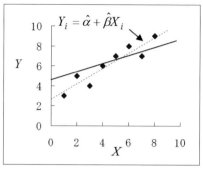

（a）誤差の大きさが X と関係している　　（b）OLS 推定は正しくない

図4.9　仮定4が成立していない場合

このような状態のときに古典的最小2乗法を適用すると、(b) のように $\hat{\alpha}$, $\hat{\beta}$ は誤った推定値であり、$s_{\hat{\beta}}$ も適切ではないことがわかります。

第10章の同時方程式の推定はこの仮定4が成立していない場合です。

（5）仮定5「u_i（$i=1, 2, \cdots, n$）は正規分布をする」が成立していない場合

例えば、図4.10 (a) のように、回帰線から大きく離れたデータがあると、そのデータに関する誤差だけが非常に大きな値になります。このような場合、誤差の大きさを分布にすると、(b) のように正規分布に従わないことになります。

仮定1が成り立たない場合の例として取り上げた生産（能力）関数の場合、

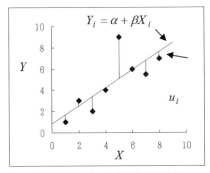 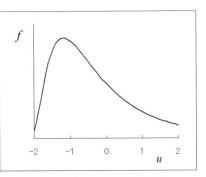

(a) 誤差の中にも極端な値がある　　(b) 誤差の分布が正規分布でない

図 4.10　仮定 5 が成立していない場合

誤差はマイナスばかりですから、この仮定 5 も成立しない場合にあたります。

誤差項が正規分布に従っていなければ、t 分布を用いて確率の計算を行うことはできません。

4.2.2　回帰係数の標準誤差

回帰係数（勾配 $\hat{\beta}$）の標準誤差 $s_{\hat{\beta}}$ は次のように求めることができます。

$$s_{\hat{\beta}} = \frac{s}{\sqrt{\Sigma(X_i - \bar{X})^2}} \tag{4.12}$$

このような形で求まるのは、前項で示した古典的最小 2 乗法の仮定が満たされている場合です。以下、これを導く過程でそれぞれの仮定が用いられていることを示していきます。

(1) $\hat{\beta}$ を X_i と u_i で表現

まず、母集団の関係式 $Y_i = \alpha + \beta X_i + u_i$ について、これは平均についても成り立ちますから、

$$\bar{Y} = \alpha + \beta \bar{X} + \bar{u}$$

これらの両辺を引き算して、

$$Y_i - \bar{Y} = (\alpha + \beta X_i + u_i) - (\alpha + \beta \bar{X} + \bar{u})$$
$$= \beta(X_i - \bar{X}) + (u_i - \bar{u})$$

これを $\hat{\beta}$ の式に代入してまとめていきます。

$$
\begin{aligned}
\hat{\beta} &= \frac{\Sigma(X_i - \bar{X})(Y_i - \bar{Y})}{\Sigma(X_i - \bar{X})^2} \\
&= \frac{\Sigma(X_i - \bar{X})\left[\beta(X_i - \bar{X}) + (u_i - \bar{u})\right]}{\Sigma(X_i - \bar{X})^2} \\
&= \frac{\beta\Sigma(X_i - \bar{X})^2}{\Sigma(X_i - \bar{X})^2} + \frac{\Sigma(X_i - \bar{X})(u_i - \bar{u})}{\Sigma(X_i - \bar{X})^2} \\
&= \beta + \frac{\Sigma(X_i - \bar{X})u_i - \Sigma(X_i - \bar{X})\bar{u}}{\Sigma(X_i - \bar{X})^2} \\
&= \beta + \frac{\Sigma(X_i - \bar{X})u_i - \bar{u}\Sigma(X_i - \bar{X})}{\Sigma(X_i - \bar{X})^2}
\end{aligned}
$$

ここで、仮定 1 より $E(u_i) = 0$ は $\bar{u} = 0$ を意味しますから、

$$
\hat{\beta} = \beta + \frac{\Sigma(X_i - \bar{X})u_i}{\Sigma(X_i - \bar{X})^2} \tag{4.13}
$$

すなわち、β の推定値である $\hat{\beta}$ は、β の値に説明変数 X_i と誤差 u_i から計算される部分を足し合わせた形で表現できます。

(2) $\hat{\beta}$ の平均

仮定 4 より X_i $(i = 1,\ 2,\ \cdots,\ n)$ は指定変数で確率変数ではないので期待値の計算では定数として扱うことができます。

また、β は母集団の値ですから確率変数ではありません。

そして仮定 1 より $E(u_i) = 0$ ですから、

$$
E(\hat{\beta}) = E(\beta) + \frac{\Sigma(X_i - \bar{X})E(u_i)}{\Sigma(X_i - \bar{X})^2} = \beta \tag{4.14}
$$

（3）$\hat{\beta}$ の標準誤差

$$
\begin{aligned}
\mathrm{var}(\hat{\beta}) &= E\big[\hat{\beta} - E(\hat{\beta})\big]^2 \\
&= E(\hat{\beta} - \beta)^2 \\
&= E\left[\beta + \frac{\Sigma(X_i - \bar{X})u_i}{\Sigma(X_i - \bar{X})^2} - \beta\right]^2 \\
&= E\left[\frac{\Sigma(X_i - \bar{X})u_i}{\Sigma(X_i - \bar{X})^2}\right]^2
\end{aligned}
$$

ここで、Σ に関する 2 乗においては誤差の組み合わせが多く関係が複雑なので、$i = 1,\,2$ についてのみ考えます。

$$
\begin{aligned}
&= E\left[\frac{(X_1 - \bar{X})u_1 + (X_2 - \bar{X})u_2}{\Sigma(X_i - \bar{X})^2}\right]^2 \\
&= E\left[\frac{(X_1 - \bar{X})^2 u_1^2 + 2(X_1 - \bar{X})(X_2 - \bar{X})u_1 u_2 + (X_2 - \bar{X})^2 u_2^2}{\left[\Sigma(X_i - \bar{X})^2\right]^2}\right] \\
&= E\left[\frac{(X_1 - \bar{X})^2 u_1^2}{\left[\Sigma(X_i - \bar{X})^2\right]^2} + \frac{2(X_1 - \bar{X})(X_2 - \bar{X})u_1 u_2}{\left[\Sigma(X_i - \bar{X})^2\right]^2} + \frac{(X_2 - \bar{X})^2 u_2^2}{\left[\Sigma(X_i - \bar{X})^2\right]^2}\right] \\
&= \frac{(X_1 - \bar{X})^2 E(u_1^2)}{\left[\Sigma(X_i - \bar{X})^2\right]^2} + \frac{2(X_1 - \bar{X})(X_2 - \bar{X})E(u_1 u_2)}{\left[\Sigma(X_i - \bar{X})^2\right]^2} + \frac{(X_2 - \bar{X})^2 E(u_2^2)}{\left[\Sigma(X_i - \bar{X})^2\right]^2}
\end{aligned}
$$

したがって、$i = 1,\,2,\,\cdots,\,n$ の一般形で考えれば、

$$
= \frac{\Sigma(X_i - \bar{X})^2 E(u_i^2)}{\left[\Sigma(X_i - \bar{X})^2\right]^2} + \frac{2\Sigma_{i \ne j}(X_i - \bar{X})(X_j - \bar{X})E(u_i u_j)}{\left[\Sigma(X_i - \bar{X})^2\right]^2} \tag{4.15}
$$

仮定 2 より、

$$
E(u_i u_j) = 0 \quad (i \ne j,\ i,j = 1,2,\cdots,n)
$$

仮定 3 より、

$$
E(u_i^2) = \sigma^2 \quad (i = 1,2,\cdots,n)
$$

ですから、

$$
= \frac{\Sigma(X_i - \bar{X})^2 \sigma^2}{\left[\Sigma(X_i - \bar{X})^2\right]^2} + \frac{2\Sigma_{i \neq j}(X_i - \bar{X})(X_j - \bar{X}) \cdot 0}{\left[\Sigma(X_i - \bar{X})^2\right]^2}
$$

$$
= \frac{\sigma^2}{\Sigma(X_i - \bar{X})^2}
$$

したがって、

$$
s_{\hat{\beta}}^2 = \frac{\sigma^2}{\Sigma(X_i - \bar{X})^2}
$$

$$
s_{\hat{\beta}} = \frac{\sigma}{\sqrt{\Sigma(X_i - \bar{X})^2}}
$$

標本を用いて s^2 を推定し、それを用いて σ^2 を s^2 で置き換えて

$$
s_{\hat{\beta}}^2 = \frac{s^2}{\Sigma(X_i - \bar{X})^2}
$$

$$
s_{\hat{\beta}} = \frac{s}{\sqrt{\Sigma(X_i - \bar{X})^2}}
$$

$$(4.16)$$

(4) $t = \dfrac{\hat{\beta} - \beta}{s_{\hat{\beta}}}$ が分布に従う理由

X が平均 μ の正規分布に従い、その標本標準偏差が s ならば、標本平均 $\bar{X}$ から計算される、

$$
t = \frac{\bar{X} - \mu}{s / \sqrt{n}}
$$

$$(4.17)$$

は t 分布に従います。

$$
\bar{X} = \frac{1}{n}\Sigma X_i
$$

はより一般的に表現すれば、

$$
\bar{X} = \Sigma w_i X_i \quad ただし、\quad w_i = \frac{1}{n}
$$

また、(4.17) 式の分母は $\bar{X}$ の標準偏差

$$s_{\bar{X}} = \frac{s}{\sqrt{n}}$$

に相当します。

一方、

$$\hat{\beta} = \beta + \frac{\Sigma(X_i - \bar{X})u_i}{\Sigma(X_i - \bar{X})^2}$$

より、

$$(\hat{\beta} - \beta) = \frac{\Sigma(X_i - \bar{X})u_i}{\Sigma(X_i - \bar{X})^2}$$

これは、

$$(\hat{\beta} - \beta) = \Sigma w_i u_i \quad \text{ただし、} \quad w_i = \frac{\Sigma(X_i - \bar{X})}{\Sigma(X_i - \bar{X})^2}$$

と考えれば、

$$\bar{X} = \Sigma w_i X_i$$

と同じ形の線形変換であることがわかります。

仮定 5 より、$u_i \ (i = 1, 2, \cdots, n)$ は正規分布をすることから、

$$(\hat{\beta} - \beta) = \Sigma w_i u_i$$

も正規分布に従います。ここで、

$$t = \frac{(\hat{\beta} - \beta) - 0}{s_{\hat{\beta}}}$$

を見れば、

$$(\hat{\beta} - \beta) \Leftrightarrow \bar{X}, 0 \Leftrightarrow \mu, s_{\hat{\beta}} \Leftrightarrow s_{\bar{X}} = \frac{s}{\sqrt{n}}$$

の対応関係にありますから、(4.17) 式より、

96　第 4 章　回帰式の説明力と仮説検定

$$t = \frac{\hat{\beta} - \beta}{s_{\hat{\beta}}}$$

が、次のように自由度 $n-2$ の t 分布に従うと考えられます。

$$t = \frac{\hat{\beta} - \beta}{s_{\hat{\beta}}} \sim t(n-2) \tag{4.18}$$

　ここで、自由度である $n-2$ は、標準誤差を求める(4.3)式の分母に相当します。
　また、同様の手続きをとることによって、$\hat{\alpha}$ の分散 $s_{\hat{\alpha}}^2$、$\hat{\alpha}$ の標準誤差 $s_{\hat{\alpha}}$ を求めることができます。

$$s_{\hat{\alpha}} = \sqrt{\frac{1}{n} + \frac{\bar{X}^2}{\Sigma(X_i - \bar{X})^2}}\, s \tag{4.19}$$

【例題 4.3】

　第 3 章の【例題 3.1】における回帰係数の標準誤差は、R の実行結果から読み取ることができます。

```
Coefficients:
            Estimate Std. Error t value Pr(>|t|)
(Intercept)   3.2632     0.8612   3.789   0.0631 .
X             0.6842     0.1705   4.012   0.0569 .
```

　Std. Error が回帰係数の標準誤差に該当します。
　一方、Excel の分析ツールによる計算結果からは、

	係数	標準誤差	t	P-値	下限 95%	上限 95%	下限 95.0%	上限 95.0%
切片	3.263158	0.861214	3.78902	0.06313	-0.44235	6.968663	-0.44235	6.968663
X	0.684211	0.170546	4.011887	0.056881	-0.04959	1.41801	-0.04959	1.41801

切片の標準誤差が $s_{\hat{\alpha}}$ に該当します　　　$s_{\hat{\alpha}}$ =0.861214
X の標準誤差が $s_{\hat{\beta}}$ に該当します　　　　$s_{\hat{\beta}}$ =0.170546

　これにより、回帰係数の推定値の散らばりを表す標準偏差を求めることができ、図 4.4 の右図にあるように、分布を描くことができ、その分布から

t分布を導くことができるため、確率の計算が可能になります。

4.3節では、この回帰係数の標準誤差の値を用いて仮説検定を行います。

4.3　回帰係数の有意性の仮説検定

4.3.1　仮説検定と t 分布 ••••••••••••••••••••••••••••••••

（1）仮説の設定：回帰係数 β に関する帰無仮説と $\hat{\beta}$ の分布

回帰分析における回帰係数の有意性を検定するにあたっては、一般に次のような形で仮説をおきます。

　　$H_0 : \beta = 0$ （X が Y に影響を与えていない）
　　$H_1 : \beta \neq 0$ （X が Y に影響を与えている）

回帰分析における検定は、X が Y に影響を与えているか否かの検定が基本になります。帰無仮説が正しいとしたときの分布を確定させる必要があるため、$\beta = 0$ （X が Y に影響を与えていない）を帰無仮説 H_0 とし、$\beta \neq 0$ （X が Y に影響を与えている）を対立仮説 H_1 とします。

標本から計算した $\hat{\beta}$ が、$H_0 : \beta = 0$ の分布から発生しやすいか否かを考えます。これを図示すると図4.11のようになります。

回帰係数が意味がなければ標本から計算した $\hat{\beta}$ は0に近くなり、意味があれば $\hat{\beta}$ は0から離れることになります。

（2）検定統計量としての t 値

$\hat{\beta}$ の分布から直接確率を計算することはできないので、t 値に変換して検定を行います。

したがって、検定統計量として、$t = \dfrac{\hat{\beta} - \beta}{s_{\hat{\beta}}} \sim t(n-2)$ を利用します。

（3）t 値から P 値の算出

回帰分析における伝統的な仮説検定では、H_0 が正しいとしたときの t 分布において発生しにくいと考えられる t の領域を有意水準（発生しにくいと評価する確率の大きさ）に基づいて求め、棄却域を設定します。そして標本から計

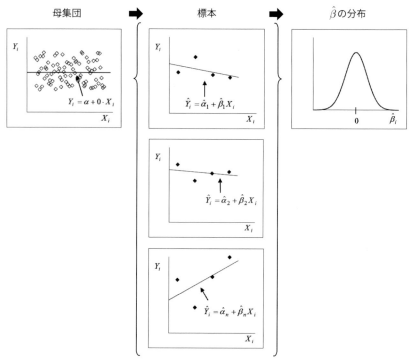

図 4.11 帰無仮説の下での回帰係数 $\hat{\beta}$ の分布

算した t の値がその棄却域に入るか否かを検討することになります。図 4.12 は、(a) で示される有意水準によって求められた棄却域の境界である t_α の値と、(b) で示される回帰分析で求められた t 値である $t_{\hat\beta}$ との比較、すなわち、横軸における位置の比較になります。

しかしながら、R や Excel を利用できれば、H_0 が正しいとしたときの $\hat{\beta}$ の分布において、標本が得られた $\hat{\beta}$ より離れる確率を、t 値から求めることができます。この確率を P 値と呼び、有意水準と比較することによって仮説検定の結論を述べることができます。図 4.12 では、(b) のアミの部分で示される P 値と、(a) のアミの部分で示される有意水準の値、すなわち図における面積の比較になります。

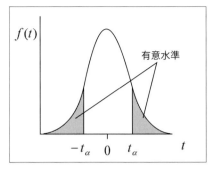 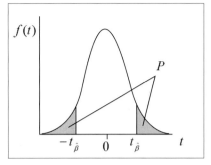

(a) 有意水準と棄却域 　　　　(b) t 値と P 値

図 4.12　帰無仮説の下での回帰係数 β の分布

(4) P 値と有意水準の比較による結論

P 値が有意水準よりも小さければ、発生しにくいことが起こったと判断することになり、H_0 を棄却し、H_1 を採択することになります。

一方、P 値が有意水準よりも大きければ、発生しやすいことが起こったと判断することになり、H_0 を採択することになります。

【例題 4.4】

第 3 章の【例題 3.1】における回帰係数 $\hat{\beta}$ の有意性に関する仮説検定を考えます。

(1) 仮説の設定

$H_0 : \beta = 0$ 　（X が Y に影響を与えていない）
$H_1 : \beta \neq 0$ 　（X が Y に影響を与えている）

(2) 検定統計量とその分布

$$t = \frac{\hat{\beta} - \beta}{s_{\hat{\beta}}} \sim t(n-2) \tag{4.20}$$

(3) t 値から P 値の算出

仮説検定に必要な情報は、R の実行結果から読み取ることができます。

```
Coefficients:
            Estimate Std. Error t value Pr(>|t|)
(Intercept)   3.2632     0.8612   3.789   0.0631 .
X             0.6842     0.1705   4.012   0.0569 .
```

Xの t value が t に該当します。$t = \left(\dfrac{\hat{\beta} - \beta}{s_{\hat{\beta}}} = \dfrac{0.6842 - 0}{0.1705} = \right)$ 4.012

Xの Pr(>|t|) が $H_0 : \beta = 0$ に対する P 値に該当します。$P = 0.0569$

(4) P 値と有意水準の比較による結論

有意水準が 10%ならば、$0.0569 < 0.1$ より、H_0 を棄却し、H_1 を採択、すなわち、回帰係数 $\hat{\beta}$ は有意であると結論できます。

有意水準が 5%ならば、$0.0569 > 0.05$ より、H_0 を採択、すなわち、回帰係数 $\hat{\beta}$ は有意ではないと結論できます。

言い換えれば、有意水準が 5.69%より大きければ、回帰係数 $\hat{\beta}$ は有意であると結論できます。

一方、Excel の分析ツールによる計算結果からは、

	係数	標準誤差	t	P-値	下限 95%	上限 95%	下限 95.0%	上限 95.0%
切片	3.263158	0.861214	3.78902	0.06313	-0.44235	6.968663	-0.44235	6.968663
X	0.684211	0.170546	4.011887	0.056881	-0.04959	1.41801	-0.04959	1.41801

Xの t が t に該当します。$t = \left(\dfrac{\hat{\beta} - \beta}{s_{\hat{\beta}}} = \dfrac{0.684211 - 0}{0.170546} = \right)$ 4.011887

Xの P-値が $H_0 : \beta = 0$ に対する P 値 =0.056881 となり、同様の結果を得ることができます。

この P 値は、Excel では、T.DIST.2T 関数を用いて t 値から計算することもできます。

　　=T.DIST.2T(4.011887,2)=0.056881

ここで、T.DIST.2T は、t 分布に従う値について、その自由度に対応して両側確率を求めることができます。

　　T.DIST.2T(t 値 , 自由度)

ここでは、t 値 = 4.011887、自由度 = 2 として計算しています。

まとめ

　回帰式の説明力は、誤差の大きさで評価することができます。最も簡単な統計量は、誤差の大きさを表す標準誤差です。しかしながら、標準誤差は、その大きさを評価するにあたって何らかの基準が必要となり、そのままでは使いにくい尺度です。そこで、回帰式の説明力を割合として表現する決定係数の利用が考えられます。決定係数は 0 から 1 の間の値となり、1 に近ければ回帰式に説明力があることになります。

　ただし、回帰式の説明力を厳密に評価するためには、何らかの分布から確率を計算する必要があります。回帰分析では、傾きの回帰係数 β が 0 か否かで回帰係数の有意性を検討することができます。これは β が 0 ならば、回帰式において、X が Y に影響しないことを意味するためです。したがって、$\beta = 0$ を帰無仮説とする仮説検定を行います。

　その際に、t 分布を用いますが、t 値を求めるためには、回帰係数の推定値 $\hat{\beta}$ の標準誤差 $s_{\hat{\beta}}$ が必要となります。古典的最小 2 乗法においてこの $s_{\hat{\beta}}$ を求めるためには、4つの仮定が必要であり、さらに求めた t 値が t 分布に従うにはさらにもう1つの仮定が必要です。

　これらの仮定が満たされていれば、R を利用することによって、容易に t 値、さらにそれから求められる P 値を得ることができます。その P 値と有意水準を比較することによって $\beta = 0$ を帰無仮説とする仮説検定の結論を導くことができるのです。

　第3章の【例題 3.1】の回帰分析の結果を例とすると、一般に回帰分析の結果は、次のようにまとめることができます。

$$
\begin{aligned}
&\hat{Y}_i = 3.2632 + 0.6842 \quad X_i \\
&\phantom{\hat{Y}_i = } (3.789) \quad\ (4.012) \\
&\phantom{\hat{Y}_i = } [0.0631] \ [0.0569] \\
&r^2 = 0.8895, n = 4
\end{aligned}
\tag{4.21}
$$

　ただし、r^2 は決定係数、n は標本の大きさ、$(\ )$ 内は t 値、$[\ ]$ 内は P 値

これにより、回帰係数の有意性の検定を一目で行うことができるのです。

102 第4章 回帰式の説明力と仮説検定

練習問題

【問題 4.1】

　誤差分散は誤差の大きさを示す統計量であるにもかかわらず、「分散」という名称が用いられる理由を説明してください。

【問題 4.2】

　決定係数がマイナスにならない理由を説明してください。

【問題 4.3】

　回帰係数の標準誤差は何を表すものか、母集団と標本の関係から説明してください。

【問題 4.4】

　古典的最小2乗法でおかれる5つの仮定と回帰係数の標準誤差の関係について説明してください。

【問題 4.5】

　回帰分析の有意性の検定において、一般に帰無仮説が $H_0：\beta = 0$ と設定される理由を説明してください。

【問題 4.6】

　回帰分析の有意性の検定における t 値と P 値の関係について図を用いて説明してください。

練習問題 | 103

【演習 4.1】
　次のデータは、日本の $C=$ 最終消費支出（2010 年基準の実質〔兆円〕）、
$Y=$ GDP（2010 年基準の実質〔兆円〕）の 1990 年から 2015 年の値です。

表 4.1　最終消費支出と GDP

年	C	Y	年	C	Y	年	C	Y
1990	291	414	2000	349	476	2010	386	513
1991	299	428	2001	357	479	2011	387	514
1992	305	432	2002	362	479	2012	395	521
1993	310	433	2003	365	487	2013	403	534
1994	318	436	2004	370	499	2014	401	538
1995	327	448	2005	374	509	2015	402	545
1996	333	464	2006	377	518			
1997	336	469	2007	381	529			
1998	336	464	2008	378	521			
1999	341	463	2009	378	492			

（出所）The World Bank, *Data Bank*.

消費関数 $C_i = \alpha + \beta Y_i + u_i$（$i=1, 2, \cdots, n$）を仮定するとき、次の問いに答
えてください。

　① C と Y の散布図を描いてください。

　② α と β の推定値を求めてください。

　③ 消費関数 $C_i = \alpha + \beta Y_i + u_i$ の決定係数を求めてください。

　④ β の有意性について述べてください。

104 第 4 章　回帰式の説明力と仮説検定

【演習 4.2】

次のデータは、ガス産業の企業各社の 2015 年の $Y =$ 売上高・営業収益〔100 万円〕、$L =$ 従業員数〔人〕のデータです。

表4.2　ガス産業の売上高・営業収益と従業員数

	Y	L	$\ln Y$	$\ln L$
東京ガス	1408451	8219	14.16	9.01
大阪ガス	906854	5731	13.72	8.65
東邦瓦斯	324599	2886	12.69	7.97
北海道ガス	71895	676	11.18	6.52
広島ガス	52505	669	10.87	6.51
西部ガス	112597	1342	11.63	7.20
京葉瓦斯	77699	892	11.26	6.79
北陸瓦斯	34263	414	10.44	6.03
新日本瓦斯	10691	121	9.28	4.80
弘前ガス	5764	45	8.66	3.81
東日本ガス	11204	105	9.32	4.65
東彩ガス	24602	222	10.11	5.40
四国ガス	29491	448	10.29	6.10
日本瓦斯	18447	243	9.82	5.49
宮崎瓦斯	7574	150	8.93	5.01
山口合同ガス	27339	426	10.22	6.05
沖縄ガス	6044	92	8.71	4.52
静岡ガス	94531	629	11.46	6.44
大和ガス	8936	111	9.10	4.71
八戸ガス	1461	41	7.29	3.71
日本海ガス	19245	266	9.87	5.58

（出所）「日経 NEEDS」より

生産関数 $Y_i = AL_i^{\beta}$ $(i = 1, 2, \cdots, n)$ を対数化した

$$\ln Y_i = \ln A + \beta \ln L_i + u_i$$

の関係を考えるとき、次の問いに答えてください。

　①$\ln L$ と $\ln Y$ の散布図を描いてください。

　②α（$= \ln A$）と β の推定値を求めてください。

　③生産関数 $\ln Y_i = \ln A + \beta \ln L_i$ の決定係数を求めてください。

　④β の有意性について述べてください。

第 **5** 章

自己相関

　本章は、自己相関について扱います。これは、古典的最小2乗法でおかれる仮定2が成立しない場合です。一般に、ある経済活動が開始され、それが瞬時に終了することはありません。いずれの経済活動もある期間が必要となります。そのため、時系列でデータを収集すると、前の期で起こったことが次の期に影響を及ぼすことが多く観察されます。すべての要因を説明変数に並べることはできませんから、誤差に含まれるもので前後の期と関係を持つ場合が出てきます。これが自己相関の現象です。古典的最小2乗法ではこのような関係が存在しない場合を想定しているため、時系列データを用いて経済現象を分析するときには工夫が必要となります。

106　第5章　自己相関

5.1　自己相関

5.1.1　古典的最小2乗法の仮定と自己相関.................

　誤差項に自己相関が発生している場合、最小2乗法によって求めた t 値は過大評価、言い換えると、P 値が過小評価されることになります。

　説明変数 X_t が被説明変数 Y_t を説明するにあたって生じている誤差 u_t が、前期の誤差によって説明されている以下のようなモデルを考えます。これを一階の自己相関（auto correlation）と呼び、自己相関のパターンの中では代表的なものです。

$$Y_t = \alpha + \beta X_t + u_t \tag{5.1}$$

$$u_t = \rho u_{t-1} + \varepsilon_t \tag{5.2}$$

　すなわち、今期の誤差 u_t は、前期の誤差 u_{t-1} に一定割合 ρ を乗じた部分と真の誤差 ε_t からなると考えます。

　誤差にこのような関係があると、古典的最小2乗法においておかれる仮定の1つ

仮定2　　$E(u_i u_j) = 0$　　$i \neq j,\ i, j = 1, 2, \cdots, n$

　　　　　　誤差同士の大きさに関係がない（自己相関なし）

が満たされないことになります。

　では、この仮定2が満たされないと、回帰式の説明力の診断にどのような影響が出るでしょうか。

　$u_t = \rho u_{t-1} + \varepsilon_t$ から、

$$
\begin{aligned}
E(u_t u_{t-1}) &= E[(\rho u_{t-1} + \varepsilon_t) u_{t-1}] \\
&= \rho E(u_{t-1} u_{t-1} + \varepsilon_t u_{t-1}) \\
&= \rho [E(u_{t-1} u_{t-1}) + E(\varepsilon_t u_{t-1})]
\end{aligned}
$$

　ここで、今期の ε_t は前期の u_{t-1} の影響は受けないので、$E(\varepsilon_t u_{t-1}) = 0$

したがって、

$$E(u_t u_{t-1}) = \rho[E(u_{t-1} u_{t-1})] = \rho\sigma^2$$

同様にして、

$$
\begin{aligned}
E(u_t u_{t-k}) &= E[(\rho u_{t-1} + \varepsilon_t) u_{t-k}] \\
&= E[\{\rho(\rho u_{t-2} + \varepsilon_{t-1}) + \varepsilon_t\} u_{t-k})] \\
&= E[\{\rho^2 u_{t-2} + \rho\varepsilon_{t-1} + \varepsilon_t\} u_{t-k})] \\
&= E[\{\rho^k u_{t-k} + \rho^{k-1}\varepsilon_{t-(k-1)} + \cdots + \rho^2\varepsilon_{t-2} + \rho\varepsilon_{t-1} + \varepsilon_t\} u_{t-k})] \\
&= \rho^k \sigma^2
\end{aligned}
$$

すなわち、仮定 2 で仮定された $E(u_i u_j) = 0$ は成立せず、誤差同士に、

$$E(u_i u_{i-k}) = \rho^k \sigma^2 \tag{5.3}$$

の関係があることになります。

このとき、最小 2 乗法による α と β の推定値は、次のように変わりませんが、

$$\hat{\beta} = \frac{\Sigma(X_i - \bar{X})(Y_i - \bar{Y})}{\Sigma(X_i - \bar{X})^2} \tag{5.4}$$

$$\hat{\alpha} = \bar{Y} - \hat{\beta}\bar{X} \tag{5.5}$$

$\hat{\beta}$ の分散 $\mathrm{var}(\hat{\beta})$ は、もはや $\dfrac{\sigma^2}{\Sigma(X_i - \bar{X})^2}$ ではなく、以下のように変わることになります。

$$
\begin{aligned}
\mathrm{var}(\hat{\beta}) &= E[\hat{\beta} - E(\hat{\beta})]^2 \\
&= E(\hat{\beta} - \beta)^2 \\
&= E\left(\frac{\Sigma(X_i - \bar{X})(Y_i - \bar{Y})}{\Sigma(X_i - \bar{X})^2} - \beta\right)^2 \\
&= E\left(\beta + \frac{\Sigma(X_i - \bar{X})(u_i - \bar{u})}{\Sigma(X_i - \bar{X})^2} - \beta\right)^2 \\
&= E\left(\frac{\Sigma(X_i - \bar{X})(u_i - \bar{u})}{\Sigma(X_i - \bar{X})^2}\right)^2
\end{aligned}
$$

ここで、$w_i = \dfrac{(X_i - \bar{X})}{\Sigma(X_i - \bar{X})^2}$ を考えると、

$$
\begin{aligned}
\mathrm{var}(\hat{\beta}) &= E[\Sigma w_i(u_i - \bar{u})]^2 \\
&= E[\Sigma_i \Sigma_j w_i w_j (u_i - \bar{u})(u_j - \bar{u})] \\
&= \Sigma_i \Sigma_j w_i w_j E[(u_i - \bar{u})(u_j - \bar{u})]
\end{aligned}
$$

仮定2が成立すれば、

$$
\begin{aligned}
\mathrm{var}(\hat{\beta}) &= \Sigma_i w_i^2 E[(u_i - \bar{u})^2] \\
&= \Sigma_i w_i^2 \sigma^2 \\
&= \sigma^2 \Sigma_i w_i^2 \\
&= \frac{\sigma^2}{\Sigma(X_i - \bar{X})^2}
\end{aligned}
$$

となりますが、仮定2は成立していないため、

$$
E[(u_i - \bar{u})(u_{i-k} - \bar{u})] = E(u_i u_{i-k}) = \rho^k \sigma^2
$$

$$
w_i w_{i-k} E[(u_i - \bar{u})(u_{i-k} - \bar{u})] = \frac{(X_i - \bar{X})}{\Sigma(X_i - \bar{X})^2} \frac{(X_{i-k} - \bar{X})}{\Sigma(X_i - \bar{X})^2} \rho^k \sigma^2
$$

したがって、$\hat{\beta}$ の分散 $\mathrm{var}(\hat{\beta})$ は、

$$
\begin{aligned}
\mathrm{var}(\hat{\beta}) = {} & \Sigma_i \Sigma_j \frac{(X_i - \bar{X})}{\Sigma(X_i - \bar{X})^2} \frac{(X_j - \bar{X})}{\Sigma(X_i - \bar{X})^2} \rho^{|i-j|} \sigma^2 \\
= {} & \frac{\sigma^2}{\Sigma_{i=1}^n (X_i - \bar{X})^2} \Bigg(1 + 2\rho \frac{\Sigma_{i=2}^n (X_i - \bar{X})(X_{i-1} - \bar{X})}{\Sigma_{i=1}^n (X_i - \bar{X})^2} \\
& + 2\rho^2 \frac{\Sigma_{i=3}^n (X_i - \bar{X})(X_{i-2} - \bar{X})}{\Sigma_{i=1}^n (X_i - \bar{X})^2} + \cdots + 2\rho^{n-1} \frac{(X_n - \bar{X})(X_1 - \bar{X})}{\Sigma_{i=1}^n (X_i - \bar{X})^2} \Bigg)
\end{aligned}
$$

$$
\tag{5.6}
$$

となります。

ここで、ρ がプラスで、誤差がプラスの自己相関をしているとき、この式の右辺の（ ）内は明らかに1より大となりますから、この $\hat{\beta}$ の分散 $\mathrm{var}(\hat{\beta})$ は、仮定2が成立したときの $\dfrac{\sigma^2}{\Sigma(X_i - \bar{X})^2}$ よりも大きくなります。すなわち、回帰係

数 $\hat{\beta}$ の標準誤差の古典的最小2乗法（OLS）による推定値を $s_{\hat{\beta}}$、真の推定値を $s_{\hat{\beta}}^*$ とすると、

$$s_{\hat{\beta}} < s_{\hat{\beta}}^* \tag{5.7}$$

となります。$u_t = \rho u_{t-1} + \varepsilon_t$ のような自己相関の関係があるにもかかわらず、それを無視して OLS を適用すると、$\hat{\beta}$ の標準誤差を過小評価してしまうことになるのです。

$\hat{\beta}$ の標準誤差 $s_{\hat{\beta}}$ が過小評価されてしまうということは、$s_{\hat{\beta}}^*$ が過大に推定され、P 値が過小に推定されることになります。

以上の関係を図示すると、図 5.1 のようになります。

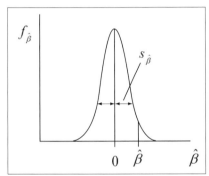
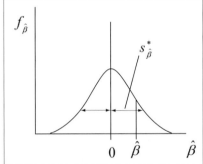
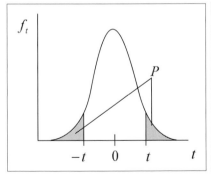
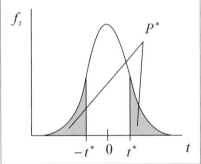

（a）仮定 2 が成立する場合　　　　（b）仮定 2 が成立しない場合

図 5.1　自己相関のあるデータに最小 2 乗法を適用したときの状況

帰無仮説の $\beta = 0$ の下で回帰係数 $\hat{\beta}$ の分布を考えたとき、古典的最小 2 乗法（OLS）による推定値 $s_{\hat{\beta}}$ は、真の標準誤差 $s_{\hat{\beta}}^*$ よりも小さいため、分布は真の

値を用いた（b）の分布よりも（a）の分布のように散らばりの小さい分布になります。ここで、実際に標本から得られた $\hat{\beta}$ が 0 からどのくらい離れているかを t 分布への変換によって評価すると、t は 0 からより離れた値になります。また。t 分布によってそれよりも 0 から離れた値をとる確率である P 値は小さくなります。

$$s_{\hat{\beta}} < s_{\hat{\beta}}^* \;\Leftrightarrow\; |t| > |t^*| \;\Leftrightarrow\; P < P^* \tag{5.8}$$

すなわち、本来有意でない係数を有意であると結論しやすくなってしまうのです。

5.1.2 自己相関が発生する状況

経済分析において、データの発生に順番がある時系列データを扱うとき、自己相関が発生しやすくなります。これは経済活動はある時点で完結するものではなく、時間をかけてなされるものであるためです。

時系列データでは、期間の単位を年、月などとしますが、ある年に発生したことの影響がその年のみに影響を与え、次の年には影響を与えないなどということはめったにありません。景気循環がその典型例でしょう。経済が好況になると、それがしばらく継続し、不況になるとまたそれがしばらく継続します。

また、ある時期に発生したショック、石油ショックや金融ショックなどがある程度の期間影響を残すことも実感できることと思います。

5.2 自己相関の検定

5.1 節で見たように、自己相関の現象があるときは、古典的最小 2 乗法による係数の有意性の検定は、本来有意でない係数を有意としてしまいやすくなってしまいます。

そこで、古典的最小 2 乗法を適用してよいかどうか事前にチェック、すなわち診断をする必要があります。

これらの手続きを図解したのが、図 5.2 です。モデルを推定したならば、回帰係数の有意性を検定する前に、自己相関の有無を検定しておかなければなり

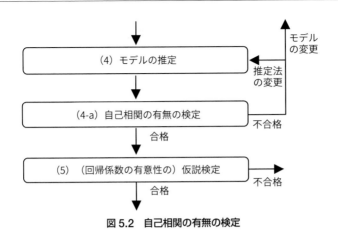

図 5.2　自己相関の有無の検定

ません。これは、自己相関が存在した場合に回帰係数の有意性の検定を行っても正しい検定にならないためです。そして、自己相関が存在するときはモデルの推定方法や推定するモデルの変更が必要となります。

5.2.1　ダービン゠ワトソン統計量

自己相関の有無の判定にあたって注目する代表的な指標として、ダービン゠ワトソン統計量（Durbin-Watson statistic, DW）が挙げられます。

このダービン゠ワトソン統計量は次の式で与えられます。

$$DW = \frac{\sum_{i=2}^{n}(e_i - e_{i-1})^2}{\sum_{i=1}^{n} e_i^2} \tag{5.9}$$

ただし、$e_1, e_2, \cdots, e_n$ は、古典的最小2乗法によって求められた回帰式 $\hat{Y}_i = \hat{\alpha} + \hat{\beta} X_i$ から $e_i = Y_i - (\hat{\alpha} + \hat{\beta} X_i)$ によって求められた誤差です。

DW は、0から4の間に分布し、2に近ければ自己相関なし、0あるいは4に近ければ自己相関があると評価されます。

$$\begin{aligned} DW &= \frac{\sum_{i=2}^{n}(e_i - e_{i-1})^2}{\sum_{i=1}^{n} e_i^2} \\ &= \frac{\sum_{i=2}^{n} e_i^2 - 2\sum_{i=2}^{n} e_i e_{i-1} + \sum_{i=2}^{n} e_{i-1}^2}{\sum_{i=1}^{n} e_i^2} \\ &= \frac{\sum_{i=2}^{n} e_i^2}{\sum_{i=1}^{n} e_i^2} - \frac{2\sum_{i=2}^{n} e_i e_{i-1}}{\sum_{i=1}^{n} e_i^2} + \frac{\sum_{i=2}^{n} e_{i-1}^2}{\sum_{i=1}^{n} e_i^2} \end{aligned}$$

n が大きいとき、

$$\frac{\sum_{i=2}^{n} e_i^2}{\sum_{i=1}^{n} e_i^2} \approx 1, \frac{\sum_{i=2}^{n} e_{i-1}^2}{\sum_{i=1}^{n} e_i^2} \approx 1$$

と近似でき、また、$\frac{\sum_{i=2}^{n} e_i e_{i-1}}{\sum_{i=1}^{n} e_i^2}$ は、$u_t = \rho u_{t-1} + \varepsilon_t$ における ρ の推定値にあたりますから、

$$DW = 1 - 2\rho + 1 = 2 - 2\rho \tag{5.10}$$

したがって、

完全な正の自己相関の場合	$\rho = 1$	⇔	$DW = 0$
自己相関がない場合	$\rho = 0$	⇔	$DW = 2$
完全な負の自己相関の場合	$\rho = -1$	⇔	$DW = 4$

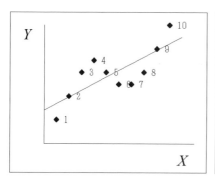

(a) $0 < DW < 2$

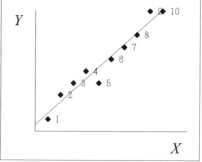

(b) $DW = 2$

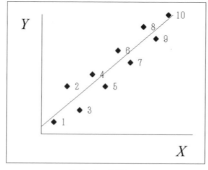

(c) $2 < DW < 4$

図 5.3 ダービン＝ワトソン統計量

となることがわかります。

図5.3は、典型的な自己相関のパターンと、それに対応する DW の値の対応を示したものです。図中の番号は、データの発生順を表しています。

(a)は正の自己相関がある、すなわち $u_t = \rho u_{t-1} + \varepsilon_t$ の ρ が正である場合です。

ひとたび誤差がプラスになると、しばらくプラスの誤差が続き、誤差がマイナスになると、マイナスの誤差が続きます。このような場合、DW は0から2の間になります。現実の経済では、景気循環がこの状況にあてはまることになります。

(b)は自己相関がない、すなわち $u_t = \rho u_{t-1} + \varepsilon_t$ の ρ が0である場合です。このような場合、DW は2となります。

(c)は負の自己相関がある、すなわち $u_t = \rho u_{t-1} + \varepsilon_t$ の ρ が負である場合です。

誤差がプラスになると次の誤差はマイナスになり、誤差がマイナスになると次の誤差がプラスになる傾向があります。このような場合、DW は2から4の間になります。現実の経済では、このような状況が観察されることはあまりありません。

5.2.2 ダービン＝ワトソン統計量による検定..............

ダービン＝ワトソン統計量を計算する元となったのは、古典的最小2乗法によって求められた回帰式であり、その回帰式から計算した誤差ですから、標本によってこの DW は変動することになります。すなわち、母集団で、自己相関がない、すなわち $\rho = 0$（$DW = 2$）であるときでも、標本によっては、$\rho = 0$（$DW = 2$）とならず、自己相関があるかのような値が発生することがあります。

そこで、自己相関が存在しない母集団から、標本を抽出したときの DW の分布を考えます。実際の経済現象では、自己相関がある場合のほとんどは正の自己相関であるため、片側検定に基づき帰無仮説 H_0 と対立仮説 H_1 を次のようにおきます。

$H_0 : \rho = 0$（$DW = 2$）

$H_1 : \rho > 0$（$DW < 2$）

帰無仮説が正しいとしたとき、DW の分布、および、DW の値に対応する P 値は図5.4のようになります。

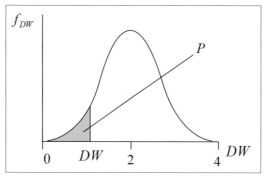

図 5.4　ダービン＝ワトソン統計量の分布と P 値の考え方

　しかしながら、ダービン＝ワトソン統計量の分布は上限分布と下限分布が存在することが知られています。誤差同士の関係について計算されるダービン＝ワトソン統計量の分布はこの上限分布と下限分布の間に存在することになります。

　真の分布で自己相関があるのにもかかわらず、自己相関がないと結論づけるのは危険なので、ほとんどの自己相関は正の自己相関であることを踏まえて、一般に、上限分布を用いて P 値を計算します（上限分布と下限分布の間に入ってしまうときは結論保留とされる場合もありますが、真の分布が上限分布であったとしたときで判断するほうが安全な結論になります）。上限分布で求める P 値のほうが下限分布で計算する P 値よりも小さくなりますから、自己相関がないという帰無仮説を棄却しやすくなります（図 5.5）。

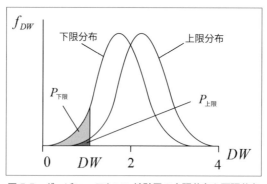

図 5.5　ダービン＝ワトソン統計量の上限分布と下限分布

5.2.3 R のパッケージによる検定

本節では、例題を用いながら、R のパッケージを利用してダービン＝ワトソン統計量による自己相関の有無の仮説検定を行います。

R によって DW を計算するにあたっては、手続きが必要です。あらかじめ、lmtest というパッケージをインストールしておきます。そして、R を起動したあと、DW を計算する前に、その lmtest というパッケージの読み込みを行っておく必要があります（詳細な手順は付録 A（305、309 ページ）を参照してください）。

【例題 5.1】

$Y_t = \alpha + \beta X_t + u_t$ のモデルについて、自己相関 $u_t = \rho u_{t-1} + \varepsilon_t$ の関係が存在するか否かを、図 5.6 のデータ（自己相関の存在しないデータ）について自己相関の有無の検定を行います。

	A	B	C
1	t	X	Y
2	1	1	1
3	2	2	3
4	3	3	4
5	4	4	5
6	5	5	4
7	6	6	6
8	7	7	7
9	8	8	8
10	9	9	10
11	10	10	10

図 5.6 【例題 5.1】のデータ

これを k0501.csv に保存します。

R により、以下のコマンドを実行します。

116 第5章 自己相関

```
data1 <- read.table("k0501.csv",header=TRUE, sep=",")
data1
plot(data1$X, data1$Y,xlab="X",ylab="Y",main="自己相関なし")
fm1 <- lm(Y ~ X, data=data1)
summary(fm1)
abline(fm1)
dwtest(fm1)
```

3行目のplotで散布図を描き、6行目のablineで回帰式を加えることにより、図による自己相関の有無の検討を行うことができます。

7行目のdwtest(fm1)により、4行目の回帰分析の結果fm1についてダービン＝ワトソン統計量DWとそれによるP値を算出します。

● 実行結果

```
> data1 <- read.table("k0501.csv",header=TRUE, sep=",")
> data1
    t  X  Y
1   1  1  1
2   2  2  3
3   3  3  4
4   4  4  5
5   5  5  4
6   6  6  6
7   7  7  7
8   8  8  8
9   9  9 10
10 10 10 10
> plot(data1$X, data1$Y,xlab="X",ylab="Y",main="自己相関なし")
> fm1 <- lm(Y ~ X, data=data1)
> summary(fm1)

Call:
lm(formula=Y ~ X, data=data1)

Residuals:
    Min     1Q  Median     3Q     Max
-1.3212 -0.2682 -0.1515  0.5833  0.8485

Coefficients:
            Estimate Std. Error t value Pr(>|t|)
(Intercept)  0.53333    0.48011   1.111    0.299
X            0.95758    0.07738  12.376 1.69e-06 ***
---
```

```
Signif. codes:  0 '***' 0.001 '**' 0.01 '*' 0.05 '.' 0.1 ' ' 1

Residual standard error: 0.7028 on 8 degrees of freedom
Multiple R-squared: 0.9504,     Adjusted R-squared: 0.9442
F-statistic: 153.2 on 1 and 8 DF,  p-value: 1.695e-06

> abline(fm1)
> dwtest(fm1)

        Durbin-Watson test

data:  fm1
DW=2.0286, p-value=0.3552
alternative hypothesis: true autocorrelation is greater than 0
```

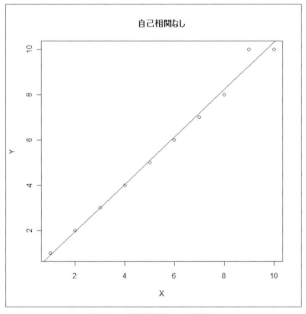

図 5.7　自己相関なしのグラフ

散布図（図 5.7）より、誤差に自己相関があるか否かは簡単には判断できないため、ダービン＝ワトソン検定を試みます。

回帰式の推定結果をまとめると、次のようになります。

118 第5章 自己相関

$$\hat{Y}_t = 0.53333 + 0.95758\,X_t$$
$$\quad\;\;(1.111)\quad\;(12.376) \tag{5.11}$$
$$\quad\;\;[0.299]\quad\;\;[0.000]$$

$R^2 = 0.9504,\ n = 10$。ただし、( ) 内は t 値、[ ] 内は P 値

この推定結果に基づいて DW を算出すると、$DW = 2.0286$ となり、2 に近い値であることがわかります。R では、次のように仮説を設定した場合の P 値（p-value）が算出されます。

$$\mathrm{H}_0 : \rho = 0 \ (DW = 2)$$
$$\mathrm{H}_1 : \rho > 0 \ (DW < 2)$$

P 値は 0.3552 となりますから、有意水準 10％でも帰無仮説 $\rho = 0$ を棄却することはできず、自己相関はないと結論することができます。

【例題 5.2】

$Y_t = \alpha + \beta X_t + u_t$ のモデルについて、自己相関 $u_t = \rho u_{t-1} + \varepsilon_t$ の関係が存在するか否かを、図 5.8 のデータ（自己相関が存在するデータ）について自己相関の有無の検定を行います。

	A	B	C
1	t	X	Y
2	1	1	2
3	2	2.5	3.5
4	3	3	3.5
5	4	3	4
6	5	5	5.5
7	6	5.5	5
8	7	6.5	5
9	8	7.5	6.5
10	9	9.5	8.5
11	10	10.5	10

図 5.8 【例題 5.2】のデータ

これを k0502.csv に保存します。

R により、以下のコマンドを実行します。

5.2 自己相関の検定 119

```
data1 <- read.table("k0502.csv",header=TRUE, sep=",")
data1
plot(data1$X, data1$Y,xlab="X",ylab="Y",main="自己相関あり")
fm1 <- lm(Y ~ X, data=data1)
summary(fm1)
abline(fm1)
dwtest(fm1)
```

● 実行結果

```
> data1 <- read.table("k0502.csv",header=TRUE, sep=",")
> data1
    t    X    Y
1   1  1.0  2.0
2   2  2.5  3.5
3   3  3.0  3.5
4   4  3.0  4.0
5   5  5.0  5.5
6   6  5.5  5.0
7   7  6.5  5.0
8   8  7.5  6.5
9   9  9.5  8.5
10 10 10.5 10.0
> plot(data1$X, data1$Y,xlab="X",ylab="Y",main="自己相関あり")
> fm1 <- lm(Y ~ X, data=data1)
> summary(fm1)

Call:
lm(formula=Y ~ X, data=data1)

Residuals:
     Min       1Q   Median       3Q      Max
-1.18032 -0.32871  0.01323  0.42371  0.80034

Coefficients:
            Estimate Std. Error t value Pr(>|t|)
(Intercept)  1.27389    0.39844   3.197   0.0127 *
X            0.75484    0.06468  11.671 2.65e-06 ***
---
Signif. codes:  0 '***' 0.001 '**' 0.01 '*' 0.05 '.' 0.1 ' ' 1

Residual standard error: 0.6064 on 8 degrees of freedom
Multiple R-squared: 0.9445,    Adjusted R-squared: 0.9376
F-statistic: 136.2 on 1 and 8 DF,  p-value: 2.650e-06
```

```
> abline(fm1)
> dwtest(fm1)

        Durbin-Watson test

data:   fm1
DW=1.0941, p-value=0.01798
alternative hypothesis: true autocorrelation is greater than 0
```

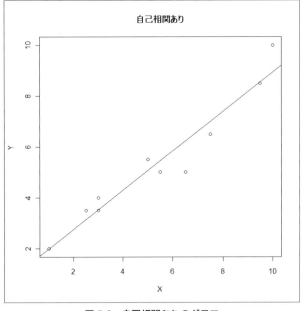

図 5.9　自己相関ありのグラフ

散布図（図 5.9）より、誤差に正の自己相関があるように見えますが、簡単には判断できないため、ダービン＝ワトソン検定を試みます。
回帰式の推定結果をまとめると、次のようになります。

$$\hat{Y}_t = 1.27389 + 0.75484\, X_t$$
$$\phantom{\hat{Y}_t =\ }(3.197)\quad (11.671) \tag{5.12}$$
$$\phantom{\hat{Y}_t =\ }[0.0127]\quad [0.000]$$

$R^2 = 0.9445$, $n = 10$。ただし、( ) 内は t 値、[ ] 内は P 値

この推定結果に基づいて DW を算出すると、$DW = 1.0941$ となり、2 か

ら離れ、0 により近い値であることがわかります。R では、次のように仮説を設定した場合の P 値（p-value）が算出されます。

$\mathrm{H_0}：\rho = 0\ (DW = 2)$

$\mathrm{H_1}：\rho > 0\ (DW < 2)$

P 値は 0.01798 となりますから、有意水準 5% でも帰無仮説 $\rho = 0$ を棄却することができ、自己相関が存在すると結論することができます。したがって、上記の回帰式の結果得られた回帰係数の標準誤差、t 値、P 値は正しい値ではないため、推定のやりなおしが必要になります。

5.3 自己相関への対処

5.2 節【例題 5.2】のように自己相関が存在する場合、いくつかの対処方法が存在します。

1 つは、$Y_t = \alpha + \beta X_t + u_t$ のモデルについて、自己相関 $u_t = \rho u_{t-1} + \varepsilon_t$ の関係が存在することを前提とした古典的最小 2 乗法に代わる方法を適用することです。これには、伝統的なコクラン＝オーカット法をはじめとして様々な方法があります。

もう 1 つは、$Y_t = \alpha + \beta X_t + u_t$ のモデルを変形することによって、誤差項に自己相関が存在しない形にし、その式に対して古典的最小 2 乗法を適用することです。

本節では、モデルの変形および推定方法の変更によって自己相関に対処する方法について説明します。

5.3.1 変数変換による対処 ....

次のモデルに自己相関 $u_t = \rho u_{t-1} + \varepsilon_t$ が存在するとします。

$$Y_t = \alpha + \beta X_t + u_t \tag{5.13}$$

このままでは古典的最小 2 乗法が適用できないため、一階の階差を計算します。t 期について成立するこの式は、$t-1$ 期についても成立しますから、

$$Y_{t-1} = \alpha + \beta X_{t-1} + u_{t-1} \tag{5.14}$$

t 期の式の両辺から $t-1$ 期の式の両辺を差し引くと、

$$
\begin{aligned}
Y_t - Y_{t-1} &= \alpha + \beta X_t + u_t - (\alpha + \beta X_{t-1} + u_{t-1}) \\
&= (\alpha - \alpha) + (\beta X_t - \beta X_{t-1}) + (u_t - u_{t-1}) \\
&= \beta(X_t - X_{t-1}) + (u_t - u_{t-1})
\end{aligned}
$$

$dY_t = Y_t - Y_{t-1}$, $dX_t = X_t - X_{t-1}$ とおくと、

$$dY_t = \beta dX_t + (u_t - u_{t-1}) \tag{5.15}$$

となり、dY_t を被説明変数、dX_t を説明変数とした定数項のない回帰式になります。ここで、誤差項は、

$$
\begin{aligned}
du_t &= u_t - u_{t-1} \\
&= \rho u_{t-1} + \varepsilon_t - u_{t-1} \\
&= (\rho - 1)u_{t-1} + \varepsilon_t
\end{aligned} \tag{5.16}
$$

となりますが、ダービン＝ワトソン統計量による検定によって、自己相関が存在するということは、ρ は 1 に近いことを意味しますから、$(\rho-1)u_{t-1}$ は 0 に近づき、その結果、誤差項は真の誤差 ε_t のみで表現されることになります。ρ が 1 でない限り、完璧に自己相関を除去できるわけではありませんが、自己相関の程度を弱めることが可能な場合があります。この方法で常に自己相関が除去できるわけではありません。また、他の方法でもすべての場合について万能というわけではありません。これは、自己相関のパターンが本章で紹介している一階の自己相関よりもより複雑な二階以上の（2 期以上前の誤差にも影響を受ける）自己相関の場合もあるためです。そのため、時系列分析に関するさらに進んだ勉強が必要となります。

　（5.15）式は定数項のない回帰式になりますが、定数項ありの式で推定してはならないということではありません。これは、時系列データにおいて、被説明変数が、時間とともに他の要因によって大きくなることが多く見られるためです。そこで、次のような式を想定します。

$$Y_t = \alpha + \beta X_t + \gamma T_t + u_t \tag{5.17}$$

ただし、T_t は時間とともに 1 つずつ増加する値であり、一般にトレンド項と呼ばれます。これによって、被説明変数 Y_t が毎期、γ ずつ大きくなっていくことを示すことになります。この式について階差をとり、まとめると、

$$
\begin{aligned}
Y_t - Y_{t-1} &= \alpha + \beta X_t + \gamma T_t + u_t - (\alpha + \beta X_{t-1} + \gamma T_{t-1} + u_{t-1}) \\
&= (\alpha - \alpha) + (\beta X_t - \beta X_{t-1}) + (\gamma T_t - \gamma T_{t-1}) + (u_t - u_{t-1}) \\
&= \beta(X_t - X_{t-1}) + \gamma(T_t - T_{t-1}) + (u_t - u_{t-1}) \\
dY_t &= \gamma + \beta dX_t + (u_t - u_{t-1})
\end{aligned}
\tag{5.18}
$$

となり、γ が定数項にあたることがわかります。

【例題 5.3】

$Y_t = \alpha + \beta X_t + u_t$ のモデルについて、自己相関 $u_t = \rho u_{t-1} + \varepsilon_t$ の関係が存在した場合、階差の式に変形することによって自己相関の除去を行います。【例題 5.2】のデータについて、図 5.10 のように階差 dX と dY の列を計算します。

	A	B	C	D	E
1	t	X	Y	dX	dY
2	1	1	2	NA	NA
3	2	2.5	3.5	1.5	1.5
4	3	3	3.5	0.5	0
5	4	3	4	0	0.5
6	5	5	5.5	2	1.5
7	6	5.5	5	0.5	-0.5
8	7	6.5	5	1	0
9	8	7.5	6.5	1	1.5
10	9	9.5	8.5	2	2
11	10	10.5	10	1	1.5

図 5.10　【例題 5.3】のデータの計算

第 1 期については、第 0 期のデータがないため階差が計算できないことから、NA を入力しておきます。NA は、not available を意味し、データの欠損を表し、R においては、その期を無視して第 2 期から第 10 期について回帰分析を行うことになります。

また、階差は図 5.11 のようにセル D3 に「=B3-B2」の式を入力し、それを他のセルにコピーします。

124　第 5 章　自己相関

	D	E
1	dX	dY
2	NA	NA
3	=B3-B2	=C3-C2
4	=B4-B3	=C4-C3
5	=B5-B4	=C5-C4
6	=B6-B5	=C6-C5
7	=B7-B6	=C7-C6
8	=B8-B7	=C8-C7
9	=B9-B8	=C9-C8
10	=B10-B9	=C10-C9
11	=B11-B10	=C11-C10

図 5.11　【例題 5.3】の数式

　これを k0503.csv に保存します（csv 形式で保存した場合、ファイルを閉じると、値だけが残り、式は残りません。式を残したいときは、別ファイルに Ecel ブック形式で保存してください）。

　R により、以下のコマンドを実行します。

```
data1 <- read.table("k0503.csv",header=TRUE, sep=",")
data1
plot(data1$dX, data1$dY,xlab="dX",ylab="dY",main="自己相関の除去")
fm2 <- lm(dY ~ dX, data=data1)
abline(fm2)
summary(fm2)
dwtest(fm2)
```

● 実行結果

```
> data1 <- read.table("k0503.csv",header=TRUE, sep=",")
> data1
    t    X    Y  dX   dY
1   1  1.0  2.0  NA   NA
2   2  2.5  3.5 1.5  1.5
3   3  3.0  3.5 0.5  0.0
4   4  3.0  4.0 0.0  0.5
5   5  5.0  5.5 2.0  1.5
6   6  5.5  5.0 0.5 -0.5
7   7  6.5  5.0 1.0  0.0
8   8  7.5  6.5 1.0  1.5
9   9  9.5  8.5 2.0  2.0
10 10 10.5 10.0 1.0  1.5
```

```
> plot(data1$dX, data1$dY,xlab="dX",ylab="dY",main="自己相関の除去")
> fm2 <- lm(dY ~ dX, data=data1)
> abline(fm2)
> summary(fm2)

Call:
lm(formula=dY ~ dX, data=data1)

Residuals:
    Min      1Q  Median      3Q     Max
-0.8582 -0.3582  0.1866  0.6194  0.6642

Coefficients:
            Estimate Std. Error t value Pr(>|t|)
(Intercept)  -0.1194     0.4189  -0.285   0.7839
dX            0.9552     0.3389   2.819   0.0258 *
---
Signif. codes:  0 '***' 0.001 '**' 0.01 '*' 0.05 '.' 0.1 ' ' 1

Residual standard error: 0.6538 on 7 degrees of freedom
  (1 observation deleted due to missingness)
Multiple R-squared: 0.5316,     Adjusted R-squared: 0.4647
F-statistic: 7.945 on 1 and 7 DF,  p-value: 0.02582

> dwtest(fm2)

        Durbin-Watson test

data:  fm2
DW=1.6936, p-value=0.3773
alternative hypothesis: true autocorrelation is greater than 0
```

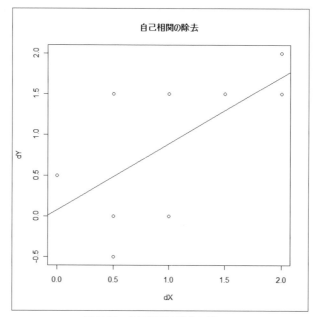

図 5.12 自己相関の除去のグラフ

回帰式の推定結果をまとめると、次のようになります。

$$d\hat{Y}_t = -0.1194 + 0.9552 \quad dX_t$$
$$\phantom{d\hat{Y}_t =\ }(-0.285) \quad (2.829) \tag{5.19}$$
$$\phantom{d\hat{Y}_t =\ }[0.7839] \quad [0.0258]$$

$R^2 = 0.5316$, $n = 9$。ただし、( ) 内は t 値、[ ] 内は P 値

この推定結果に基づいて DW を算出すると、$DW = 1.6936$ となり、2 に近くなります。R では、次のように仮説を設定した場合の P 値(p-value)が算出されます。

$H_0: \rho = 0 \ (DW = 2)$
$H_1: \rho > 0 \ (DW < 2)$

P 値は 0.3773 となりますから、有意水準 10%でも帰無仮説 $\rho = 0$ を棄却することはできず、自己相関が存在しないと結論することができます。したがって、古典的最小 2 乗法によって求めた P 値は信頼できることにな

ります。上記の回帰式の結果得られた回帰係数 $\hat{\beta}$ の P 値は 0.0258 であり、5% 有意水準でも有意となります。これは、階差をとる前の【例題 5.2】の P 値 2.650e-06 = 2.650 × 10^{-6} よりもかなり大きくなっており、自己相関がある場合には、P 値が小さく計算されてしまうことが確認できます。また、定数項の P 値が 0.7839 と大きいことから、この例題のデータにはトレンド項が有意に存在しないことも確認できます。

この推定結果から、元のモデル $Y_t = \alpha + \beta X_t + u_t$ の α の推定値を Y、X それぞれの平均で評価すると、$\bar{Y} = 5.35$, $\bar{X} = 5.4$, $\hat{\beta} = 0.9552$ から、

$$\hat{\alpha} = \bar{Y} - \hat{\beta}\bar{X} = 0.1919$$

したがって、

$$\hat{Y}_t = 0.1919 + 0.9552 X_t \tag{5.20}$$

として式を求めることができます。

5.3.2 変数変換が伴う危険性 ....

誤差項に自己相関が存在するとき、データについて階差を計算して古典的最小 2 乗法を求めるのは有効な手段です。しかしながら、自己相関をあらかじめ除去してしまおうと、すべての場合について階差を計算して古典的最小 2 乗法を適用するのは危険です。

$Y_t = \alpha + \beta X_t + u_t$ の式に $u_t = \rho u_{t-1} + \varepsilon_t$ が存在するとしたとき、前項で、以下のような階差の式を求めました。

$$dY_t = \beta dX_t + (u_t - u_{t-1})$$

これは、dY_t を被説明変数、dX_t を説明変数とし、定数項のない回帰式になります。ここで、誤差項に自己相関が存在していないとしても、新たに作られた誤差項

$$du_t = u_t - u_{t-1}$$

には、自己相関が発生してしまう可能性があります。そのため、特定化したモデルについて自己相関の有無の検定をすることなく、階差をとることは避けるべきです。

128 第 5 章 自己相関

5.3.3 一般化最小 2 乗法による推定

変数変換を行っても自己相関が除去できない場合もあります。その場合、推定法の変更によって対処する方法があります。自己相関の状態にあるとき、その推定法には様々な方法がありますが、R では、一般化最小 2 乗法（GLS：Generalized Least Squares）によって推定することができます。

古典的最小 2 乗法は、誤差がランダム（誤差の散らばり方に特別な傾向がない）に散らばっている状態を想定して推定を行いますが、一般化最小 2 乗法は、誤差がランダムである状態に限定せず、誤差がランダムでないことを前提とした推定法です。

ただし、あらかじめ誤差に存在する特別の傾向がわかることはありません。そこで、古典的最小 2 乗法によって推定された誤差から傾向を把握し、その誤差の傾向を前提として推定を行います。このようにデータから誤差の傾向を把握しての一般化最小 2 乗法は、正式には、実行可能一般化最小 2 乗法（FGLS：Feasible Generalized Least Squares）と呼ばれます。R では、この実行可能一般化最小 2 乗法を利用することができます。

R では gls コマンドによって実行可能一般化最小 2 乗法を用いることができますが、そのためには、あらかじめ nlme というパッケージをインストールして読み込んでおく必要があります（詳細な手順は付録 A（305、309 ページ）を参照してください）。

【例題 5.4】

$Y_t = \alpha + \beta X_t + u_t$ のモデルについて、自己相関 $u_t = \rho u_{t-1} + \varepsilon_i$ の関係が存在する場合、一般化最小 2 乗法によって自己相関の関係を前提とした推定を行います。

【例題 5.2】のデータについて、以下のコマンドを実行します。

```
data1 <- read.table("k0502.csv",header = TRUE, sep =",")
data1
fm <- gls(Y ~ X, corr=corARMA(p=1),data = data1)
summary(fm)
```

3 行目によって一般化最小 2 乗法を行っています。コマンド gls の使い

方は基本的にはコマンド lm とほぼ同じです。3 行目を簡単に説明すると、次のようになります。

fm：回帰分析の結果に名前をつけます。
<- gls：カッコ内で指定したデータ、数式、条件に従って一般化最小 2 乗法を実行します。
Y ~ X：$Y = \alpha + \beta X$ という特定化を行います。
corr=corARMA(p=1)：誤差に $u_t = \rho u_{t-1} + \varepsilon_t$ の自己相関のパターンがあることを前提とすることを表しています。
data = data1：data1 と名前をつけたデータセットを用います。

Excel ファイルの中に NA（欠損値）のセルがあるとエラーとなります。また、gls コマンドによる推定の結果については、dwtest コマンドで DW 統計量を計算することはできません。それは、すでに自己相関があることを前提として推定を行っているため、自己相関の有無の検定が意味をもたないためです。

● 実行結果

```
> data1 <- read.table("k0502.csv",header = TRUE, sep =",")
> data1
    t    X    Y
1   1  1.0  2.0
2   2  2.5  3.5
3   3  3.0  3.5
4   4  3.0  4.0
5   5  5.0  5.5
6   6  5.5  5.0
7   7  6.5  5.0
8   8  7.5  6.5
9   9  9.5  8.5
10 10 10.5 10.0
> fm <- gls(Y ~ X, corr=corARMA(p=1),data = data1)
> summary(fm)
Generalized least squares fit by REML
  Model: Y ~ X
  Data: data1
      AIC      BIC    logLik
 25.46387 25.78164 -8.731937

Correlation Structure: AR(1)
```

```
 Formula: ~1
 Parameter estimate(s):
      Phi
 0.858705

 Coefficients:
                Value Std.Error  t-value p-value
 (Intercept) 0.9323652 1.1463354 0.813344  0.4396
 X           0.8537602 0.1329521 6.421562  0.0002

  Correlation:
   (Intr)
 X -0.649

 Standardized residuals:
        Min          Q1         Med          Q3         Max
 -1.30861352 -0.53588309  0.04835406  0.24514907  0.44717187
 Residual standard error: 1.132348
 Degrees of freedom: 10 total; 8 residual
```

推定結果から、古典的最小2乗法によって推定された誤差 e_i に基づく誤差の自己相関の状態を表す式

$$e_t = \rho e_{t-1} + v_t$$

の ρ の推定値は、推定結果の Parameter estimate(s):　Phi から

0.858705

であることがわかります。また、gls コマンドでは決定係数は計算されないため、式の説明力の評価には、標準誤差 Residual standard error を用います。

回帰式の推定結果をまとめると、次のようになります。

$$\hat{Y}_t = 0.9324 + 0.8538\ X_t$$

$$\quad\quad (0.8133)\quad (6.4216)$$

$$\quad\quad [0.4396]\quad [0.0002]$$

(5.21)

$$e_t = 0.8587 e_{t-1} + v_t$$

$$s = 1.1323,\ n = 10$$

ただし、( ) 内は t 値、[ ] 内は P 値、s は標準誤差

ρ の推定値は 1 に近く、強い自己相関があるけれども、それを前提として推定を行うと、β の推定値の P 値は 0.0002 と小さく、極めて有意であることがわかります。

5.4　同じことを Excel でやると

【例題 5.2】について Excel を用いてダービン＝ワトソン統計量を求める方法を紹介します。【例題 5.2】のデータについて分析ツールを用いて回帰分析を行う際に、残差を同時に計算させます。

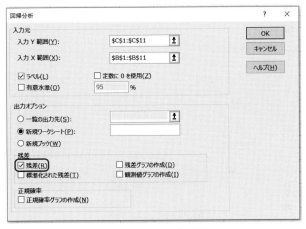

図 5.13　回帰分析の設定

132 第 5 章　自己相関

	A	B	C
22	残差出力		
23			
24	観測値	予測値：Y	残差
25	1	2.028726	-0.02873
26	2	3.160978	0.339022
27	3	3.538396	-0.0384
28	4	3.538396	0.461604
29	5	5.048066	0.451934
30	6	5.425484	-0.42548
31	7	6.180319	-1.18032
32	8	6.935154	-0.43515
33	9	8.444824	0.055176
34	10	9.199659	0.800341

図 5.14　回帰分析結果：残差出力

この残差出力の結果から、

$$DW = \frac{\Sigma_{i=2}^{n}(e_i - e_{i-1})^2}{\Sigma_{i=1}^{n}e_i^2} \tag{5.22}$$

を計算します。

	A	B
36	分子	3.218378
37	分母	2.941695
38	DW	1.094056

図 5.15　（5.22）式の計算結果

これは図 5.16 のように式を入力したものです。

	A	B
36	分子	=SUMXMY2(C25:C33,C26:C34)
37	分母	=SUMSQ(C25:C34)
38	DW	=B36/B37

図 5.16　（5.22）式の計算式

SUMXMY2 関数は、2 つの配列 x と y の対応する配列要素の差の平方の合計 $\Sigma(x-y)^2$ を求める関数です。この場合、セル範囲 C25：C33 は、第 1 〜 9 期まで、セル範囲 C26：C34 は第 2 〜 10 期までを表すことから、各期の階差の 2 乗和を求めることになります。SUMSQ 関数は、配列 x の平方和 Σx^2 を求める関数です。この場合、セル範囲 C25：C34 は、第 1 〜 10 期までを表すことから、各期の誤差の 2 乗和を求めることになります。

これによって、

$$DW = 1.094056 \qquad\qquad (5.23)$$

を求めることができます。

Excel では、$DW = 1.0941$ に対応する P 値を求めることができないため、ダービン＝ワトソン統計量の分布表(図5.17)を利用して有意性の検定を行います。

一般に、ダービン＝ワトソン統計量の分布表には上限分布と下限分布のそれぞれから計算された値が示されています。

この例題の場合、標本の大きさ＝10、定数項を除いた説明変数の数＝1 ですから、有意水準 1% において、下限分布では $DW = 0.604$、上限分布では $DW = 1.001$ が有意となる境界、有意水準 5% において、下限分布では $DW = 0.879$、上限分布では $DW = 1.320$ が有意となる境界であることがわかります。

この例題で求められた $DW = 1.0941$ は、有意水準 1% では有意でない、すなわち自己相関がないと結論されます。また、有意水準 5% の下限分布で有意でなく、自己相関がないとなりますが、上限分布で有意となり、自己相関があることになりますので、有意水準 5% では一般に結論保留とされます。しかしながら、推定を保守的に行うとすれば、上限分布を用いて自己相関があると結論することになるでしょう。

【例題 5.2】において R で求めた P 値は 0.01798 ですから、有意水準 5% で有意、1% で有意でないことがこの分布表からも確認できます。

n	有意水準=1%						有意水準=5%					
	$k=1$		$k=2$		$k=3$		$k=1$		$k=2$		$k=3$	
	d_L	d_U	d_L	d_U	d_L	d_U	d_L	d_U	d_L	d_U	d_L	d_U
6	0.390	1.142					0.610	1.400				
7	0.435	1.036	0.294	1.676			0.700	1.356	0.467	1.896		
8	0.497	1.003	0.345	1.489	0.229	2.102	0.763	1.332	0.559	1.777	0.368	2.287
9	0.554	0.998	0.408	1.389	0.279	1.875	0.824	1.320	0.629	1.699	0.455	2.128
10	0.604	1.001	0.466	1.333	0.340	1.733	0.879	1.320	0.697	1.641	0.525	2.016
11	0.653	1.010	0.519	1.297	0.396	1.640	0.927	1.324	0.758	1.604	0.595	1.928
12	0.697	1.023	0.569	1.274	0.449	1.575	0.971	1.331	0.812	1.579	0.658	1.864
13	0.738	1.038	0.616	1.261	0.499	1.526	1.010	1.340	0.861	1.562	0.715	1.816
14	0.776	1.054	0.660	1.254	0.547	1.490	1.045	1.350	0.905	1.551	0.767	1.779
15	0.811	1.070	0.700	1.252	0.591	1.464	1.077	1.361	0.946	1.543	0.814	1.750
16	0.844	1.086	0.737	1.252	0.633	1.446	1.106	1.371	0.982	1.539	0.857	1.728
17	0.874	1.102	0.772	1.255	0.672	1.432	1.133	1.381	1.015	1.536	0.897	1.710
18	0.902	1.118	0.805	1.259	0.708	1.422	1.158	1.391	1.046	1.535	0.933	1.696
19	0.928	1.132	0.835	1.265	0.742	1.415	1.180	1.401	1.074	1.536	0.967	1.685
20	0.952	1.147	0.863	1.271	0.773	1.411	1.201	1.411	1.100	1.537	0.998	1.676
21	0.975	1.161	0.890	1.277	0.803	1.408	1.221	1.420	1.125	1.538	1.026	1.669
22	0.997	1.174	0.914	1.284	0.831	1.407	1.239	1.429	1.147	1.541	1.053	1.664
23	1.018	1.187	0.938	1.291	0.858	1.407	1.257	1.437	1.168	1.543	1.078	1.660
24	1.037	1.199	0.960	1.298	0.882	1.407	1.273	1.446	1.188	1.546	1.101	1.656
25	1.055	1.211	0.981	1.305	0.906	1.409	1.288	1.454	1.206	1.550	1.123	1.654
26	1.072	1.222	1.001	1.312	0.928	1.411	1.302	1.461	1.224	1.553	1.143	1.652
27	1.089	1.233	1.019	1.319	0.949	1.413	1.316	1.469	1.240	1.556	1.162	1.651
28	1.104	1.244	1.037	1.325	0.969	1.415	1.328	1.476	1.255	1.560	1.181	1.650
29	1.119	1.254	1.054	1.332	0.988	1.418	1.341	1.483	1.270	1.563	1.198	1.650
30	1.133	1.263	1.070	1.339	1.006	1.421	1.352	1.489	1.284	1.567	1.214	1.650
31	1.147	1.273	1.085	1.345	1.023	1.425	1.363	1.496	1.297	1.570	1.229	1.650
32	1.160	1.282	1.100	1.352	1.040	1.428	1.373	1.502	1.309	1.574	1.244	1.650
33	1.172	1.291	1.114	1.358	1.055	1.432	1.383	1.508	1.321	1.577	1.258	1.651
34	1.184	1.299	1.128	1.364	1.070	1.435	1.393	1.514	1.333	1.580	1.271	1.652
35	1.195	1.307	1.140	1.370	1.085	1.439	1.402	1.519	1.343	1.584	1.283	1.653
40	1.246	1.344	1.198	1.398	1.148	1.457	1.442	1.544	1.391	1.600	1.338	1.659
45	1.288	1.376	1.245	1.423	1.201	1.474	1.475	1.566	1.430	1.615	1.383	1.666
50	1.324	1.403	1.285	1.446	1.245	1.491	1.503	1.585	1.462	1.628	1.421	1.674
55	1.356	1.427	1.320	1.466	1.284	1.506	1.528	1.601	1.490	1.641	1.452	1.681
60	1.383	1.449	1.350	1.484	1.317	1.520	1.549	1.616	1.514	1.652	1.480	1.689
65	1.407	1.468	1.377	1.500	1.346	1.534	1.567	1.629	1.536	1.662	1.503	1.696
70	1.429	1.485	1.400	1.515	1.372	1.546	1.583	1.641	1.554	1.672	1.525	1.703
75	1.448	1.501	1.422	1.529	1.395	1.557	1.598	1.652	1.571	1.680	1.543	1.709
80	1.466	1.515	1.441	1.541	1.416	1.568	1.611	1.662	1.586	1.688	1.560	1.715
85	1.482	1.528	1.458	1.553	1.435	1.578	1.624	1.671	1.600	1.696	1.575	1.721
90	1.496	1.540	1.474	1.563	1.452	1.587	1.635	1.679	1.612	1.703	1.589	1.726
95	1.510	1.552	1.489	1.573	1.468	1.596	1.645	1.687	1.623	1.709	1.602	1.732
100	1.522	1.562	1.503	1.583	1.482	1.604	1.654	1.694	1.634	1.715	1.613	1.736
150	1.611	1.637	1.598	1.651	1.584	1.665	1.720	1.746	1.706	1.760	1.693	1.774
200	1.664	1.684	1.653	1.693	1.643	1.704	1.758	1.778	1.748	1.789	1.738	1.799

注）n：標本の大きさ、k：定数項を除いた説明変数の数
d_L：下限分布により計算した値、d_U：下限分布により計算した値

図5.17 ダービン＝ワトソン統計量の分布表

まとめ

　誤差項に自己相関があると、古典的最小 2 乗法による回帰係数の標準誤差の推定値は過小評価され、t 値は過大評価され、P 値が過小評価されるため、正しい有意性検定を行うことができません。

　そのため、自己相関の有無についての検定を行い、自己相関がある場合にはそれに対応した推定を行わなければなりません。

　R では、図 5.18 に示すように、あらかじめパッケージ lmtest をインストールしておき、自己相関の有無を検定する統計量であるダービン＝ワトソン統計量 DW を計算する前に lmtest を読み込んでおきます。DW を用いて自己相関の有無を検定し、自己相関がないと結論されれば回帰係数の有意性の検定に進み、自己相関があると結論されれば、推定方法の変更をする必要があります。

　自己相関が存在する場合の推定方法には様々なものがありますが、最も容易

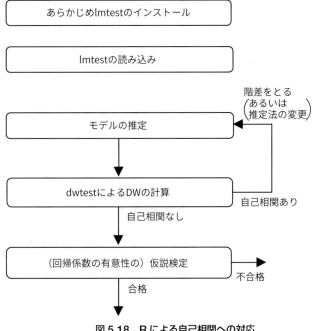

図 5.18　R による自己相関への対応

な対応は、変数に関して階差を求めて推定をしなおす方法です。階差をとることによって誤差項の自己相関を除去して古典的最小2乗法を適用できる可能性があるためです。また、Rでは、パッケージnlmeをインストールすることによって一般化最小2乗法を用いて、自己相関の存在を前提とした推定を行うこともできます。様々な自己相関への対応にはさらなる勉強が必要です。

練習問題

【問題 5.1】

　時系列データを用いて回帰分析を行う場合、一般に求める統計量は何という統計量でしょうか。その統計量の特徴を述べてください。また、Rにおいてその統計量を求めるにはある手続きが必要です。どのような手続きが必要か、その概要を説明してください。

【問題 5.2】

　時系列データを用いて古典的最小2乗法で推定を行った結果、誤差に自己相関が発生していると判断されたとき、変数変換を行って再推定を行うことがあります。その変数変換と変数変換を行う際のExcelシートにおける注意点について説明してください。

【問題 5.3】

　時系列データを用いて古典的最小2乗法で推定を行った結果、誤差に自己相関が発生していると判断されたとき、一般化最小2乗法を用いて再推定を行うことがあります。この一般化最小2乗法の推定の考え方と、Rにおいてそれを用いるときに必要な手続きについて説明してください。

【問題 5.4】

　内閣府は、『経済財政白書2012』(p.295)の中で、「そこで、不況期に一定の財政赤字が存在することは、資源配分上望ましいことがあり得るとする「課税平準化の理論（異時点間の税率選択にあたって課税のコストを最小限にするためには、時間を通じて税率を一定に保つことが最適であるとし、景気変動による一時的な財政支出と税収のかい離は公債発行において調整すべきという理

論）」をもとに、異時点間において課税平準化がなされているか検討してみたところ、我が国の財政赤字については課税平準化の考え方では説明できないという結論が得られた（付注 3-4）。こうしたことから、我が国では、景気対策のために減税政策がなされるものの、異時点間において課税平準化が図られておらず、景気拡張期に税の引上げをしてこなかった。」と分析しています。

---

(1) $DB_t / Y_t = \alpha(G_t / Y_t) + \beta(G_t^* / Y_t^*)$

$G =$ 国の実質一般支出（補正後ベース、除国債費、地方交付税）

$Y =$ 実質 GDP

$G^* =$ 恒常的な国の実質一般支出

$Y^* =$ 恒常的な実質 GDP

$B =$ 実質国債発行残高（ただし、$DB_t = B_t - B_{t-1}$）

	係数	t値			
G_t / Y_t	2.25	**3.71			
G_t^* / Y_t^*	−1.81	**−2.96		DW	0.53

（備考）** は有意水準 1% で、有意であることを示す。

(2) $\Delta(DB_t / Y_t) = \alpha\Delta(G_t / Y_t) + \beta\Delta(G_t^* / Y_t^*)$

	係数	t値		
$\Delta(G_t / Y_t)$	1.80	**4.96		
$\Delta(G_t^* / Y_t^*)$	−0.16	−0.10	DW	2.05

（備考）** は有意水準 1%で、有意であることを示す。

ただし、$\Delta(DB_t / Y_t) = (DB_t / Y_t) - (DB_{t-1} / Y_{t-1})$

（付注 3-4　Barro（1979, 1986a, b）における『課税平準化理論』の検定結果（p.380）より抜粋）

---

① 資料には DW の値が示されています。DW について説明し、（2）式の推定が行われた理由とその結果について説明してください。

② R において、（1）式の推定に用いたデータを利用して（2）式の推定を行うにはどのようにすればよいでしょうか。Excel シートの概要も示しながら説明してください。

③ R において、DW を計算させるには dwtest コマンドを用います。このコマンドを用いるにあたって必要な手続きの概要を説明してください。

【問題 5.5】

　経済産業省は『通商白書 2017』(p.238) の中で、「…横軸を米国への留学生数、縦軸を米国との共同特許件数にして、時系列での推移を見たものである。これを見ると、日本は 2000 年から 2014 年にかけて、留学生数が減ると共に共同特許件数も減少していることが分かる。」と説明し、下記の図を示しています。

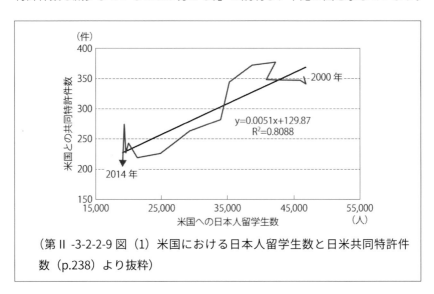

（第 II -3-2-2-9 図 (1) 米国における日本人留学生数と日米共同特許件数 (p.238) より抜粋）

① 図から、回帰分析によって、米国への日本人留学生と米国との共同特許件数の関係を分析するにあたっては、誤差項が持つべき性質が満たされているかどうかを検討する R による検定が必要と考えられます。図から、そのような検定が必要となるであろうという理由を説明し、以下の R の出力結果で行われている検定と、R でこの検定を行うにあたって必要となる手続きの概要と、この検定の結果について説明してください。

```
> data1 <- read.table("k001.csv",header = TRUE, sep =",")
> fm <- lm(Y ~ X, data = data1)
> summary(fm)

Coefficients:
            Estimate Std. Error t value Pr(>|t|)
(Intercept) 129.87   24.193368   5.368  0.000128 ***
X           0.0051   0.0008036   6.346  2.55e-05 ***
---
```

```
Signif. codes:  0 ' *** ' 0.001 ' ** ' 0.01 ' * ' 0.05 ' . ' 0.1 ' ' 1

Residual standard error: 31.37 on 13 degrees of freedom
Multiple R-squared:  0.8088,    Adjusted R-squared:  0.7941
F-statistic: 40.27 on 1 and 13 DF,  p-value: 2.552e-05

> dwtest(fm)
        Durbin-Watson test
data:  fm
DW = 1.1171, p-value = 0.01362
```

② Rの出力結果を踏まえて、図の関係を推定するには、どのような対処が
必要となるでしょうか。作成しなければならない Excel シートの列も含め
て、説明してください。

【問題 5.6】

内閣府は『2016 年度版経済財政白書』（p.14）の中で、「…企業部門を取り
巻く環境として、輸出の動向を確認する。…そこで輸出数量に対し、世界の輸
入需要と実質実効為替レートのそれぞれが及ぼす影響を計測し、輸出数量の動
向の背景を分析する。推計結果によると、世界需要が増える、または、為替レ
ートが減価する際に輸出数量が増加することが示されている。」と説明してい
ます。以下は、推定が行われた式です。

$d \ln E_t = a + b \times d \ln W_t + c \times d \ln ZR_t$

ただし、E：輸出数量指数、W：世界の輸入数量指数（日本除く）、R：
為替レート（実質実効レート）、$d \ln$ はそれぞれの変数の対数の階差を
とったもの。推計期間は、1998 年 1 月から 2016 年 3 月（月次データ）。
（第 1-1-4 図　輸出の動向（1）輸出関数のローリング推計による係数の
変化（p.14）より抜粋）

以下は、この式を R で推定した出力結果の一部です。

```
            Estimate Std. Error t value Pr(>|t|)
(Intercept) -0.0014    0.00190  -0.737   0.4617
dlnW         0.50858   0.12052   4.220 7.02e-05 ***
dlnR        -0.1574    0.07496  -2.100   0.0392 **
---
```

```
Signif. codes:  0 ' *** ' 0.001 ' ** ' 0.01 ' * ' 0.05 ' . ' 0.1 ' ' 1
(中略)
        Durbin-Watson test
data:  fm1
DW = 2.1953, p-value = (        )
alternative hypothesis: true autocorrelation is greater than 0
```

① R の出力結果には、Durbin-Watson test の結果が示されています。
  このテストは何のために行うものでしょうか、説明してください。
② Durbin-Watson test の結果の p-value には、どのような値が入
  ると想像できますか。説明してください。
③推定された式は、変数について階差がとられています。なぜ、階差をとっ
  たと考えられますか。説明してください。

【演習 5.1】

　ある国の輸入は、その国の経済規模の影響を受けると考えられます。そこで、
輸入が GDP によって説明される次の日本の輸入関数について考えます。

$$\ln M_t = \alpha + \beta \ln Y_t + u_t$$

　　　ただし、$\ln M$：輸入（実質：2010 年価格、兆円）の対数値
　　　　　　 $\ln Y$：GDP（実質：2010 年価格、兆円）の対数値

Year	$\ln Y$	$\ln M$	Year	$\ln Y$	$\ln M$
1990	6.019	3.693	2004	6.194	4.149
1991	6.051	3.681	2005	6.210	4.208
1992	6.060	3.670	2006	6.225	4.254
1993	6.061	3.657	2007	6.241	4.276
1994	6.070	3.736	2008	6.230	4.283
1995	6.097	3.858	2009	6.174	4.113
1996	6.127	3.962	2010	6.215	4.218
1997	6.138	3.966	2011	6.214	4.275
1998	6.127	3.896	2012	6.229	4.328
1999	6.124	3.932	2013	6.249	4.360
2000	6.152	4.020	2014	6.253	4.439
2001	6.156	4.031	2015	6.266	4.447
2002	6.157	4.038	2016	6.275	4.427
2003	6.172	4.071			

（出所）The World Bank, *Data Bank*.

①自己相関 $u_t = \rho u_{t-1} + \varepsilon_t$ の関係があるか否かを有意水準5%で検定してください。

②自己相関がある場合、データについて階差を計算することによって、推定をしなおしてください。

③自己相関がある場合、一般化最小2乗法によって、推定をしなおしてください。

【演習 5.2】

日本の株式相場は為替レートの影響を受けているといわれています。そこで、日経平均株価を円ドル・為替レートで説明する株価関数について考えます。

$$P_t = \alpha + \beta E_t + u_t$$

ただし、E：円・ドル為替レート（1ドルあたり円）

P：日経平均株価（円）

年月	P	E
2015 年 10 月	19083	120.61
2015 年 11 月	19747	123.08
2015 年 12 月	19034	120.30
2016 年 1 月	17518	121.03
2016 年 2 月	16027	112.66
2016 年 3 月	16759	112.56
2016 年 4 月	16666	106.35
2016 年 5 月	17235	110.68
2016 年 6 月	15576	103.25
2016 年 7 月	16569	102.05
2016 年 8 月	16887	103.42
2016 年 9 月	16450	101.33

年月	P	E
2016 年 10 月	17425	104.81
2016 年 11 月	18308	114.44
2016 年 12 月	19114	116.87
2017 年 1 月	19041	112.78
2017 年 2 月	19119	112.75
2017 年 3 月	18909	111.38
2017 年 4 月	19197	111.53
2017 年 5 月	19651	110.75
2017 年 6 月	20033	112.35
2017 年 7 月	19925	110.25
2017 年 8 月	19646	109.96
2017 年 9 月	20356	112.47

（出所）「日経 NEEDS」より

①自己相関 $u_t = \rho u_{t-1} + \varepsilon_t$ の関係があるか否かを有意水準5%で検定してください。

②自己相関がある場合、データについて階差を計算することによって、推定をしなおしてください。

③自己相関がある場合、一般化最小2乗法によって、推定をしなおしてください。

142　第 5 章　自己相関

時系列グラフの作成　　COLUMN

　本章で扱ったような時系列データは、データの発生に順番があります。そのため、2 つの変数の関係を図に表すとき、説明変数を横軸、被説明変数を縦軸とする散布図の他に、時間を横軸、説明変数と被説明変数を縦軸に表す時系列グラフを作成することもあります。

(1) R での時系列グラフの作成

　【演習 5.2】のデータを用いて、日経平均株価（P：円）と円ドル為替レート（E：円 / ドル）の関係について時系列グラフを描いてみます。
　次のコマンドファイルを実行します。

```
data1 <- read.table("kc0501.csv",header = TRUE, sep =",")
data1
data1$t <- NULL
data2 = ts(data1, frequency = 12, start = c(2015,10))
data2
plot(data2,xlab=" 年月 ",type="l", main=" 日経平均 (P) と円ドルレート (E)")
```

[3 行目]　図に表示させない列の削除
data1$t <- NULL：data1 と名付けたデータから t の系列を削除します（図 a。元の Excel ファイルで t の列を削除しておけば、この行は不要です）。

	A	B	C
1	t	P	E
2	1	19083	120.61
3	2	19747	123.08
⋮	⋮	⋮	⋮
25	24	20356	112.47

図 a　NY ダウと円ドルレートのデータ

[4 行目]　時系列データ（年月などが付いているデータ）の作成
data2 = ts(data1, frequency = 12, start = c(2015,10))
　ts は、時系列データを作成するコマンドです。
　data1 は、時系列データの対象とするデータです。
　frequency = 12 は、月次データを表します。
　（4 ならば四半期データです。年次データの場合は不要です）
　start = c(2015,10) は、1 番目のデータが 2015 年 10 月であることを表します（年次データならば、start = 2015 と指定します）。
　data2 は、作成した時系列データの名称です。

[5行目]のdata2により、グラフの作成に用いるデータが表示されます。
[6行目]のplotコマンドにより、図bのような時系列グラフが作成されます。

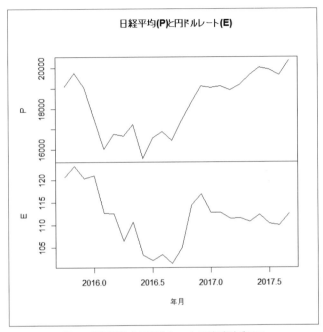

図b　日経平均と円ドルレートの時系列グラフ

　このようなグラフを作成することによって、説明変数と被説明変数の動きを時系列の中でとらえることが可能となります。
　この図の場合、EとPは数値に大きな差があるため、同一の軸に重ねてしまうと動きがとらえられなくなりますので、2軸の図が必要となりますが、Rではさらに指定する項目が増えます。そのため、2つの系列を同一の図に描くにあたっては、Excelでの作図をお勧めします。

(2) Excelでの時系列グラフの作成
　【演習5.2】のデータを用いて、日経平均株価（P：円）と円ドル為替レート（E：円／ドル）の関係についてExcelで散布図と時系列グラフを描いてみます。

①図 c のように、横軸の変数を B 列、縦軸の変数を C 列におきます。

	A	B	C
1	年月	E	P
2	2015年10月	120.61	19083
3	2015年11月	123.08	19747
4	2015年12月	120.3	19034
:	:	:	:
24	2017年8月	109.96	19646
25	2017年9月	112.47	20356

図 c　時系列データ

②第 3 章 3.4 節の「同じことを Excel でやると」の（1）「Excel の散布図による回帰分析」に従い、散布図を描くと、図 d のような図を描くことができます。

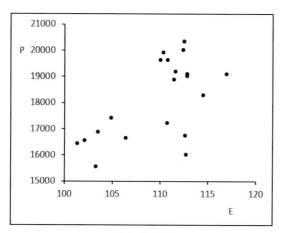

図 d　散布図

同じデータで時系列グラフを作成していきます。

①時系列グラフの作成にあたっては、セル範囲 A1：C25 をドラッグし、メニューから［挿入］－［グラフ］－［折れ線］－［折れ線（積み上げでないもの）］を選択します（図 e）。

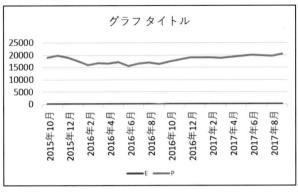

図e　時系列グラフ（デフォルト設定）

②図eのように表示されない場合は、セル範囲B1：C25をドラッグし、メニューから［挿入］－［グラフ］－［折れ線］－［折れ線（積み上げではないもの）］を選択します（図f）。

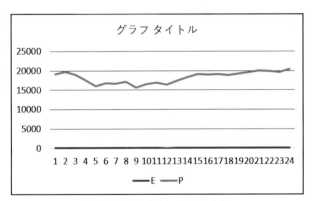

図f　時系列グラフ（年月なし）

グラフを選択して右クリックし、［データの選択］を選択し、［データソースの選択］ボックスで、［横（項目）軸ラベル］の［編集］をクリックし、［軸ラベル］ボックスの［軸ラベルの範囲］に、時系列を示すセル範囲A2：A25をドラッグして指定します（図g。Macでは、メニューの［グラフのデザイン］－［グラフデータの選択］－［横（項目）軸ラベル］を選択します）。

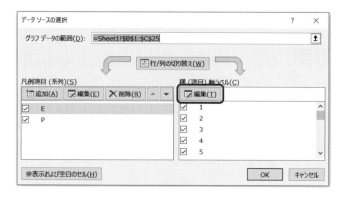

図g　時系列グラフ（軸ラベルの編集）

図eのように、横軸に年月が入ります。

③日経平均（P）の系列上で右クリックし、メニューから［データ系列の書式設定］－［系列のオプション］－［使用する軸］－［第2軸］を選択します（図h。Macでは、日経平均（P）の系列を選択し、メニューから［書式］－［書式ウインドウ］－［系列のオプション］－［使用する軸］－［第2軸］を選択します）。

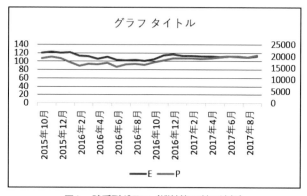

図h　時系列グラフ（縦軸第2軸の追加）

④調整を加えて完成させます(図 i)。

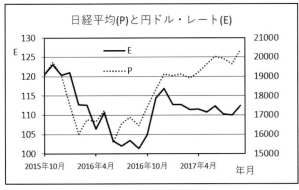

図 i 時系列グラフ

第6章
不均一分散

　本章では、不均一分散について扱います。これ
は古典的最小2乗法でおかれる仮定3が成立しな
い場合です。クロスセクションでデータを収集した
とき、発生しやすい問題です。ある同一時点で様々
なデータを収集するとき、回帰分析における被説明
変数や説明変数について大小が大きく異なる場合
が出てきます。例えば、国をデータとして集めると、
その規模が大きく異なります。大きな国の値は小
さな国の値に比べて直線をあてはめたときの誤差
が大きくなりがちです。つまり、誤差の大きさを
表す誤差分散の大きさが一定ではないということ
です。これが不均一分散の現象です。古典的最小2
乗法ではこのような関係が存在しない場合を想定
しているため、クロスセクションデータを用いて経
済現象を分析するときには工夫が必要となります。

6.1 古典的最小2乗法の仮定と不均一分散

6.1.1 回帰式の説明力 ....

　誤差項が不均一分散（heteroscedasticity）のとき、最小2乗法によって求めた t 値は t 分布に従いません。したがって、その t 値を用いた検定は誤りとなります。そのため、P 値を用いた検定も誤りとなります。

　以下のようなモデルを考えます。

$$Y_i = \alpha + \beta X_i + u_i$$

ここで、古典的最小2乗法においておかれる仮定の1つ

仮定3	$E(u_i^2) = \sigma^2 \quad i = 1, 2, \cdots, n$	(6.1)
	誤差誤差の大きさの平均は一定（均一分散）	

が満たされず、

$$E(u_i^2) = \sigma_i^2 \quad i = 1, 2, \cdots, n \tag{6.2}$$

のような誤差である場合を考えます。古典的最小2乗法では、すべての誤差の2乗の平均が σ^2 という同一の値をとる均一分散の状態ですが、不均一分散は、それぞれが σ_i^2 という異なる値をとることになります（分散という名称なので、散らばりを表現しているような印象を持ちますが、誤差の平均は0なので、この誤差の2乗の平均の式は分散の式と同じ形になるため、分散という名称が用いられているだけで、意味しているのは誤差の大きさです）。

　均一分散と不均一分散の典型例を示すと、図6.1のようになります。

　図6.1の（a）は、X のどの水準を見ても誤差の大きさに大きな違いがありませんが、（b）は、X が小さいとき誤差が小さく、X が大きいとき誤差が大きい傾向があることがわかります。

　このような不均一分散の状態にあると、回帰式の説明力の診断にどのような影響が出るのでしょうか。

　回帰係数（勾配 β）が0でないということは、説明変数である X が被説

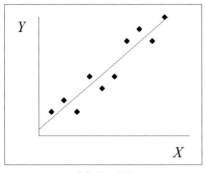 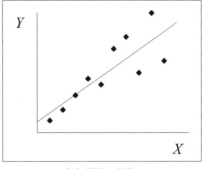

(a) 均一分散　　　　　　　　　(b) 不均一分散

図 6.1　均一分散と不均一分散

明変数の Y に影響があることになりますから、$H_0: \hat{\beta}=0$、$H_1: \hat{\beta} \neq 0$ の仮説検定は極めて重要です。これには t 分布を用いますが、そのためには、$t_{\hat{\beta}} = \dfrac{\hat{\beta}-0}{s_{\hat{\beta}}}$ を計算しなければなりません。

したがって、この式の分母に現れる $s_{\hat{\beta}}$（推定した $\hat{\beta}$ の標準誤差）の計算が必要になります。古典的最小2乗法がおく仮定を用いて、$\hat{\beta}$ の分散を求めると、

$$\mathrm{var}(\hat{\beta}) = \frac{\sigma^2}{\Sigma(X_i-\bar{X})^2} \tag{6.3}$$

となりますが、仮定3の $E(u_i^2)=\sigma^2$ が満たされず、$E(u_i^2)=\sigma_i^2$ である場合、

$$\begin{aligned}
\mathrm{var}(\hat{\beta}) &= E[\hat{\beta}-E(\hat{\beta})]^2 \\
&= E(\hat{\beta}-\beta)^2 \\
&= E\left[\frac{\Sigma(X_i-\bar{X})(Y_i-\bar{Y})}{\Sigma(X_i-\bar{X})^2}-\beta\right]^2 \\
&= E\left[\beta+\frac{\Sigma(X_i-\bar{X})(u_i-\bar{u})}{\Sigma(X_i-\bar{X})^2}-\beta\right]^2 \\
&= E\left[\frac{\Sigma(X_i-\bar{X})(u_i-\bar{u})}{\Sigma(X_i-\bar{X})^2}\right]^2
\end{aligned}$$

ここで、

$$w_i = \frac{(X_i - \bar{X})}{\Sigma(X_i - \bar{X})^2}$$

を考えると、

$$
\begin{aligned}
\mathrm{var}(\hat{\beta}) &= E[\Sigma w_i(u_i - \bar{u})]^2 \\
&= \Sigma_i w_i^2 E[(u_i - \bar{u})^2] \\
&= \Sigma_i w_i^2 \sigma_i^2 \\
&= \frac{\Sigma(X_i - \bar{X})^2 \sigma_i^2}{\left[\Sigma(X_i - \bar{X})^2\right]^2}
\end{aligned}
\tag{6.4}
$$

となり、仮定3が成立しないかぎり、

$$\frac{\sigma^2}{\Sigma(X_i - \bar{X})^2}$$

にはなりません。したがって、不均一分散の状態にある場合、最小2乗法により回帰係数の標準誤差を用いると、正しくない値となってしまいます。これが過大評価になるか、過小評価になるかは、$E(u_i^2) = \sigma_i^2$ の σ_i^2 がどのようなパターンを持つかで結果は変わりますが、過小評価の危険性は存在します。分散が過小評価されれば、t 値は過大評価され、P 値は過小評価され、本当は有意でない係数を有意であると判定してしまうことになってしまいます。

6.1.2　外れ値の回帰係数の推定への影響・・・・・・・・・・・・・・・・・・・

不均一分散の場合でも、最小2乗法による α と β の推定値は、次のように変わりませんが、

$$\hat{\beta} = \frac{\Sigma(X_i - \bar{X})(Y_i - \bar{Y})}{\Sigma(X_i - \bar{X})^2} \tag{6.5}$$

$$\hat{\alpha} = \bar{Y} - \hat{\beta}\bar{X} \tag{6.6}$$

標本の大きさが小さいと、これらの推定値が母集団の係数の値から大きく異なってしまう可能性が生じてしまいます。

回帰分析は、結果として散布図の中の標本の散らばりの傾向を反映するように回帰線を求めることになりますが、不均一分散の状態では、誤差の大きさが

大きい領域での標本の位置によって回帰係数の推定値が大きく異なってしまう可能性があります。図6.2は、不均一分散の状態を表しています。

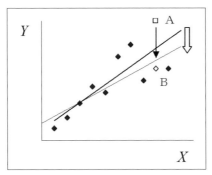

図 6.2　不均一分散における外れ値の影響

X が大きい領域で誤差が大きく、小さい領域で誤差が小さい傾向があります。例えば、誤差の大きい領域のデータ A が、データ B の値であったとすると、回帰線の傾きが大きく変化することがわかります。

したがって、回帰係数の値を求めるにあたって古典的最小2乗法は平均的には正しい値が得られるという意味で不偏性の問題がないと考えたとしても、不均一分散を放置しておくと、真の値とは大きく異なる推定値が得られる場合があります。

また、同様に、誤差の大きさが大きい領域での標本の位置によって、誤差の大きさを表す標準誤差の推定値にも大きな影響が出る場合もあります。

これらを回避するためにも不均一分散の現象があるときは、何らかの対応をとる必要があるのです。

6.1.3　不均一分散が発生する状況

経済分析において、データの大小に大きな差がある横断面（クロスセクション）データを取り扱うとき、あるいは、データの期間の中で大きさが大きく変化する時系列データを扱うとき、不均一分散が発生しやすくなります。

横断面データの場合、データの大きさが大きく異なりやすくなります。例えば、企業をデータとして分析する場合、大企業は中小企業の何十倍にもなることが多く、データを集めて散布図を描けば、原点に近いところに中小企業が集まり、原点から離れたところに大企業が散らばる傾向になります。また、国を

データとして分析するときも、原点の近くに小国が多く集まり、原点から離れたところに大国が散らばることになります。

時系列データの場合、長期にわたってデータを収集したり、短期でも大きく値が変化する場合、散布図を描くとやはり原点に近いところに昔のデータが集まり、最近のデータは原点から離れたところに散らばる傾向があります。これは、特に経済データで発生しやすい問題です。経済データの場合、毎年の変化は％で評価される場合が多くあります。変化が％で評価されるのは、元の値によって変化の幅に大きな違いがあるためです。1人当たり所得が 1,000 ドルの国が 10％成長した場合、100 ドルの増加ですが、10,000 ドルの国が 10％成長した場合、1,000 ドルの増加になります。そのため、所得が低い国、あるいは所得が低かった頃のデータは原点に近くなり、所得が高い国、あるいは豊かになった最近のデータは原点から離れることになります。

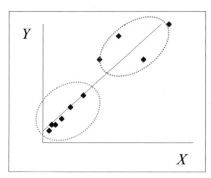 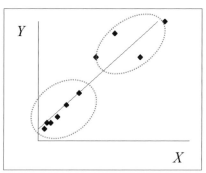

(a) 横断面データ　　　　　　(b) 時系列データ

図 6.3　典型的な経済データの例

6.2　不均一分散の検定

6.1 節で見たように、不均一分散の現象があるときは、古典的最小 2 乗法による係数の有意性の検定は、正しい検定にならない可能性があり、また、係数の推定において外れ値に弱くなります。

そこで、古典的最小 2 乗法を適用してよいかどうか事前にチェック、すなわち診断をする必要があります。

これらの手続きを図解したのが、図 6.4 です。モデルを推定したならば、回帰係数の有意性を検定する前に、不均一分散の有無を検定しておかなければなりません。これは、不均一分散が存在した場合に回帰係数の有意性の検定を行っても正しい検定にならないためです。そして、不均一分散が存在するときはモデルの推定方法や推定するモデルの変更が必要となります。

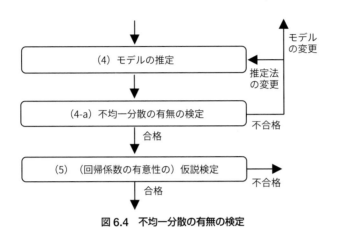

図 6.4　不均一分散の有無の検定

6.2.1　カイ 2 乗分布と BP テスト

不均一分散の場合、標本によって、どのように誤差の大きさの平均に違いがあるか、そのパターンは数多く考えられますが、代表的なものは、

$$Y_i = \alpha + \beta X_i + u_i \tag{6.7}$$

の回帰分析において、

$$\sigma_i^2 = \delta_0 + \delta_1 X_i \tag{6.8}$$

のように誤差の大きさが説明変数の大きさに影響を受ける場合です。これは図 6.1 の不均一分散の例で見られるように説明変数 X_i が大きいときは誤差が大きい傾向があり、小さいときは誤差が小さい傾向がある場合です。

次章で示す重回帰の場合、説明変数は複数存在しますが、その場合は、説明変数のいずれかあるいはすべてによって影響を受ける場合が想定できます。

$$Y_i = \alpha + \beta X_i + \gamma Z_i + u_i \tag{6.9}$$

の回帰分析において、

$$\sigma_i^2 = \delta_0 + \delta_1 X_i + \delta_2 Z_i \tag{6.10}$$

のように誤差の大きさが説明変数 X_i と Z_i の大きさに影響を受けると考えられます。

　不均一分散の誤差のパターンをこのように想定したときに不均一分散が存在するか否かを判定するにあたっての代表的な検定としてブロイシュ・ペーガン（Breusch and Pagan：BP）・テストがあります。このテストで用いる統計量は以下のように求めることができます。

① $Y_i = \alpha + \beta X_i + u_i \quad i = 1, 2, \cdots, n$
　について、古典的最小2乗法を適用し、残差 e_i および誤差分散
　$\hat{\sigma}^2 = \dfrac{\Sigma e_i^2}{n-2}$ を求めます。

② $p_i = \dfrac{e_i^2}{\hat{\sigma}^2} \quad i = 1, 2, \cdots, n$
　を計算します。

③ $p_i = \theta_0 + \theta_1 X_i + v_i$
　を古典的最小2乗法によって推定し、決定係数 R^2 を求めます。

④ H_0：（均一分散）$\theta_1 = 0$
　H_1：（不均一分散）$\theta_1 \neq 0$
　と仮説を設定すると、帰無仮説 H_0 が正しいとき、$BP = nR^2$ は自由度
　1のカイ2乗分布に従うことが知られています（ただし、自由度は③の
　説明変数の数）。

⑤ H_0 が棄却されれば、不均一分散が存在し、H_1 が棄却されなければ、均
　一分散であると判断します。

　ここで、$H_0：\theta_1 = 0$、$H_1：\theta_1 \neq 0$ の仮説検定ならば、t 分布を用いることも考えられますが、次のような重回帰の場合、

$$Y_i = \alpha + \beta X_i + \gamma Z_i + u_i \tag{6.11}$$

③の式は、

$$p_i = \theta_0 + \theta_1 X_i + \theta_2 Z_i + v_i \tag{6.12}$$

となります。そして④の仮説は、

H$_0$：(均一分散)　　$\theta_1 = \theta_2 = 0$
H$_1$：(不均一分散)　$\theta_1 \neq 0$ または $\theta_2 \neq 0$

によって表すことができますから、複数の係数についての検定となります。このような場合、誤差全体の大きさを反映する nR^2 は自由度2のカイ2乗分布に従うため、これを用いて仮説検定を行うことができます。

したがって、一般には、k 個の説明変数があるとき、$BP = nR^2$ が自由度 k のカイ2乗分布に従うことを利用して検定するこれらの方法は BP テストと呼ばれます（図6.5）。

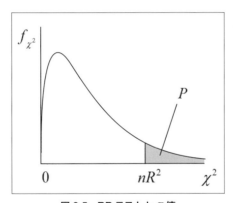

図6.5　BP テストと P 値

H$_0$：(均一分散) が正しいとき、標本によっては、誤差の大きさが説明変数の大きさに従って偏ることもあります。そこで、H$_0$ が正しいとしたときに標本から得られたその偏り方の程度を表す nR^2 が発生する確率を P 値として計算することになります。この P 値が有意水準より小さければ、H$_0$ は棄却され、不均一分散が存在することになります。

6.2.2　R のパッケージによる検定

本項では、例題を用いながら、R のパッケージを利用して BP 統計量による不均一分散の有無の仮説検定を行います。

R によって BP 統計量を計算するにあたっては、手続きが必要です。あらかじめ、`lmtest` というパッケージをインストールしておきます。そして、R

を起動した後、BP 統計量を計算する前に、その `lmtest` というパッケージ
の読み込みを行っておく必要があります（詳細な手順は付録 A（305、309 ペ
ージ）を参照してください）。

【例題 6.1】

$Y_i = \alpha + \beta X_i + u_i$ のモデルについて、$\sigma_i^2 = \delta_0 + \delta_1 X_i$ のような不均一分散
が存在するか否かを、図 6.6 のデータ（これは不均一分散ではなく均一分
散のデータ）について不均一分散の有無の検定を行います。

	A	B	C
1	i	X	Y
2	1	1	1
3	2	2	3
4	3	3	4
5	4	4	5
6	5	5	4
7	6	6	6
8	7	7	7
9	8	8	8
10	9	9	10
11	10	10	10

図 6.6 【例題 6.1】のデータ

これを k0601.csv に保存します。

R により、以下のコマンドを実行します。

```
data1 <- read.table("k0601.csv",header=TRUE, sep=",")
data1
plot(data1$X, data1$Y,xlab="X",ylab="Y",main="均一分散")
fm1 <- lm(Y ~ X, data=data1)
summary(fm1)
abline(fm1)
bptest(fm1)
```

3 行目の `plot` で散布図を描き、6 行目の `abline` で回帰式を加えるこ
とにより、図の上で不均一分散の有無の検討を行うことができます。

7 行目の `bptest(fm1)` により、4 行目の回帰分析の結果 `fm1` につい
ての BP 統計量とそれによる P 値を算出します。

6.2 不均一分散の検定 159

● 実行結果

```
> data1 <- read.table("k0601.csv",header=TRUE, sep=",")
> data1
    i  X  Y
1   1  1  1
2   2  2  3
3   3  3  4
4   4  4  5
5   5  5  4
6   6  6  6
7   7  7  7
8   8  8  8
9   9  9 10
10 10 10 10
> plot(data1$X, data1$Y,xlab="X",ylab="Y",main="均一分散")
> fm1 <- lm(Y ~ X, data=data1)
> summary(fm1)

Call:
lm(formula=Y ~ X, data=data1)

Residuals:
    Min     1Q  Median     3Q    Max
-1.3212 -0.2682 -0.1515  0.5833  0.8485

Coefficients:
            Estimate Std. Error t value Pr(>|t|)
(Intercept)  0.53333    0.48011   1.111    0.299
X            0.95758    0.07738  12.376 1.69e-06 ***
---
Signif. codes:  0 '***' 0.001 '**' 0.01 '*' 0.05 '.' 0.1 ' ' 1

Residual standard error: 0.7028 on 8 degrees of freedom
Multiple R-squared: 0.9504,    Adjusted R-squared: 0.9442
F-statistic: 153.2 on 1 and 8 DF,  p-value: 1.695e-06

> abline(fm1)
> bptest(fm1)

        studentized Breusch-Pagan test

data:  fm1
BP=0.1463, df=1, p-value=0.702
```

第6章 不均一分散

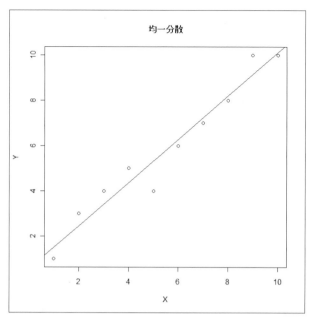

図 6.7 均一分散のグラフ

散布図より、誤差が不均一分散があるか否かは簡単には判断できないため、BP テストを試みます。

回帰式の推定結果をまとめると、次のようになります。

$$\hat{Y}_i = 0.53333 + 0.95758\, X_i$$
$$\quad\quad (1.111) \quad (12.376) \tag{6.13}$$
$$\quad\quad [0.299] \quad [0.000]$$

$R^2 = 0.9504,\ n = 10$。ただし、( ) 内は t 値、[ ] 内は P 値

この推定結果に基づいて BP 統計量を算出すると、$BP = 0.1463$ となり、0 に近い値であることがわかります。R では、次のように仮説を設定した場合の P 値 (p-value) が算出されます。

$\mathrm{H}_0: BP = 0$

$\mathrm{H}_1: BP > 0$

P 値は 0.702 となりますから、有意水準 10%でも帰無仮説 $BP = 0$ を棄却

することはできず、不均一分散ではなく均一分散であると結論することができます。

【例題 6.2】

$Y_i = \alpha + \beta X_i + u_i$ のモデルについて、$\sigma_i^2 = \delta_0 + \delta_1 X_i$ のような不均一分散が存在するか否かを図 6.8 のデータ（不均一分散のデータ）について不均一分散の有無の検定を行います。

	A	B	C
1	i	X	Y
2	1	1	1
3	2	1.5	2.5
4	3	2	2
5	4	2.5	3.5
6	5	3	3
7	6	4	6
8	7	6	8
9	8	7	5
10	9	9	10
11	10	10	6

図 6.8 【例題 6.2】のデータ

これを k0602.csv に保存します。

R により、以下のコマンドを実行します。

```
data1 <- read.table("k0602.csv",header=TRUE, sep=",")
data1
plot(data1$X, data1$Y,xlab="X",ylab="Y",main="不均一分散")
fm1 <- lm(Y ~ X, data=data1)
summary(fm1)
abline(fm1)
bptest(fm1)
```

● 実行結果

```
> data1 <- read.table("k0602.csv",header = TRUE, sep =",")
> data1
   i   X   Y
1  1 1.0 1.0
2  2 1.5 2.5
```

第 6 章　不均一分散

```
3   3   2.0   2.0
4   4   2.5   3.5
5   5   3.0   3.0
6   6   4.0   6.0
7   7   6.0   8.0
8   8   7.0   5.0
9   9   9.0  10.0
10 10 10.0   6.0
> plot(data1$X, data1$Y,xlab="X",ylab="Y",main="不均一分散")
> fm1 <- lm(Y ~ X, data = data1)
> summary(fm1)

Call:
lm(formula = Y ~ X, data = data1)

Residuals:
    Min      1Q  Median      3Q     Max
-2.6120 -1.0231 -0.2476  1.3813  2.2858

Coefficients:
            Estimate Std. Error t value Pr(>|t|)
(Intercept)   1.3676     0.9884   1.384  0.20386
X             0.7244     0.1791   4.044  0.00371 **
---
Signif. codes:  0 '***' 0.001 '**' 0.01 '*' 0.05 '.' 0.1 ' ' 1

Residual standard error: 1.726 on 8 degrees of freedom
Multiple R-squared:  0.6715,    Adjusted R-squared:  0.6305
F-statistic: 16.36 on 1 and 8 DF,  p-value: 0.003713

> abline(fm1)
> bptest(fm1)

        studentized Breusch-Pagan test

data:  fm1
BP = 7.4822, df = 1, p-value = 0.006231
```

　散布図（図 6.9）より、誤差に不均一分散があるように見えますが、確率を用いて判断するために BP テストを試みます。

　回帰式の推定結果をまとめると、次のようになります。

6.2 不均一分散の検定

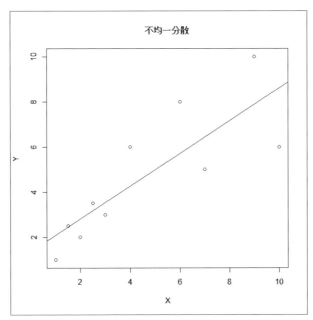

図 6.9 不均一分散のグラフ

$$\hat{Y}_i = \underset{(1.384)}{1.3676} + \underset{(4.044)}{0.7244} X_i \tag{6.14}$$
$$[0.20386] \quad [0.00371]$$

$R^2 = 0.6715, n = 10$。ただし、( ) 内は t 値、[ ] 内は P 値

この推定結果に基づいて BP 統計量を算出すると、$BP = 7.4822$ となり、大きい値であることがわかります。R では、次のように仮説を設定した場合の P 値（p-value）が算出されます。

H_0：$BP = 0$
H_1：$BP > 0$

P 値は 0.006231 となりますから、有意水準 1% でも帰無仮説 H_0：$BP = 0$ を棄却することができ、不均一分散であると結論することができます。
したがって、上記の回帰式の結果得られた回帰係数の標準誤差、t 値、P 値は正しい値ではない可能性があるため、推定のやり直しが必要になります。

164 第6章 不均一分散

6.3 不均一分散への対処

　前節【例題 6.2】のように不均一分散が存在する場合、いくつかの対処方法
が存在します。

　一つは、$Y_i = \alpha + \beta X_i + u_i$ のモデルについて、不均一分散の関係が存在す
ることを前提とした古典的最小2乗法に代わる方法を適用することです。これ
には、一般化最小2乗法を基本とした様々な方法があります。

　もう一つは、$Y_i = \alpha + \beta X_i + u_i$ のモデルを変形することによって、誤差項
を不均一分散の状態ではなく、均一分散の形にし、その式に対して古典的最小
2乗法を適用することです。この方法で常に不均一分散が是正できるわけでは
ありませんが、経済データの場合、均一分散化できる場合が多くあります。

　本節では、モデルの変形によって不均一分散に対処する方法について説明し
ます。

6.3.1　変数変換による対処1（対数化）......................

　次のモデルに $\sigma_i^2 = \delta_0 + \delta_1 X_i$ のような不均一分散が存在するとします。

$$Y_i = \alpha + \beta X_i + u_i \tag{6.15}$$

　説明変数 X が大きいほど被説明変数 Y も大きくなり、誤差 u_t も大きくなる
傾向がある場合が多くあります。このような場合、$X,\ Y$ それぞれをすべて対
数化することが考えられます（対数化できない場合は対数化できる変数につい
てのみ対数化します）。図 6.10 で示すように対数化することによって、大きな
値が相対的に大きく割り引かれることになるため、誤差の大きさもそれに伴っ
て割り引かれることになるのです。

　正の数でないと対数化できませんから、マイナスが混在する変数にはこの対
数化による方法は用いることはできません。

　また、誤差項の不均一分散のパターンから変換式を構築しているわけではな
いので対数化によって必ず均一分散になるわけではありません。しかしながら
不均一分散が発生するような状況では、変数の大小と誤差の大小が関連してい
ることが多いことから、この方法が用いられることが多くあります。

　また、経済データの特性に基づいて対数化を考えると、次のようにまとめら

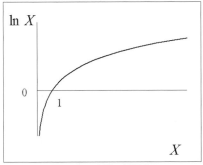

図 6.10 変数の対数化

れます。経済データについては毎年の変化は％，すなわち変化率で評価される場合が多くあります。そのため，値が小さいとき，変化量は小さくなりますが，値が大きいときは変化量も大きくなる傾向にあります。変化が％で評価されるのは，％ならば値が大きくても小さくても平等に評価できるためです。

ここで，対数の微分を考えると，$\frac{d \ln X}{dX} = \frac{1}{X}$ より，$d \ln X = \frac{dX}{X}$ となりますから，対数の尺度での差分は，元の尺度での増加率にあたることになります。したがって，次のように対数化した変数で回帰式（これを対数線形と呼びます）を考えれば，

$$\ln Y_i = \alpha + \beta \ln X_i + u_i$$

回帰係数 β は対数の尺度における X_i の変化に対する Y_i の変化の大きさを表すものになります。2点 $(X_1, Y_1), (X_2, Y_2)$ を考えれば，回帰係数 β は，

$$\beta = \frac{\ln Y_2 - \ln Y_1}{\ln X_2 - \ln X_1} = \frac{d \ln Y}{d \ln X} = \frac{\frac{dY}{Y}}{\frac{dX}{X}} \tag{6.16}$$

となり，弾力性（説明変数の 1％の変化が被説明変数の何％の変化をもたらすか）を表すことになります。一方，

$$Y_i = \alpha + \beta X_i + u_i \tag{6.17}$$

の式における回帰係数 β は弾力性ではなく，限界性向（説明変数の 1 単位の変化が被説明変数の何単位の変化をもたらすか）を表すことになります。

166 第6章 不均一分散

　経済分析において弾力性で影響を見ることが多いのは、変化が変化率の％で
とらえることが多いためです。対数化して関数を考えることによって、説明変
数から被説明変数に対する影響を弾力性が一定であるとしてとらえることによ
り、経済データの分析に適していることになります。
　経済分析の中で対数線形が多く見られるのは、経済データがこれらの特性を
有しているためでもあるのです。

【例題6.3】

　$Y_i = \alpha + \beta X_i + u_i$ のモデルについて、不均一分散が存在する場合、変数を対
数化することによって不均一分散の状態の解消を行います。【例題6.2】の
データについて、図6.11のように対数化した $\ln X$ と $\ln Y$ の列を計算します。

	A	B	C	D	E
1	i	X	Y	lnX	lnY
2	1	1	1	0	0
3	2	1.5	2.5	0.405465	0.916291
4	3	2	2	0.693147	0.693147
5	4	2.5	3.5	0.916291	1.252763
6	5	3	3	1.098612	1.098612
7	6	4	6	1.386294	1.791759
8	7	6	8	1.791759	2.079442
9	8	7	5	1.94591	1.609438
10	9	9	10	2.197225	2.302585
11	10	10	6	2.302585	1.791759

図6.11　【例題6.3】のデータ変換の計算結果

　これは、図6.12のようにセルD2に「=LN(B2)」式を入力し、それを他の
セルにコピーします。
　これをk0603.csvに保存します。
　Rにより、以下のコマンドを実行します。

```
data1 <- read.table("k0603.csv",header=TRUE, sep=",")
data1
plot(data1$lnX, data1$lnY,xlab="lnX",ylab="lnY",main="不均一分散の除去1")
fm2 <- lm(lnY ~ lnX, data=data1)
summary(fm2)
abline(fm2)
bptest(fm2)
```

6.3 不均一分散への対処 | 167

	D	E
1	lnX	lnY
2	=LN(B2)	=LN(C2)
3	=LN(B3)	=LN(C3)
4	=LN(B4)	=LN(C4)
5	=LN(B5)	=LN(C5)
6	=LN(B6)	=LN(C6)
7	=LN(B7)	=LN(C7)
8	=LN(B8)	=LN(C8)
9	=LN(B9)	=LN(C9)
10	=LN(B10)	=LN(C10)
11	=LN(B11)	=LN(C11)

図6.12 【例題6.3】のデータ変換の計算式

●実行結果

```
> data1 <- read.table("k0603.csv",header=TRUE, sep=",")
> data1
    i    X    Y       lnX        lnY
1   1  1.0  1.0 0.0000000 0.0000000
2   2  1.5  2.5 0.4054651 0.9162907
3   3  2.0  2.0 0.6931472 0.6931472
4   4  2.5  3.5 0.9162907 1.2527630
5   5  3.0  3.0 1.0986123 1.0986123
6   6  4.0  6.0 1.3862944 1.7917595
7   7  6.0  8.0 1.7917595 2.0794415
8   8  7.0  5.0 1.9459101 1.6094379
9   9  9.0 10.0 2.1972246 2.3025851
10 10 10.0  6.0 2.3025851 1.7917595
> plot(data1$lnX, data1$lnY,xlab="lnX",ylab="lnY",main="不均一分散の除去1")
> fm2 <- lm(lnY ~ lnX, data=data1)
> summary(fm2)

Call:
lm(formula=lnY ~ lnX, data=data1)

Residuals:
    Min      1Q   Median      3Q      Max
-0.39976 -0.26559  0.03897  0.25161  0.34650

Coefficients:
            Estimate Std. Error t value Pr(>|t|)
(Intercept)   0.3162     0.1926   1.642 0.139244
lnX           0.8144     0.1306   6.235 0.000250 ***
---
```

```
Signif. codes:  0 '***' 0.001 '**' 0.01 '*' 0.05 '.' 0.1 ' ' 1

Residual standard error: 0.3068 on 8 degrees of freedom
Multiple R-squared: 0.8293,    Adjusted R-squared: 0.808
F-statistic: 38.88 on 1 and 8 DF,  p-value: 0.0002497

> abline(fm2)
> bptest(fm2)

        studentized Breusch-Pagan test

data:  fm2
BP=0.8376, df=1, p-value=0.3601
```

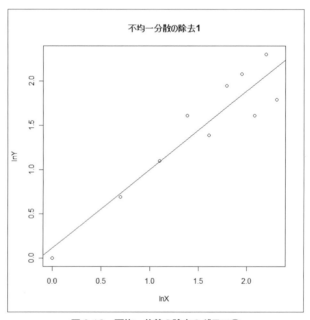

図6.13　不均一分差の除去のグラフ①

回帰式の推定結果をまとめると、次のようになります。

$$\ln \hat{Y}_i = \underset{(1.642)}{0.3162} + \underset{(6.235)}{0.8144} \ln X_i \qquad (6.18)$$
$$\phantom{\ln \hat{Y}_i = \ }[0.139244]\ \ [0.00025]$$

$R^2 = 0.8293$, $n = 10$。ただし、( )内はt値、[ ]内はP値

この推定結果に基づいて BP 統計量を算出すると、$BP = 0.8376$ となり、0 に近い値であることがわかります。R では、次のように仮説を設定した場合の P 値（p-value）が算出されます。

H_0：$BP = 0$
H_1：$BP > 0$

P 値は 0.3601 となりますから、有意水準 10% でも帰無仮説 $BP = 0$ を棄却することができず、不均一分散ではなく、均一分散に従うと結論することができます。この例では、対数化によって不均一分散の状態から均一分散の状態に変えることができたことになります。

ただし、この式における回帰係数 β は弾力性を表しており、その大きさ自体を【例題 6.1】、【例題 6.2】の回帰係数 β と直接比較する際には注意が必要です。

6.3.2　変数変換による対処 2（比率）．．．．．．．．．．．．．．．．．．．．．

前項に引き続き、次のモデルに $\sigma_i^2 = \delta_0 + \delta_1 X_i$ のような不均一分散が存在するとします。

$$Y_i = \alpha + \beta X_i + u_i \tag{6.19}$$

説明変数 X が大きいほど被説明変数 Y も大きくなり、誤差 u_i も大きくなる傾向がある場合が多くあります。このような場合、X, Y それぞれをすべてある変数 Z を基準とし、その値で割ることが考えられます（変数によってはこれに意味がない場合もあります。そのようなときは意味のある変数についてのみ変換します）。

変数 Z として、どのような変数が適しているかは、分析対象によって異なるため、分析しようとする現象によってある程度、データの背景に関する知識が必要です。

例えば、国のデータによるクロスセクションデータを用いて分析を行う場合は、変数が国の規模を反映することが多く、その大小に大きな違いが発生してしまいます。このようなときは、国の規模を表す変数、例えば人口、面積などが変数 Z の候補になります。変数を 1 人当たりの尺度などでとらえることによって変数に極端な大小がなくなり、不均一分散の状態を解消させることがで

第6章 不均一分散

きる場合があります。ただし、1人当たりの尺度でも発展水準の程度によって
変数の大きさが大きく異なる場合もあります。

また、例えば、企業をデータとしたクロスセクションデータを用いて分析を
行う場合は、変数が企業の規模を反映することが多く、その大小に大きな違い
が発生してしまいます。このようなときは、企業の規模を表す変数、例えば労
働者数、資本金などが変数 Z の候補になります。

【例題6.4】

ここでは、$Y_i = \alpha + \beta X_i + u_i$ のモデルについて、不均一分散が存在する
場合、第3の変数を基準とした比率に変換することによって不均一分散
の状態の解消を行います。【例題6.2】のデータについて、図6.14のよう
に Z を基準として変換した XZ と YZ の列を計算します（XZ は X/Z を、YZ
は Y/Z を表しています）。

	A	B	C	D	E	F
1	i	X	Y	Z	XZ	YZ
2	1	1	1	0.8	1.25	1.25
3	2	1.5	2.5	1.5	1	1.666667
4	3	2	2	2.5	0.8	0.8
5	4	2.5	3.5	4	0.625	0.875
6	5	3	3	3	1	1
7	6	4	6	3.5	1.142857	1.714286
8	7	6	8	4	1.5	2
9	8	7	5	7.5	0.933333	0.666667
10	9	9	10	9	1	1.111111
11	10	10	6	12	0.833333	0.5

図6.14 【例題6.4】のデータ変換の計算結果

これは、図6.15のようにセル E2 に「=B2/D2」の式を、セル F2 に「=C2/
D2」の式を入力し、それらを他の行にコピーします。

6.3 不均一分散への対処　171

◢	E	F
1	XZ	YZ
2	=B2/D2	=C2/D2
3	=B3/D3	=C3/D3
4	=B4/D4	=C4/D4
5	=B5/D5	=C5/D5
6	=B6/D6	=C6/D6
7	=B7/D7	=C7/D7
8	=B8/D8	=C8/D8
9	=B9/D9	=C9/D9
10	=B10/D10	=C10/D10
11	=B11/D11	=C11/D11

図 6.15 【例題 6.4】のデータ変換の計算式

これを k0604.csv に保存します。

R により、以下のコマンドを実行します。

```
data1 <- read.table("k0604.csv",header=TRUE, sep=",")
data1
plot(data1$XZ, data1$YZ,xlab="X/Z",ylab="Y/Z",main="不均一分散の除去2")
fm3 <- lm(YZ ~ XZ, data=data1)
summary(fm3)
abline(fm3)
bptest(fm3)
```

●実行結果

```
> data1
    i    X    Y    Z        XZ        YZ
1   1  1.0  1.0  0.8 1.2500000 1.2500000
2   2  1.5  2.5  1.5 1.0000000 1.6666667
3   3  2.0  2.0  2.5 0.8000000 0.8000000
4   4  2.5  3.5  4.0 0.6250000 0.8750000
5   5  3.0  3.0  3.0 1.0000000 1.0000000
6   6  4.0  6.0  3.5 1.1428571 1.7142857
7   7  6.0  8.0  4.0 1.5000000 2.0000000
8   8  7.0  5.0  7.5 0.9333333 0.6666667
9   9  9.0 10.0  9.0 1.0000000 1.1111111
10 10 10.0  6.0 12.0 0.8333333 0.5000000
> plot(data1$XZ, data1$YZ,xlab="X/Z",ylab="Y/Z",main="不均一分散の除去2")
> fm3 <- lm(YZ ~ XZ, data=data1)
> summary(fm3)
```

172 第6章 不均一分散

```
Call:
lm(formula=YZ ~ XZ, data=data1)

Residuals:
    Min      1Q   Median      3Q     Max
-0.38733 -0.24799 -0.03496  0.25279  0.52138

Coefficients:
            Estimate Std. Error t value Pr(>|t|)
(Intercept)  -0.4025     0.4676  -0.861    0.414
XZ            1.5477     0.4517   3.426    0.009 **
---
Signif. codes:  0 '***' 0.001 '**' 0.01 '*' 0.05 '.' 0.1 ' ' 1

Residual standard error: 0.3335 on 8 degrees of freedom
Multiple R-squared: 0.5947,    Adjusted R-squared: 0.5441
F-statistic: 11.74 on 1 and 8 DF,  p-value: 0.009004

> abline(fm3)
> bptest(fm3)

        studentized Breusch-Pagan test

data:  fm3
BP=0.3859, df=1, p-value=0.5345
```

回帰式の推定結果をまとめると、次のようになります。

$$\left(\frac{\hat{Y}_i}{Z_i}\right) = -0.425 + 1.5477\left(\frac{X_i}{Z_i}\right)$$

$$(-0.861)\ (3.426)$$

$$[0.414]\quad [0.009]$$

(6.20)

$R^2 = 0.5947$, $n = 10$。ただし、( ) 内は t 値、[ ] 内は P 値

この推定結果に基づいて BP 統計量を算出すると、$BP = 0.3859$ となり、0 に近い値であることがわかります。R では、次のように仮説を設定した場合の P 値（p-value）が算出されます。

$$\mathrm{H}_0 : BP = 0$$

$$\mathrm{H}_1 : BP > 0$$

P 値は 0.5345 となりますから、有意水準 10%でも帰無仮説 $BP = 0$ を棄

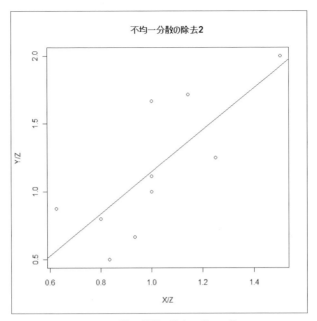

図 6.16 不均一分散の除去のグラフ②

却することができず、不均一分散ではなく、均一分散に従うと結論することができます。この例では、比率にすることによって不均一分散の状態から均一分散の状態に変えることができたことになります。

ただし、この式における回帰係数 β は変数 Z によって基準化されているので、その大きさ自体を【例題 6.1】、【例題 6.2】の回帰係数 β と直接比較する際には注意が必要です。

6.3.3　一般化最小 2 乗法による推定

変数変換を行っても不均一分散の状態から均一分散の状態に変えることができない場合もあります。その場合、推定法の変更によって対処する方法があります。不均一分散の状態にあるとき、その推定法には様々な方法がありますが、R では、一般化最小 2 乗法によって推定することができます（一般化最小 2 乗法については第 5 章 5.3.3 項を参照してください）。

R では gls コマンドによって一般化最小 2 乗法を用いることができますが、そのためには、あらかじめ nlme というパッケージをインストールして読み

174　第6章　不均一分散

込んでおく必要があります（詳細な手順は付録 A（305、309 ページ）を参照
してください）。

【例題6.5】

$Y_i = \alpha + \beta X_i + u_i$ のモデルについて、不均一分散 $u_i^2 = Y_i^\gamma + \varepsilon_i$ の関係（誤
差 u_i^2 の大きさが被説明変数 Y_i の大きさに影響を受けている状態）が存
在する場合、一般化最小 2 乗法によって不均一分散の関係を前提とした
推定を行います。

【例題5.2】のデータについて、以下のコマンドを実行します。

```
data1 <- read.table("k0602.csv",header = TRUE, sep =",")
data1
fm4 <- gls(Y ~ X, weights = varPower(), data = data1)
summary(fm4)
```

3 行目によって一般化最小 2 乗法を行っています。コマンド gls の用い
方は基本的にはコマンド lm とほぼ同じです。3 行目を簡単に説明すると、
次のようになります。

fm4：回帰分析の結果に名前をつけます。
<- gls：カッコ内で指定したデータ、数式、条件に従って一般化最小 2
乗法を実行します。
Y ~ X：$Y = \alpha + \beta X$ という特定化を行います。
weights = varPower()：誤差に $u_i^2 = Y_i^\gamma + \varepsilon_i$ の不均一分散のパター
ンがあることを前提とすることを表しています。
data = data1：data1 と名前をつけたデータセットを用います。

Excesl ファイルの中に NA（欠損値）のセルがあるとエラーとなります。
また、gls コマンドによる推定の結果については、bptest コマンドで
BP 統計量を計算することはできません。それは、すでに不均一分散の状
態にあることを前提として推定を行っているため、不均一分散の状態の有
無の検定が意味をもたないためです。さらに、不均一分散の状態を前提と
するとき、古典的最小 2 乗法から得られる誤差の数値が大きい場合、R 上
での解の確定条件を満たさずエラーが出る場合があります。そのときは、

条件に変更を加え、例えば、

```
fm <- gls(Y ~ X, weights = varPower(),
    control = glsControl(tolerance = 1e-04), data = data1)
```

のように control で指定する tolerance の値を変更すると解が求ま
る可能性が高まります。

● 実行結果

```
> data1 <- read.table("k0602.csv",header = TRUE, sep =",")
> data1
    i   X    Y
1   1  1.0  1.0
2   2  1.5  2.5
3   3  2.0  2.0
4   4  2.5  3.5
5   5  3.0  3.0
6   6  4.0  6.0
7   7  6.0  8.0
8   8  7.0  5.0
9   9  9.0 10.0
10 10 10.0  6.0
> fm4 <- gls(Y ~ X, weights = varPower(), data = data1)
> summary(fm4)
Generalized least squares fit by REML
  Model: Y ~ X
  Data: data1
       AIC      BIC    logLik
  41.16317 41.48093 -16.58158

Variance function:
 Structure: Power of variance covariate
 Formula: ~fitted(.)
 Parameter estimates:
   power
1.049787

Coefficients:
               Value Std.Error  t-value p-value
(Intercept) 0.3759219 0.4295780 0.875096  0.4070
X           0.9982710 0.1821293 5.481111  0.0006

 Correlation:
  (Intr)
X -0.799
```

176 第6章 不均一分散

```
Standardized residuals:
        Min          Q1         Med          Q3          Max
-1.30690223 -0.83260929 -0.07396609  0.79393261  1.21040613

Residual standard error: 0.2865868
Degrees of freedom: 10 total; 8 residual
```

推定結果から、古典的最小2乗法によって推定された誤差 e_i に基づく誤差の不均一分散の状態を表す式

$$e_i^2 = Y_i^\gamma + v_i$$

の γ の推定値は、推定結果の Parameter estimate(s): power から

1.049787

であることがわかります。また、gls コマンドでは決定係数は計算されないため、式の説明力の評価には、標準誤差 Residual standard error を用います。

回帰式の推定結果をまとめると、次のようになります。

$$\hat{Y}_i = 0.3759 + 0.9983\ X_i$$
$$(0.8751)\quad (5.4811)$$
$$[0.4070]\quad [0.0006]$$
$$e_i^2 = Y_i^{1.0498} + v_i$$
$$s = 0.2866,\ n = 10$$

ただし、( ) 内は t 値、[ ] 内は P 値、s は標準誤差

(6.21)

γ の推定値は 1.0498 であり、この不均一分散の状態を前提として推定を行うと、β の推定値の P 値は 0.0006 と小さく、極めて有意であることがわかります。

6.4 同じことを Excel でやると

【例題 6.2】について Excel を用いて BP テストを行う方法を紹介します。【例題 6.2】のデータについて分析ツールを用いて回帰分析を行う際に、残差を同時に計算させ（図 6.17）、同じシート上に結果を表示させます（図 6.18）。

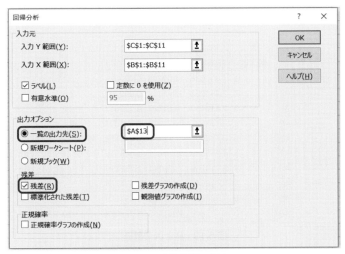

図 6.17　回帰分析の設定

図 6.18　回帰分析の結果

概要の標準誤差 $\hat{\sigma}$ と残差出力中の残差 e_i の結果から、

$$p_i = \theta_0 + \theta_1 X_i + v_i \tag{6.22}$$

の被説明変数である、

$$p_i = \frac{e_i^2}{\hat{\sigma}^2} \tag{6.23}$$

を計算します（図 6.19）。

	A	B	C	D	E
36	観測値	予測値: Y	残差	P	X
37	1	2.092034	-1.09203	0.400088	1
38	2	2.454252	0.045748	0.000702	1.5
39	3	2.816469	-0.81647	0.223647	2
40	4	3.178687	0.321313	0.034637	2.5
41	5	3.540904	-0.5409	0.098158	3
42	6	4.265339	1.734661	1.009514	4
43	7	5.714209	2.285791	1.752896	6
44	8	6.438644	-1.43864	0.694368	7
45	9	7.887513	2.112487	1.497169	9
46	10	8.611948	-2.61195	2.288823	10

図 6.19　PとXの計算

　これは、図 6.20 のようにセル D37 に「=C37^2/B$19^2」の式を、セル E37 に「=B2」の式を入力し、それを他の行にコピーします。「^」はべき乗を表し、「$」は、コピーの際にセルを固定することを表しています。

	D	E
36	P	X
37	=C37^2/B$19^2	=B2
38	=C38^2/B$19^2	=B3
39	=C39^2/B$19^2	=B4
40	=C40^2/B$19^2	=B5
41	=C41^2/B$19^2	=B6
42	=C42^2/B$19^2	=B7
43	=C43^2/B$19^2	=B8
44	=C44^2/B$19^2	=B9
45	=C45^2/B$19^2	=B10
46	=C46^2/B$19^2	=B11

図 6.20　PとXの計算式

このデータを用いて、分析ツールによって $p_i = \theta_0 + \theta_1 X_i + v_i$ を推定します（図 6.21、6.22）。

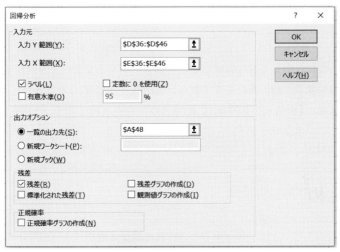

図 6.21 回帰分析の設定

	A	B
48	概要	
49		
50	回帰統計	
51	重相関 R	0.864998
52	重決定 R2	0.748221
53	補正 R2	0.716748
54	標準誤差	0.430002
55	観測数	10

図 6.22 回帰分析の結果：回帰統計

この概要の中の重決定 R^2 と観測数 n の値を用いて、

$$BP = 7.482207 \tag{6.24}$$

これは、自由度 1 のカイ 2 乗分布に従いますから、帰無仮説を採択する確率である P 値は、図 6.23 のように求めることができます。

	A	B
83	nR2	7.482207
84	P値	0.006231

	A	B
83	nR2	=B52*B55
84	P値	=CHISQ.DIST.RT(B83,1)

図 6.23　P 値

　ここで、CHISQ.DIST.RT 関数は、カイ 2 乗分布に従う値 B83 について、その自由度に対応して右片側確率を求めることができます。この分析では、自由度は説明変数の数にあたりますから、自由度は「1」になります。

　この結果、【例題 6.2】において R で求めたものと同じ P 値 = 0.006231 が得られたことが確認できます。

まとめ

　誤差項に不均一分散が存在すると、古典的最小 2 乗法による回帰係数の標準誤差の推定値は正しく推定されない可能性があり、また、係数の推定は外れ値に弱くなってしまいます。

　そのため、不均一分散の有無についての検定を行い、不均一分散がある場合にはそれに対応した推定を行わなければなりません。

　R では、図 6.24 に示すように、あらかじめパッケージ lmtest をインストールしておき、不均一分散の有無を検定する統計量である BP 統計量を計算する前に lmtest を読み込んでおきます。BP 統計量を用いて不均一分散の有無を検定し、不均一分散ではなく均一分散であると結論されれば回帰係数の有意性の検定に進み、不均一分散であると結論されれば推定方法の変更をする必要があります。

　不均一分散が存在する場合の推定方法には様々なものがありますが、最も容易な対応としては、変数を対数化して変換し推定をしなおす方法と、何らかの変数を用いて基準化する方法があります。これは、このような変換を行うことによって誤差項の不均一分散の状況を解消し、古典的最小 2 乗法を適用できる可能性があるためです。また、R では、パッケージ nlme をインストールすることによって一般化最小 2 乗法を用いて、不均一分散の状態を前提とした推定を行うこともできます。様々な不均一分散への対応にはさらなる勉強が必要です。

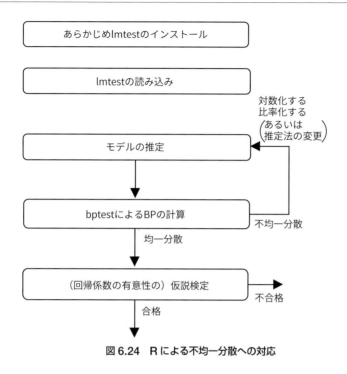

図 6.24　R による不均一分散への対応

練習問題

【問題 6.1】

クロスセクションデータを用いて回帰分析を行う場合、一般に求める統計量は何という統計量でしょうか。その統計量の特徴を述べてください。また、R においてその統計量を求めるにはある手続きが必要です。どのような手続きが必要か、その概要を説明してください。

【問題 6.2】

クロスセクションデータなどを用いて古典的最小 2 乗法で推定を行った結果、誤差が不均一分散の状態にあると判断されたとき、変数変換を行って再推定を行うことがあります。その変数変換として代表的な 2 種類の変換について説明してください。

【問題 6.3】

クロスセクションデータなどを用いて古典的最小2乗法で推定を行った結果、誤差に不均一分散の状態が発生していると判断されたとき、一般化最小2乗法を用いて再推定を行うことがあります。この一般化最小2乗法の推定の考え方と、R においてそれを用いるときに必要な手続きについて説明してください。

【問題 6.4】

内閣府は『経済財政白書 2012』(p.109) の中で、次の図を用いて、「我が国の対外投資残高は企業のグローバルな事業展開を反映したものであり、今や75 兆円弱まで増加している。…また、直接投資残高の残高が多い（少ない）相手先の所得水準は高い（低い）という一般的な関係は、直接投資の累積と受入国の資本蓄積が同時に進んでいることも意味する。」と述べています。

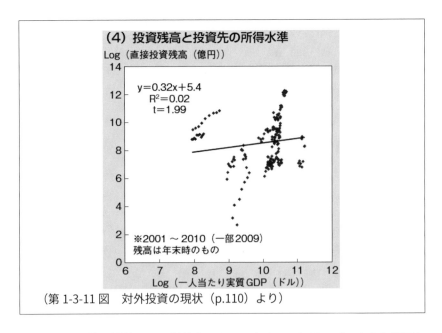

（第 1-3-11 図　対外投資の現状 (p.110) より）

図では、横軸、縦軸ともに対数化されています。これは、どのような問題を解決するために対数化されていると考えられますか。説明してください。

【問題 6.5】

内閣府は『経済財政白書 2010』（p.152）の中で、「平均消費性向を変化させる要因としては、①所得が変動しても生活水準を一定に保とうとする効果（慣性効果）、②消費性向の高い高年齢層の増加（高齢化効果）、③金融資産変動の影響（資産効果）などを挙げることができる。そこで、平均消費性向の動きを所得要因（実質可処分所得の逆数。慣性効果を表す）、高齢化要因（60 歳以上の人口比率）及び金融資産要因（金融純資産／可処分所得）で説明する関係式（誤差修正モデル）を推計した。」として、次のような分析を行っています。

(1) 長期均衡関係式

$$\frac{C_t}{Y_t} = 22.2 + 2.94 \, \frac{1000000}{Y_t} + 0.88 \, \frac{Z_t}{Y_t} + 0.87 \, A_t$$
$$\quad\;\; (3.83) \quad (7.16) \qquad\quad (4.78) \qquad (5.85)$$

ただし、C：実質消費、Y：実質可処分所得、Z：実質純資産、A：60 歳以上人口比。( ) 内は t 値、[ ] 内は P 値、s は標準誤差

推計期間：90 年第 1 四半期〜 2009 年第 1 四半期　　( ) 内は t 値

（付注 2-1　誤差修正モデルによる平均消費性向分析（p.430）より）

このように共通の変数（可処分所得）で割った変数を用いて推定を行うのは、一般に推定にあたって、ある状態が生じてしまうためと考えられます。その状態について説明してください。また、この分析の前に行ったであろう検定について、どのような統計量を用いたと考えられるでしょうか、説明してください。

【問題 6.6】

厚生労働省は『労働経済白書 2015』（p.196）の中で、「…付加価値の面でも就業構造の面でも、各都道府県で「サービス産業」の比重が増しており、今日の都道府県経済を考える上では、「サービス産業」の労働生産性の動向は重要といえるであろう。そこで、次の図により、サービス業の労働生産性と人口密度の関係をみると、正の相関関係が存在することが確認できる。すなわち、人口密度が高い地域ほど、「サービス産業」の労働生産性が高いことから、人口密度は各都道府県の経済にとって重要な要因であると推察される。」と説明しています。

第 6 章　不均一分散

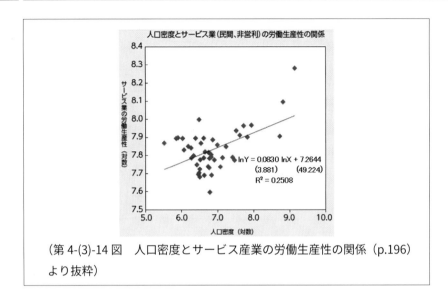

(第 4-(3)-14 図　人口密度とサービス産業の労働生産性の関係（p.196）より抜粋）

① この図を作成するにあたって、次のような Excel ファイルを利用して回帰分析が行われていると考えられます（ここで、Y はサービス業の労働生産性、X は人口密度を表しています）。R による回帰分析の結果には、誤差項が持つべき性質が満たされているかどうかに関する検定の 1 つが行われています。検定した仮説、R でその検定を行うにあたって必要となる手続き、得られた結論（有意水準は 10％としてください）を R の結果を利用して説明してください。

	A	B	C
1	i	X	Y
2	1	245	2697
3	2	446	2441
:	:	:	:
48	47	1212	2208

● R による推定結果

```
> data1 <- read.table("k0602a.csv",header = TRUE, sep =",")
> fm1 <- lm(Y ~ X, data = data1)
> summary(fm1)

Coefficients:
```

```
                    Estimate Std. Error t value Pr(>|t|)
(Intercept) 2.346e+03  4.484e+01   52.33  < 2e-16 ***
X           1.461e-01  2.099e-02    6.96 1.17e-08 ***

Residual standard error: 237.3 on 45 degrees of freedom
Multiple R-squared:  0.5184,    Adjusted R-squared:  0.5077
F-statistic: 48.44 on 1 and 45 DF,  p-value: 1.169e-08

> bptest(fm1)
        studentized Breusch-Pagan test
data:  fm1
BP = 2.7675, df = 1, p-value = 0.0962
```

②以下の R による推定結果は、①の結果に基づいて行われたものです。その際に Excel ファイルにどのような変更を加えたと考えられるか（Excel シートのイメージを示しながら）説明し、①で問題となったことがどのように改善されたかを説明してください。

```
> data1 <- read.table("k0602b.csv",header = TRUE, sep =",")
> fm2 <- lm(lnY ~ lnX, data = data1)
> summary(fm2)

Coefficients:
            Estimate Std. Error t value Pr(>|t|)
(Intercept)  7.26443    0.14758  49.224  < 2e-16 ***
lnX          0.08301    0.02139   3.881 0.000337 ***

Residual standard error: 0.1068 on 45 degrees of freedom
Multiple R-squared:  0.2508,    Adjusted R-squared:  0.2342
F-statistic: 15.07 on 1 and 45 DF,  p-value: 0.0003366

> bptest(fm2)
        studentized Breusch-Pagan test
data:  fm2
BP = 0.91915, df = 1, p-value = 0.3377
```

【演習 6.1】

　消費者を対象にする企業にとって広告宣伝活動は重要です。そこで広告宣伝費の売上高への影響について考えます。次は日本の代表的な百貨店の売上高およびその大きさを説明するであろう広告宣伝費、および従業員数のデータです。

186 第6章 不均一分散

	企業名	S	A	L
1	三越	446283	12411	12124
2	東急百貨店	339554	5989	4351
3	高島屋	923601	24821	7518
4	大丸	837032	23338	6201
5	大丸松坂屋百貨店	343936	8983	4004
6	松屋	86337	1150	857
7	伊勢丹	785839	14088	9394
8	横浜松坂屋	14759	289	154
9	阪神百貨店	116136	2051	1356
10	エイチ・ツー・オー　リテイリング	901221	15409	8528
11	そごう	157174	1975	2208
12	近鉄百貨店	266477	5909	2362
13	丸栄	18612	294	193
14	岩田屋三越	99315	2177	949
15	さいか屋	21060	450	216
16	井筒屋	79649	1116	1060
17	名鉄百貨店	104652	2233	1202
18	三越伊勢丹	773964	21408	9195
19	松坂屋ホールディングス	336673	8838	3888
20	J. フロント　リテイリング	1108512	26544	6871
21	三越伊勢丹ホールディングス	1253457	21659	12382

ただし、S：売上高・営業収益（単位：100 万円）、A：広告・宣伝費（単位：100 万円）、L：従業員数（単位：人）（「日経 NEEDS」より）

① $S_i = \alpha + \beta A_i + u_i$ を考えるとき、不均一分散が存在するか否かを有意水準5％で検定してください。

②不均一分散がある場合、変数を対数化することによって推定をしなおしてください。

③不均一分散がある場合、従業員数1人当たりに変数を変換することによって推定をしなおしてください。

④不均一分散がある場合、一般化最小2乗法によって推定をしなおしてください。

【演習 6.2】

ある国の輸出は、世界の経済規模の影響を受けると考えられます。そこで、日本の輸出が世界の GDP 合計によって説明される次の輸出関数について考え

ます。

$$E_i = \alpha + \beta Y_i + u_i$$

ただし、E：輸出、Y：世界の GDP 合計

Year	Y	E	Z
1990	37.9	30.8	411.1
1991	38.4	32.4	424.7
1992	39.1	33.8	428.2
1993	39.8	33.9	428.9
1994	41.0	35.2	432.6h
1995	42.2	36.7	444.5
1996	43.6	38.5	458.3
1997	45.2	42.7	463.2
1998	46.4	41.7	458.0
1999	47.9	42.5	456.8
2000	50.0	47.9	469.5
2001	51.0	44.7	471.4
2002	52.1	48.2	472.0
2003	53.6	52.8	479.2

Year	Y	E	Z
2004	56.0	60.3	489.8
2005	58.1	64.6	497.9
2006	60.6	71.3	505.0
2007	63.2	77.5	513.3
2008	64.3	78.7	507.7
2009	63.2	60.2	480.2
2010	66.0	75.2	500.4
2011	68.1	75.1	499.8
2012	69.7	75.0	507.2
2013	71.6	75.6	517.4
2014	73.6	82.6	519.3
2015	75.7	85.0	526.4
2016	77.6	86.1	531.3

ただし、Y：世界の GDP 合計（実質：2010 年価格、兆ドル）、E：日本の輸出（実質：2010 年価格、兆円）、Z：日本の GDP（実質：2010 年価格、兆円）
（出所）The World Bank, *Data Bank*.

① ここで、$E_i = \alpha + \beta Y_i + u_i$ の関係を考えるとき、不均一分散が存在するか否かを有意水準 5% で検定してください。

② 不均一分散がある場合、変数を対数化することによって推定をしなおしてください。

③ 不均一分散がある場合、日本の GDP に対する比率に変数を変換することによって推定をしなおしてください。

④ 不均一分散がある場合、一般化最小 2 乗法によって推定をしなおしてください。

第7章
重回帰分析

　本章では説明変数が2つ以上の重回帰分析について学びます。経済現象は複雑なため、誤差をなくし完璧な回帰式を推定しようとすると経済分析では無限に説明変数が必要になってきます。そのときにどのように変数を選択するのか、統計学的な考え方についても説明します。

7.1 重回帰分析

第3章において以下のような単純回帰モデルを考えました。

$$Y_i = \alpha + \beta X_i + u_i \quad i = 1, 2, \cdots, n \tag{7.1}$$

ここで、左辺の Y は**被説明変数**、右辺の X は**説明変数**、u は**誤差項**、α, β は**回帰係数**であり、Y と X のデータを集めると図7.1 を描くことができます。

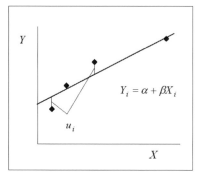

図 7.1 単純回帰モデル

図からわかるように、必ず誤差が生じますが、説明変数を追加することによって、この誤差を小さくしていくことが考えられます。すなわち、X の他に説明変数を追加することによって誤差を小さくし、回帰式の説明力を増やしていきます。例えば、説明変数として Z、その係数として γ を追加します。

$$Y_i = \alpha + \beta X_i + \gamma Z_i + u_i \quad i = 1, 2, \cdots, n \tag{7.2}$$

このように説明変数が2つ以上のモデルを**重回帰モデル**（multiple regression model）と呼びます。

7.1.1 回帰係数の推定

表7.1 のデータを用いて、(7.2)式の α, β, γ を最小2乗法によって推定します。
説明変数が2つ以上になっても、最小2乗法の本質は変わりません。(7.2)式では、説明変数が2つになったため、図で表すと3次元になり、その図の上

表7.1 重回帰分析

標本番号	Y	X	Z
1	Y_1	X_1	Z_1
2	Y_2	X_2	Z_2
:	:	:	:
n	Y_n	X_n	Z_n

で誤差を表現するのは困難です。説明変数が2つの (7.2) 式は3次元空間の平面を回帰式とし、そこから垂直方向に誤差を測ることになります（また、説明変数が3つ以上になると、もはや図示することはできません）。

ここで、回帰分析の結果、$\alpha,\ \beta,\ \gamma$ の推定値 $\hat{\alpha}, \hat{\beta}, \hat{\gamma}$ が得られたとすると、次のように平面の式を表すことができます。

$$\hat{Y}_i = \hat{\alpha} + \hat{\beta}X_i + \hat{\gamma}Z_i \quad i = 1,2,\cdots,n \tag{7.3}$$

この $\hat{Y}_i$ は**理論値**であり、**実績値** Y_i との差が残差 e_i にあたります。

$$e_i = Y_i - \hat{Y}_i \quad i = 1,2,\cdots,n \tag{7.4}$$

重回帰分析における最小2乗法も、この e_i の2乗の合計を最小とするような $\hat{\alpha}, \hat{\beta}, \hat{\gamma}$ を求めることになりますから、単純回帰分析と比べても基本的な構造に違いはありません。

したがって、OLS は、次の e_i の2乗の合計を最小にする $\hat{\alpha}, \hat{\beta}, \hat{\gamma}$ を求めるという最小化問題を解くことになります。

$$\begin{aligned}
\Sigma e_i^2 &= \Sigma(Y_i - \hat{Y}_i)^2 \\
&= \Sigma(Y_i - \hat{\alpha} - \hat{\beta}X_i - \hat{\gamma}Z_i)^2
\end{aligned} \tag{7.5}$$

そこで、(7.5) 式に関して、$\hat{\alpha}, \hat{\beta}, \hat{\gamma}$ のそれぞれについて偏微分し 0 とおくことによって、一階の条件を導きます。

$$\begin{cases}
\dfrac{\partial \Sigma e_i^2}{\partial \hat{\alpha}} = -2\Sigma(Y_i - \hat{\alpha} - \hat{\beta}X_i - \hat{\gamma}Z_i) = 0 \\[3mm]
\dfrac{\partial \Sigma e_i^2}{\partial \hat{\beta}} = -2\Sigma(Y_i - \hat{\alpha} - \hat{\beta}X_i - \hat{\gamma}Z_i)X_i = 0 \\[3mm]
\dfrac{\partial \Sigma e_i^2}{\partial \hat{\gamma}} = -2\Sigma(Y_i - \hat{\alpha} - \hat{\beta}X_i - \hat{\gamma}Z_i)Z_i = 0
\end{cases} \tag{7.6}$$

この正規方程式を連立方程式として $\hat{\alpha}, \hat{\beta}, \hat{\gamma}$ について解くことにより推定式を導くことができます。

しかしながら、回帰モデルの説明変数の数が増えるに従って、連立方程式の本数が増加し、推定式を導くのが煩雑になってしまいます。そこで、行列を利用して回帰係数の推定式を解くことによって、説明変数がいくつであっても簡単に展開ができるようになります。

次のような行列を定義します。

$$
Y = \begin{pmatrix} Y_1 \\ Y_2 \\ \vdots \\ Y_n \end{pmatrix}, X = \begin{pmatrix} 1 & X_1 & Z_1 \\ 1 & X_2 & Z_2 \\ \vdots & \vdots & \vdots \\ 1 & X_n & Z_n \end{pmatrix}, B = \begin{pmatrix} \alpha \\ \beta \\ \gamma \end{pmatrix}, U = \begin{pmatrix} u_1 \\ u_2 \\ \vdots \\ u_n \end{pmatrix} \tag{7.7}
$$

これらを用いると、回帰モデル

$$
\begin{cases} Y_1 = \alpha + \beta X_1 + \gamma Z_1 + u_1 \\ Y_2 = \alpha + \beta X_2 + \gamma Z_2 + u_2 \\ \qquad\qquad \vdots \\ Y_n = \alpha + \beta X_n + \gamma Z_n + u_n \end{cases} \tag{7.8}
$$

は、

$$
Y = XB + U \tag{7.9}
$$

として表すことができます。

そして、求める回帰係数の推定値を、

$$
\hat{B} = \begin{pmatrix} \hat{\alpha} \\ \hat{\beta} \\ \hat{\gamma} \end{pmatrix} \tag{7.10}
$$

とおくと、被説明変数の理論値は、

$$
\hat{Y} = X\hat{B} \tag{7.11}
$$

と表すことができます。また、実績値と理論値の差である誤差を、

$$E = \begin{pmatrix} e_1 \\ e_2 \\ \vdots \\ e_n \end{pmatrix} \tag{7.12}$$

とおくと、これは、

$$E = Y - X\hat{B} \tag{7.13}$$

この2乗和は、

$$\begin{aligned}
E'E &= (Y - X\hat{B})'(Y - X\hat{B}) \\
&= Y'Y - Y'(X\hat{B}) - (X\hat{B})'Y + (X\hat{B})'(X\hat{B}) \\
&= Y'Y - Y'X\hat{B} - \hat{B}'X'Y + \hat{B}'X'X\hat{B} \\
&= Y'Y - 2\hat{B}'X'Y + \hat{B}'X'X\hat{B}
\end{aligned} \tag{7.14}$$

ただし、$(\ )'$ は行列の転置を表しています。

これを最小とするような $\hat{B}$ を求めるため、$\hat{\alpha}, \hat{\beta}, \hat{\gamma}$ で偏微分して0とおきます。

$$\begin{aligned}
\frac{\partial(E'E)}{\partial \hat{B}} &= -2X'Y + 2X'X\hat{B} = 0 \\
X'Y - X'X\hat{B} &= 0 \\
X'X\hat{B} &= X'Y \\
\hat{B} &= (X'X)^{-1}X'Y
\end{aligned} \tag{7.15}$$

となり、行列で表現すると、要素で表現する単純回帰の場合と比較してもシンプルな推定式になります。これは、説明変数がいくつになっても行列のサイズが異なるだけで本質的な差はありません。行列の計算は手計算では大変ですが、コンピューターを用いれば容易です。

【例題 7.1】

次の3つの変数 X, Z, Y の関係式 $Y_i = \alpha + \beta X_i + \gamma Z_i + u_i \ (i = 1, 2, \cdots, n)$ の $\hat{\alpha}, \hat{\beta}, \hat{\gamma}$ を最小2乗法によって推定します。

194 第 7 章 重回帰分析

標本番号	X_i	Z_i	Y_i
1	2	7	1
2	2	4	3
3	4	4	4
4	6	5	5
5	7	3	7
6	9	3	8

以下のように、データを行列で表現します。

$$
Y = \begin{pmatrix} 1 \\ 3 \\ 4 \\ 5 \\ 7 \\ 8 \end{pmatrix}, \quad
X = \begin{pmatrix} 1 & 2 & 7 \\ 1 & 2 & 4 \\ 1 & 4 & 4 \\ 1 & 6 & 5 \\ 1 & 7 & 3 \\ 1 & 9 & 3 \end{pmatrix}
\tag{7.16}
$$

$$
\hat{B} = \begin{pmatrix} \hat{\alpha} \\ \hat{\beta} \\ \hat{\gamma} \end{pmatrix} = (X'X)^{-1}X'Y = \begin{pmatrix} 4.15285 \\ 0.65285 \\ -0.63472 \end{pmatrix}
$$

7.1.2 Rによる重回帰における推定 ....

【例題 7.1】の $Y_i = \alpha + \beta X_i + \gamma Z_i + u_i$ を R によって推定します。

Excel に図 7.2 のようにデータを用意します。

	A	B	C	D
1	i	X	Z	Y
2	1	2	7	1
3	2	2	4	3
4	3	4	4	4
5	4	6	5	5
6	5	7	3	7
7	6	9	3	8

図 7.2 【例題 7.1】のデータ

これを k0701.csv に保存します。

R により、以下のコマンドを実行します。

7.1 重回帰分析 | 195

```
data1 <- read.table("k0701.csv",header=TRUE, sep=",")
data1
fm <- lm(Y ~ X + Z, data=data1)
summary(fm)
```

3行目の Y ~ X + Z は、$Y_i = \alpha + \beta X_i + \gamma Z_i + u_i$ を表しています。

● 実行結果

```
> data1 <- read.table("k0701.csv",header=TRUE, sep=",")
> data1
  i X Z Y
1 1 2 7 1
2 2 2 4 3
3 3 4 4 4
4 4 6 5 5
5 5 7 3 7
6 6 9 3 8
> fm <- lm(Y ~ X + Z, data=data1)
> summary(fm)

Call:
lm(formula=Y ~ X + Z, data=data1)

Residuals:
        1         2         3         4         5         6
-0.01554   0.08031  -0.22539   0.10363   0.18135  -0.12435

Coefficients:
            Estimate Std. Error t value Pr(>|t|)
(Intercept)  4.15285    0.50428   8.235 0.003749 **
X            0.65285    0.04137  15.781 0.000553 ***
Z           -0.63472    0.07772  -8.167 0.003840 **
---
Signif. codes:  0 '***' 0.001 '**' 0.01 '*' 0.05 '.' 0.1 ' ' 1

Residual standard error: 0.1971 on 3 degrees of freedom
Multiple R-squared: 0.9965,    Adjusted R-squared: 0.9942
F-statistic: 427.4 on 2 and 3 DF,  p-value: 0.0002068
```

7.1.3 同じことを Excel でやると ....

【例題 7.1】について Excel を用いて重回帰分析を行う方法を紹介します。図

7.3のように用意したデータについて、分析ツールを用いて回帰分析を行います。

	A	B	C	D
1	i	X	Z	Y
2	1	2	7	1
3	2	2	4	3
4	3	4	4	4
5	4	6	5	5
6	5	7	3	7
7	6	9	3	8

図 7.3 【例題 7.1】のデータ

次に［分析ツール］の［回帰分析］において説明変数の範囲を規定する、「入力 Y 範囲」に「$D$1:$D$7」、「入力 X 範囲」に「$B$1:$C$7」を指定します（図7.4）。

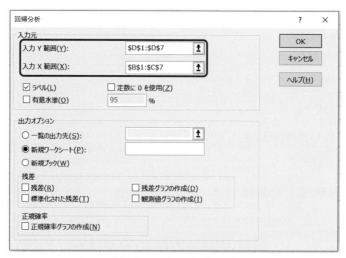

図 7.4 ［分析ツール］の［回帰分析］の設定

図 7.5 のように R と同様の結果を得ることができます。

7.2 回帰係数の仮説検定 197

	A	B	C	D	E	F	G	H	I
1	概要								
2									
3		回帰統計							
4	重相関 R	0.99825							
5	重決定 R2	0.996503							
6	補正 R2	0.994171							
7	標準誤差	0.19713							
8	観測数	6							
9									
10	分散分析表								
11			自由度	変動	分散	測された分散	有意 F		
12	回帰		2	33.21675	16.60838	427.3889	0.000207		
13	残差		3	0.11658	0.03886				
14	合計		5	33.33333					
15									
16			係数	標準誤差	t	P-値	下限 95%	上限 95%	下限 95.0% 上限 95.0%
17	切片		4.15285	0.504284	8.235144	0.003749	2.547994	5.757706	2.547994 5.757706
18	X		0.65285	0.04137	15.78085	0.000553	0.521193	0.784507	0.521193 0.784507
19	Z		-0.63472	0.07772	-8.16667	0.00384	-0.88206	-0.38737	-0.88206 -0.38737

図 7.5 [分析ツール] の [回帰分析] の結果

7.2 回帰係数の仮説検定

7.2.1 回帰係数の標準誤差

次の重回帰モデル

$$Y_i = \alpha + \beta X_i + \gamma Z_i + u_i \quad i = 1, 2, \cdots, n \tag{7.17}$$

の回帰係数の標準誤差 s_α, s_β, s_γ を推定します。

ここで、誤差の2乗和 $\hat{E}'\hat{E}$ から、誤差分散は、

$$s^2 = \frac{1}{n-3} E'E \tag{7.18}$$

として表すことができます。誤差分散は誤差の2乗の平均の大きさにあたりますが、n ではなく $n-3$ で割るのはこれが自由度にあたるためです。単純回帰分析の場合、誤差の測定には直線の推定が必要であり、その直線の推定には2点が必要であるため、標本3個目からが実質的な誤差としてカウントできます。

したがって単純回帰の場合、自由度はこの実質的な誤差の数である $n-2$ となります。

　説明変数が2つになると、誤差の測定には平面の推定が必要であり、その平面の推定には3点が必要ですから、標本4個目から実質的な誤差としてカウントできるため、自由度は $n-3$ となります。このように考えれば、説明変数の数と定数項の合計を k 個とすると、自由度は $n-k$ となることが推論できます。

　また、回帰係数の標準誤差 s_α, s_β, s_γ の推定値を $s_{\hat{\alpha}}, s_{\hat{\beta}}, s_{\hat{\gamma}}$ とし、

$$
s_{\hat{B}} = \begin{pmatrix} s_{\hat{\alpha}} \\ s_{\hat{\beta}} \\ s_{\hat{\gamma}} \end{pmatrix}, \quad s_{\hat{B}}^2 = \begin{pmatrix} s_{\hat{\alpha}}^2 & s_{\hat{\alpha}}s_{\hat{\beta}} & s_{\hat{\alpha}}s_{\hat{\gamma}} \\ s_{\hat{\beta}}s_{\hat{\alpha}} & s_{\hat{\beta}}^2 & s_{\hat{\beta}}s_{\hat{\gamma}} \\ s_{\hat{\gamma}}s_{\hat{\alpha}} & s_{\hat{\gamma}}s_{\hat{\beta}} & s_{\hat{\gamma}}^2 \end{pmatrix} \tag{7.19}
$$

とおきます。古典的最小2乗法でおかれる仮定を適用すると、回帰係数の分散は、

$$
s_{\hat{B}}^2 = s^2 (X'X)^{-1} \tag{7.20}
$$

として求めることができ、回帰係数の標準誤差は、

$$
s_{\hat{B}} = \sqrt{s_{\hat{B}}^2} \tag{7.21}
$$

として求めることができます。ただし、この右辺は $s_{\hat{B}}^2$ の対角行列の要素の平方根からなる縦ベクトルです。

　これを、単純回帰 $Y_i = \alpha + \beta X_i + u_i$ の場合について考えると、

$$
\begin{aligned}
X'X &= \begin{pmatrix} 1 & 1 & \cdots & 1 \\ X_1 & X_2 & \cdots & X_n \end{pmatrix} \begin{pmatrix} 1 & X_1 \\ 1 & X_2 \\ \vdots & \vdots \\ 1 & X_n \end{pmatrix} \\
&= \begin{pmatrix} n & \Sigma X_i \\ \Sigma X_i & \Sigma X_i^2 \end{pmatrix}
\end{aligned} \tag{7.22}
$$

$$
(X'X)^{-1} = \frac{1}{n\Sigma X_i^2 - (\Sigma X_i)^2} \begin{pmatrix} \Sigma X_i^2 & -\Sigma X_i \\ -\Sigma X_i & n \end{pmatrix} \tag{7.23}
$$

　これを用いて、

$$s_{\hat{B}}^2 = s^2 (X'X)^{-1}$$

$$= \frac{s^2}{n\Sigma X_i^2 - (\Sigma X_i)^2} \begin{pmatrix} \Sigma X_i^2 & -\Sigma X_i \\ -\Sigma X_i & n \end{pmatrix} \tag{7.24}$$

より、

$$s_{\hat{\beta}}^2 = \frac{s^2 n}{n\Sigma X_i^2 - (\Sigma X_i)^2}$$

$$= \frac{s^2}{\Sigma X_i^2 - \frac{1}{n}(\Sigma X_i)^2} \tag{7.25}$$

ここで、

$$\begin{aligned}
\Sigma X_i^2 - \frac{1}{n}(\Sigma X_i)^2 &= \Sigma X_i^2 - \frac{1}{n}(\Sigma X_i)^2 - \frac{1}{n}(\Sigma X_i)^2 + \frac{1}{n}(\Sigma X_i)^2 \\
&= \Sigma X_i^2 - \Sigma X_i \bar{X} - \Sigma \bar{X} X_i + \Sigma \bar{X}^2 \\
&= \Sigma (X_i^2 - X_i \bar{X} - \bar{X} X_i + \bar{X}^2) \\
&= \Sigma (X_i - \bar{X})^2
\end{aligned} \tag{7.26}$$

したがって、

$$s_{\hat{\beta}}^2 = \frac{s^2}{\Sigma (X_i - \bar{X})^2} \tag{7.27}$$

（7.27）式を用いて、単純回帰の回帰係数の標準誤差も求めることができることがわかります。第 8 章の多重共線性の解説の中で重回帰分析における同様の展開が紹介されます。

【例題 7.2】

【例題 7.1】で求めた $Y_i = \alpha + \beta X_i + \gamma Z_i + u_i$ の回帰係数の推定値 $\hat{\beta}, \hat{\gamma}$ の標準誤差 $s_{\hat{\beta}}, s_{\hat{\gamma}}$ を最小 2 乗法によって推定します。

以下のように、データを行列で表現します。

200 第 7 章　重回帰分析

$$
Y = \begin{pmatrix} 1 \\ 3 \\ 4 \\ 5 \\ 7 \\ 8 \end{pmatrix}, X = \begin{pmatrix} 1 & 2 & 7 \\ 1 & 2 & 4 \\ 1 & 4 & 4 \\ 1 & 6 & 5 \\ 1 & 7 & 3 \\ 1 & 9 & 3 \end{pmatrix} \tag{7.28}
$$

$$
\hat{B} = \begin{pmatrix} \hat{\alpha} \\ \hat{\beta} \\ \hat{\gamma} \end{pmatrix} = (X'X)^{-1}X'Y = \begin{pmatrix} 4.15285 \\ 0.65285 \\ -0.63472 \end{pmatrix}
$$

$$
E = Y - X\hat{B} = \begin{pmatrix} -0.01554 \\ 0.080311 \\ -0.22539 \\ 0.103627 \\ 0.181347 \\ -0.12435 \end{pmatrix} \tag{7.29}
$$

$$
\begin{aligned}
s_{\hat{B}}^2 &= s^2 (X'X)^{-1} \\
&= \frac{1}{n-3} E'E(X'X)^{-1} \\
&= \begin{pmatrix} 0.254302 & -0.01772 & -0.03675 \\ -0.01772 & 0.001711 & 0.002114 \\ -0.03675 & 0.002114 & 0.00604 \end{pmatrix}
\end{aligned} \tag{7.30}
$$

$$
s_{\hat{B}} = \begin{pmatrix} s_{\hat{\alpha}} \\ s_{\hat{\beta}} \\ s_{\hat{\gamma}} \end{pmatrix} = \begin{pmatrix} \sqrt{0.254302} \\ \sqrt{0.001711} \\ \sqrt{0.00604} \end{pmatrix} = \begin{pmatrix} 0.504284 \\ 0.04137 \\ 0.07772 \end{pmatrix}
$$

7.2.2　回帰係数の仮説検定 ■■■■■■■■■■■■■■■■■■■■■■■■■■■

　重回帰分析における回帰係数の有意性の検定は、単純回帰における検定と同じ方法をとります。t 分布を利用する際には、誤差分散を求めるときに利用した自由度 $n-k$ を用います。ただし、k は、説明変数の数と定数項の合計です。

【例題 7.3】

【例題 7.2】で求めた $Y_i = \alpha + \beta X_i + \gamma Z_i + u_i$ の回帰係数の推定値 $\hat{\beta}$, $\hat{\gamma}$ の標準誤差 $s_{\hat{\beta}}$, $s_{\hat{\gamma}}$ を用いて回帰係数 β, γ の有意性の検定を行います。

- β の有意性の検定

(1) 仮説の設定

$\mathrm{H}_0 : \beta = 0$ （X が Y に影響を与えていない）

$\mathrm{H}_1 : \beta \neq 0$ （X が Y に影響を与えている）

(2) 検定統計量とその分布の決定

$t = \dfrac{\hat{\beta} - \beta}{s_{\hat{\beta}}} \sim t(n-3)$ を利用します。

(3) t 値から P 値の算出

仮説検定に必要な情報は、R の実行結果から読み取ることができます。

```
            Estimate Std. Error t value Pr(>|t|)
(Intercept)  4.15285    0.50428   8.235 0.003749 **
X            0.65285    0.04137  15.781 0.000553 ***
Z           -0.63472    0.07772  -8.167 0.003840 **
```

X の t value が t に該当します。$t = 15.781$。

X の Pr(>|t|) が $\mathrm{H}_0 : \beta = 0$ に 対 す る P 値 に 該 当 し ま す。$P = 0.000553$。

(4) P 値と有意水準の比較による結論

有意水準が 0.0553% より大きければ、回帰係数 $\hat{\beta}$ は有意であると結論できます。

- γ の有意性の検定

上記と同様に t 値、P 値を読み取ると、

Z の t value が t に該当します。$t = -8.167$。

Z の Pr(>|t|) が $\mathrm{H}_0 : \gamma = 0$ に対する P 値に該当します。$P = 0.003840$。

(4) P 値と有意水準の比較による結論

有意水準が 0.384% より大きければ、回帰係数 $\hat{\gamma}$ は有意であると結論できます。

202 第7章 重回帰分析

7.3 重回帰分析における回帰式の説明力

7.3.1 決定係数 ●●●

　重回帰分析における決定係数は単純回帰分析のときと同様に以下の式で示すことができます。

$$R^2 = \frac{\Sigma(\hat{Y}_i - \bar{Y})^2}{\Sigma(Y_i - \bar{Y})^2}\left(= 1 - \frac{\Sigma e_i{}^2}{\Sigma(Y_i - \bar{Y})^2}\right) \tag{7.31}$$

　重回帰分析の場合の決定係数は2変数間の相関係数の r と区別するため、一般に大文字で R^2 と表記されます。

【例題 7.4】

【例題 7.1】における決定係数は、Rの実行結果から読み取ることができます。

```
Residual standard error: 0.1971 on 3 degrees of freedom
Multiple R-squared: 0.9965,     Adjusted R-squared: 0.9942
F-statistic: 427.4 on 2 and 3 DF,  p-value: 0.0002068
```

Multiple R-Squared が R^2 に該当します。$R^2 = 0.9965$

　一方、Excel の分析ツールによる計算結果からは、

回帰統計	
重相関 R	0.99825
重決定 R2	0.996503
補正 R2	0.994171
標準誤差	0.19713
観測数	6

回帰統計の重決定 R2 が R^2 に該当します。$R^2 = 0.996503$

　これにより、決定係数が1に近いことから、この回帰式の説明力が高いといえそうです。

7.3 重回帰分析における回帰式の説明力 | 203

(7.31) 式より、次式が成立します。

$$\Sigma(Y_i - \bar{Y})^2 = \Sigma(\hat{Y}_i - Y)^2 + \Sigma e_i^2 \tag{7.32}$$

これを言葉で表現すると、

(全平方和)＝(回帰による平方和)＋(残差平方和)

となります。重回帰分析によって説明変数を追加すると、回帰による平方和が必ず大きくなり、残差平方和が必ず小さくなりますから、決定係数は必ず大きくなります。

7.3.2　自由度修正済決定係数 ....

決定係数が大きいほうが回帰式の説明力が大きいと考えられますから、これを基準に回帰式を考えると、説明変数は常に追加したほうがよいことになってしまいます。

しかしながら、説明変数を追加すると、自由度が小さくなりますから、誤差1つ当たりの大きさを反映する誤差分散が大きくなります。

$$s^2 = \frac{1}{n-k} E'E \tag{7.33}$$

ただし、k は説明変数の数と定数項の合計です。説明変数の数が増えれば、誤差分散が大きくなり、回帰係数の標準誤差が大きくなり、それによって t 値が小さくなり、それに該当する P 値が大きくなりますから、回帰係数は有意になりにくくなります。

このように説明変数の追加による回帰による平方和の拡大に、誤差1つ当たりの大きさの拡大の効果を考慮した決定係数が考えられるようになりました。それが**自由度調整済決定係数**（Adjusted R-squared）です。

自由度調整済決定係数 $\bar{R}^2$ は、通常の決定係数 R^2 から次のように求めることができます。

$$\bar{R}^2 = 1 - (1 - R^2)\frac{n-1}{n-k} \tag{7.34}$$

ここで、n はデータの個数、k は説明変数の数＋定数項の数です。R^2 はそ

の定義からマイナスになることはありませんが、$\bar{R}^2$ は R^2 が 0 に近いときマイナスになる場合があります。

この式は、説明変数が 0 個の次の式を基準に考えることができます。

$$Y_i = \alpha + u_i$$

この式の誤差分散は、$\hat{\alpha} = \bar{Y}$ となるため、

$$s^2 = \frac{1}{n-1}\Sigma e_i^2 = \frac{1}{n-1}\Sigma(Y_i - \bar{Y})^2 \tag{7.35}$$

この場合、残差平方和を自由度 $n-1$ で割ることになりますが、これは Y の分散となります。

そこで、決定係数

$$R^2 = \frac{\Sigma(\hat{Y}_i - \bar{Y})^2}{\Sigma(Y_i - \bar{Y})^2}$$

を評価する際、説明変数が 0 個の場合の $(n-1)$ を基準として $(n-m-1)$ $=(n-k)$ で調整します（m は説明変数の数）。

$$R^2 = \frac{\Sigma(\hat{Y}_i - \bar{Y})^2}{\Sigma(Y_i - \bar{Y})^2} = 1 - \frac{\Sigma e_i^2}{\Sigma(Y_i - \bar{Y})^2}$$

$$\bar{R}^2 = 1 - \frac{\left(\dfrac{n-1}{n-k}\right)\Sigma e_i^2}{\Sigma(Y_i - \bar{Y})^2}$$

$$= 1 - \frac{\Sigma e_i^2}{\Sigma(Y_i - \bar{Y})^2}\left(\frac{n-1}{n-k}\right) \tag{7.36}$$

$$= 1 - \left[\frac{\Sigma(Y_i - \bar{Y})^2 - \Sigma(\hat{Y}_i - \bar{Y})^2}{\Sigma(Y_i - \bar{Y})^2}\right]\frac{n-1}{n-k}$$

$$= 1 - \left[1 - \frac{\Sigma(\hat{Y}_i - \bar{Y})^2}{\Sigma(Y_i - \bar{Y})^2}\right]\frac{n-1}{n-k}$$

$$= 1 - \left(1 - R^2\right)\frac{n-1}{n-k}$$

すなわち、説明変数の追加によって、

①プラス面：説明力は拡大する。
②マイナス面：自由度が減少する＝誤差1つ当たりの大きさが拡大する
　　　　　　　　　　　　　　　　　＝係数が有意になりにくい。

この①のプラス効果が②のマイナス効果を上回る場合、$\bar{R}^2$ は大きくなります。

言い換えれば、

　$\bar{R}^2$ が大きくなる　→　追加した変数が実質的に貢献している。
　$\bar{R}^2$ が小さくなる　→　追加した変数が実質的に貢献していない。

となります。

例えば、次の回帰式

$$Y_i = \alpha + \beta X_i + u_i$$

と、これに説明変数 Z_i を追加した、

$$Y_i = \alpha + \beta X_i + \gamma Z_i + u_i$$

を考えたとき、決定係数 R^2 の値は必ず大きくなります。

一方、自由度調整済決定係数 $\bar{R}^2$ の値が大きくなれば、Z_i の追加が式の説明力の実質的な改善に貢献しており、小さくなれば貢献していない、ということができるのです。

【例題 7.5】

【例題 7.1】における自由度調整済決定係数は、R の実行結果から読み取ることができます。

```
Residual standard error: 0.1971 on 3 degrees of freedom
Multiple R-squared: 0.9965,    Adjusted R-squared: 0.9942
F-statistic: 427.4 on 2 and 3 DF,  p-value: 0.0002068
```

Adjusted R-squared が $\bar{R}^2$ に該当します。$\bar{R}^2 = 0.9942$。

一方、Excel の分析ツールによる計算結果からは、

回帰統計	
重相関 R	0.99825
重決定 R2	0.996503
補正 R2	0.994171
標準誤差	0.19713
観測数	6

回帰統計の補正 R2 が $\bar{R}^2$ に該当します。$\bar{R}^2 = 0.994171$

このように、回帰式の説明力を一般に自由度調整済決定係数 $\bar{R}^2$ で表現するため、回帰分析の結果は次のようにまとめることが多くなっています。

$$\hat{Y}_i = 4.15285 + 0.65285\ X_i - 0.63472\ Z_i$$
$$\quad\quad (8.235)\quad\quad (15.781)\quad\quad\quad (-8.167) \quad\quad\quad\quad (7.37)$$
$$\quad\quad [0.003749]\quad [0.000553]\quad\quad [0.003840]$$

$R^2 = 0.9965,\ \bar{R}^2 = 0.9942,\ n = 6$。ただし、( ) 内は t 値、[ ] 内は P 値

まとめ

　説明変数が複数個の重回帰分析になっても、最小 2 乗法の適用方法は本質的に単純回帰分析の場合と変わりません。ただし、誤差の 2 乗の合計の最小化の条件となる正規方程式の本数が増えていくため、行列を利用することによって計算が楽になります。

　回帰係数の有意性の検定にあたっては、誤差分散の計算に現れる自由度が $n - k$（k は説明変数の数 + 定数項）となり、t 分布の自由度もそれと同じ $n - k$ になりますが、検定の手続きは単純回帰と同様です。

　回帰式の説明力を表す決定係数は、説明変数を追加することによって必ず大きくなります。しかしながら、それによって自由度が小さくなりますから、誤差 1 つ当たりの大きさが拡大し、係数の有意性の検定においては有意になりにくくなります。

　そこで、重回帰分析における回帰式の説明力の評価にあたっては、これに関して調整した自由度調整済決定係数が一般に用いられます。

練習問題

【問題 7.1】

重回帰分析において説明変数を追加すると決定係数は必ず大きくなります。その理由について説明してください。

【問題 7.2】

重回帰分析の推定結果には決定係数ではなく、自由度修正済決定係数の値が示されることがほとんどです。なぜ、決定係数ではなく、この値が示されているのでしょうか、「自由度」について触れながら、説明してください。

【問題 7.3】

$Y_i = \alpha + \beta X_i + \gamma Z_i + \delta W_i + u_i$ を R によって重回帰分析を行うとき、lm コマンドの行はどのように表現しますか。ただし、すべての変数はデータ名 data07 のデータにあり、推定結果に fm07 という名前をつけるとします。

【問題 7.4】

内閣府は『経済財政白書 2014』（p.18）の中で、「…所得効果の程度は現時点では見極め難いが、今後、個人消費が力強く回復していくためには、雇用者報酬の着実な増加が重要である。雇用者報酬とその他所得（社会移転など）が個人消費に与える影響をみると、前者が後者をはっきりと上回っている。政府では、デフレ脱却に向けた経済の好循環を実現させていくために、政労使での議論を重ねてきた。今後、具体的な取組の成果が現れてくることが期待される。」と述べ、次のような回帰分析を行っています。

$$C_t = const + \underset{(18.09)^{**}}{0.46} \ Y_t + \underset{(4.30)^{**}}{0.03} \ L_t + \underset{(24.87)^{**}}{0.24} \ F_t$$

推計期間：1997 年 10 〜 12 月期〜 2013 年 1 〜 3 月期の四半期データ（$n = 62$）

自由度修正済決定係数 = 0.93、ダービン = ワトソン比：1.09

括弧内の数値は t 値。** は 5％有意

ただし、C：民間消費支出（15 歳以上人口 1 人当たり対数値）、

Y：雇用者報酬（15 歳以上人口 1 人当たり対数値）
L：その他所得（15 歳以上人口 1 人当たり対数値）
F：金融資産残高（15 歳以上人口 1 人当たり対数値）
（付注 1-5　雇用者報酬・その他所得の変化による消費への影響（p.283）より抜粋）

推定結果には自由度修正済決定係数の値が示されています。なぜ、決定係数ではなく、この値が示されているのでしょうか、「自由度」について触れながら、説明してください。

【問題 7.5】

厚生労働省は『労働経済白書 2013』（p.109）の中で、「…図により、各都道府県の完全失業率を被説明変数、就業者に対する製造業比率を説明変数とした単回帰分析を行うと、景気拡張局面である 2010 年では製造業比率が高い都道府県ほど完全失業率が低い傾向にあることがわかる。」と述べています。

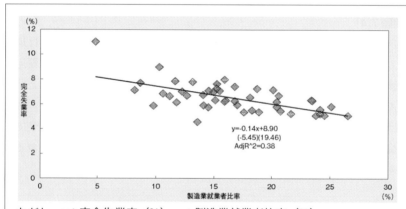

ただし、y：完全失業率（%）、x：製造業就業者比率（%）、
　　　　AdjR^2：自由度修正済決定係数
（第2-(4)-3図　製造業就業者比率と完全失業率の関係（p.110）より抜粋）

次の R による推定結果は、図の式 $Y_i = \alpha + \beta X_i + u_i$ に、サービス業就業者比率 Z を加えた、$Y_i = \alpha + \beta X_i + \gamma Z_i + u_i$ の推定結果を示しています。

```
> fm1 <- lm(Y ~ X + Z, data = data1)
> summary(fm1)
Coefficients:
            Estimate Std. Error t value Pr(>|t|)
(Intercept)  3.06896    2.43452   1.261   0.2141
X           -0.06028    0.02970  -2.029   0.0485 *
Z            0.04976    0.02694   1.847   0.0715 .

Residual standard error: 0.659 on 44 degrees of freedom
Multiple R-squared:  0.3995,    Adjusted R-squared:  0.3722
F-statistic: 14.64 on 2 and 44 DF,  p-value: 1.341e-05
```

①Rによる推定結果から、それぞれの係数の有意性について説明してください。

②自由度修正済決定係数は、図中の単純回帰の式のほうが、Rによる推定結果の重回帰の式のものよりも大きくなっています。なぜこのような現象が発生するのかについて、自由度修正済決定係数が持つ意味から説明してください。

【問題7.6】

内閣府は、『経済財政白書 2012』（p.87）の中で、「為替レートは、短期的にはランダムな動きをするものの、ある程度の期間を均してみれば、金利や物価といった経済情勢の相対的な動きで決定されると考えられる。この点を円ドルレート関数の推計によって確認してみよう。円ドルレートの説明要因としては、様々な組み合わせが考えられるが、リーマンショック後に生じている円高方向への動きが、貿易財の相対価格比や実質金利格差の変化等と有意に関係していることが分かる。」と述べるにあたり、次のような2本の式を推定しています。

(a) $\ln E = c + \alpha Rate + \beta RP + \gamma T + \delta M + \zeta \ln E(-1) + \eta D$

(b) $\ln E = c + \alpha Rate + \beta RP + \gamma T + \zeta \ln E(-1) + \eta D$

ただし、E：名目為替レート（円/米ドル）

c：定数項

$Rate$：実質金利差（アメリカ実質金利－日本実質金利）

RP：リスクプレミアム（=(累積経常収支－累積直接投資－外貨準備高)/GDP）

T：貿易財価格比（日本貿易財価格 / アメリカ貿易財価格）
　　 × 100

M：マネタリーベース比（日本マネタリーベース / アメリカ
　　 マネタリーベース）

D：プラザ合意ダミー
　　（1 ＝ 1971 年第 1 四半期〜 1985 年第 3 四半期、0 ＝ 1985
　　 年第 4 四半期以降）

（付注 1-8　為替レート関数の推計について（p.350）より抜粋）

　（a）式の決定係数は $R_a{}^2 = 0.9855$、自由度修正済決定係数は $\bar{R}_a^2 = 0.9850$、（b）式の決定係数は $R_b{}^2 = 0.9845$、自由度修正済決定係数は $\bar{R}_b^2 = 0.9840$ です。これら 2 本の式について、それぞれ 2 種類の決定係数、すなわち合計 2（種類）× 2（本）＝ 4 つの決定係数が示されていますが、それら 4 つを（A）、（B）、（C）、（D）とすると、（A）＜（B）、（C）＜（D）、（B）＜（D）が成立します。（A）、（B）、（C）、（D）がそれぞれ何にあたるかを明らかにしながら、これらの関係が成立する理由を説明してください。

| 練習問題 | 211 |

【演習 7.1】

　ある国の輸入は、その国の経済規模の他に輸入品の国産品に対する相対価格の変化の影響を受けると考えられます。そこで、輸入が GDP および輸入価格によって説明される次の日本の輸入関数について考えます。

$$\ln M_t = \alpha + \beta \ln Y_t + \gamma \ln P_t + u_t$$

　　ただし、$\ln M$：輸入（実質：2010 年価格、兆円）の対数値

　　　　　$\ln Y$：GDP（実質：2010 年価格、兆円）の対数値

　　　　　$\ln P$：輸入品の国産品に対する相対価格（2010 年＝ 100）の対数値

Year	$\ln M$	$\ln Y$	$\ln P$	Year	$\ln M$	$\ln Y$	$\ln P$
1974	2.999	5.321	4.983	1988	3.449	5.912	4.509
1975	2.890	5.351	5.004	1989	3.615	5.965	4.532
1976	2.955	5.390	4.979	1990	3.693	6.019	4.577
1977	2.995	5.433	4.874	1991	3.681	6.051	4.499
1978	3.062	5.484	4.659	1992	3.670	6.060	4.436
1979	3.183	5.538	4.875	1993	3.657	6.061	4.343
1980	3.103	5.566	5.141	1994	3.736	6.070	4.294
1981	3.124	5.607	5.113	1995	3.858	6.097	4.281
1982	3.117	5.640	5.143	1996	3.962	6.127	4.367
1983	3.082	5.670	5.083	1997	3.966	6.138	4.423
1984	3.182	5.714	5.039	1998	3.896	6.127	4.395
1985	3.155	5.775	5.008	1999	3.932	6.124	4.320
1986	3.192	5.803	4.604	2000	4.020	6.152	4.350
1987	3.278	5.843	4.553				

（出所）The World Bank, *Data Bank*.

① 重回帰分析によって回帰係数を推定してください。

② ① の結果から、回帰係数の有意性について検討してください。

212 第7章 重回帰分析

【演習 7.2】
以下の表は、世界の先進国の生産活動に関するデータを集めたものです。

	$G(Y)$	$G(L)$	$G(K)$		$G(Y)$	$G(L)$	$G(K)$
Australia	2.88	1.90	3.71	Japan	0.69	0.24	0.89
Austria	1.05	1.34	1.53	Korea, Rep.	3.04	2.10	3.45
Belgium	0.83	1.06	2.01	Latvia	3.89	0.33	0.87
Canada	2.33	1.50	3.12	Luxembourg	2.51	3.59	3.13
Chile	4.34	2.84	5.89	Netherlands	0.27	-0.21	1.08
Czech Rep.	0.62	0.16	1.07	New Zealand	2.54	1.50	2.40
Denmark	0.52	0.28	1.02	Norway	1.73	1.48	2.83
Estonia	4.28	2.88	2.93	Poland	2.78	0.68	3.96
Finland	-0.11	0.60	1.47	Portugal	-1.54	-2.49	0.22
France	0.77	0.32	1.62	Slovak Rep.	2.08	0.58	2.10
Germany	1.48	1.24	1.30	Slovenia	-0.04	-0.47	0.52
Greece	-4.82	-4.95	-0.74	Spain	-0.99	-2.74	1.35
Hungary	1.39	0.91	0.93	Sweden	1.48	1.39	1.47
Iceland	2.22	1.55	-0.29	Switzerland	1.65	1.99	1.65
Ireland	2.33	-0.38	1.81	United Kingdom	2.06	1.34	1.16
Israel	3.42	3.35	3.72	United States	1.93	1.24	1.24
Italy	-1.11	-0.72	0.51				

ただし、$G(Y)$：GDP 増加率（2010 ～ 2014 年の実質年平均増加率：%）
$\quad\quad G(L)$：労働増加率（2010 ～ 2014 年の年平均増加率：%）
$\quad\quad G(K)$：資本ストック増加率（2010 ～ 2014 年の実質年平均増加率：%）
（出所）The Univ. of California, Davis and the Groningen Growth Development Centre of the Univ. of Groningen, *Penn World Table version 9.0* より

① $G(Y)_i = \alpha + \beta\, G(L)_i + \gamma G(K)_i + u_i$ について、重回帰分析によって回帰係数を推定してください。

② ①の結果から、回帰係数の有意性について検討してください。

| | | | | 213 |

実績値と理論値の比較　　　　　　　　COLUMN

　単純回帰の場合、被説明変数の実績値 Y_i と理論値 $\hat{Y}_i = \hat{\alpha} + \hat{\beta} X_i$ の個々の値がどのくらい一致しているかは、散布図によって簡単に確認することができます。しかしながら、$Y_i = \alpha + \beta X_i + \gamma Z_i + u_i$ のような重回帰分析の場合、2 次元では表現できませんから、散布図以外の方法で実績値と理論値の比較を行うことになります。

(1) R での実績値と理論値の数値での比較

　例えば、$Y_i,\ X_i,\ Z_i$ のデータを用いて、$Y_i = \alpha + \beta X_i + \gamma Z_i + u_i$ の式を推定し、$\hat{\alpha}$, $\hat{\beta}$, $\hat{\gamma}$ を得ると、被説明変数の実績値 Y_i のそれぞれに対応する理論値 $\hat{Y}_i = \hat{\alpha} + \hat{\beta} X_i + \hat{\gamma} Z_i$ を計算することができます。また、実績値 Y_i と理論値 $\hat{Y}_i$ の差としての残差 $e_i = Y_i - \hat{Y}_i$ を計算することができます。

　【演習 7.1】のデータと回帰分析の結果を用いて、実績値、理論値、残差を計算し、表示します。

$$\ln M_t = \alpha + \beta \ln Y_t + \gamma \ln P_t + u_t$$

　　ただし、$\ln M$：輸入の対数値、$\ln Y$：GDP の対数値、$\ln P$：輸入品の
　　国産品に対する相対価格です。

以下のコマンドを実行します。

```
data1 <- read.table("ke0701.csv",header = TRUE, sep =",")
fm <- lm(lnM ~ lnY + lnP, data = data1)
data2 <- cbind(data1$Year,data1$lnM,fitted.values(fm),
  residuals(fm))
colnames(data2) <- c("Year", " 実績値 ", " 理論値 ", " 残差 ")
data2
data3 <- cbind(data1$lnM,fitted.values(fm))
matplot(data3, type=c("p","l"),pch=4, lty=1, ylab="lnM",
  main=" 実績値 ( 点 ) と理論値 ( 線 )")
```

	A	B	C	D
1	Year	lnM	lnY	lnP
2	1974	2.999	5.321	4.983
3	1975	2.89	5.351	5.004
:	:	:	:	:
28	2000	4.02	6.152	4.35

図 a　輸入、GDP、輸入価格のデータ

[3 行目] 実績値、理論値、残差のデータを結合します。

```
data2 <- cbind(data1$Year,data1$lnM,
  fitted.values(fm), residuals(fm))
```

cbind は、データを結合するコマンドです（結合結果の名称を data2 とします）。

data1$Year は、データの順番を示す年の値です（単に i として順番だけの場合は省略できます）。

data1$lnM は、被説明変数である $\ln M$ です。

fitted.values(fm) は、回帰分析の結果の理論値です。

residuals(fm) は、回帰分析の結果の残差です。

[4 行目] 結合したデータの各列に名前をつけます。

colnames(data2) <- c("Year", "実績値", "理論値", "残差")

colname は、結合したデータの各列に名前をつけるコマンドです。

c("Year", "実績値", "理論値", "残差") は、結合したデータの各列につける名前です（cbind で Year にあたる列を省略した場合は、ここでも省略します）。

[5 行目] の data2 によって "Year", "実績値", "理論値", "残差" の値を表示します。

これらのコマンドにより、次のように示されます。

```
      Year  実績値  理論値      残差
1     1974  2.999  2.841399  0.157601445
2     1975  2.890  2.864788  0.025212438
3     1976  2.955  2.911047  0.043953265
:      :      :       :          :
26    1999  3.932  3.838803  0.093196629
27    2000  4.020  3.857481  0.162519395
```

これによって、どの年について、実績値と理論値に差があるのか、また、差がないのかを把握することが容易となります。

また、実績値と理論値を図によって比較することもできます。

[6 行目] 実績値、理論値のデータを結合します。

data3 <- cbind(data1$lnM,fitted.values(fm))

cbind は、データを結合するコマンドです（結合結果の名称を data3 とします）。

data1$lnM は、被説明変数である $\ln M$ です。

fitted.values(fm) は、回帰分析の結果の理論値です。

[7 行目] 実績値、理論値を図に表します。

matplot(data3, type=c("p","l"),pch=4, lty=1,
  ylab="lnM", main=" 実績値 (点) と理論値 (線)")

matplot は、結合したデータを図示するコマンドです（data3 は対象とする結合データです）。
type=c("p","l") は、実績値を点、理論値を線で表すように指定しています。
pch=4 は、点を "×" で表すことを指定しています。
lty=1 は、線を実線で表すことを指定しています。
ylab="lnM" は、縦軸の名称を指定しています。
main="実績値(点)と理論値(線)" は、図のタイトルを指定しています。

これらのコマンドにより、つぎのような図が作成されます（matplot コマンドによる作図では、時系列データの場合であっても、横軸に時間を表示させることはできません）。

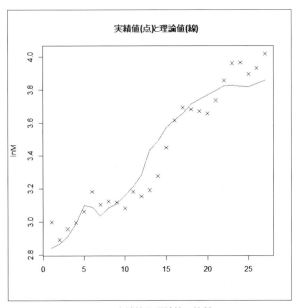

図 b　実績値と理論値の比較

(2) Excel での実績値と理論値の数値での比較

分析ツールによって回帰分析を行う際に、回帰分析ボックスにおいて、［残差］にチェックを入れると、実績値と残差が計算されます。

例えば、【演習 7.1】の Excel データ（図 a）について、分析ツールで推定する際、回帰分析ボックスで、［入力 Y 範囲］、［入力 X 範囲］、［ラベル］の指定に加え、［残差］にチェックを入れて、［OK］を選択します。

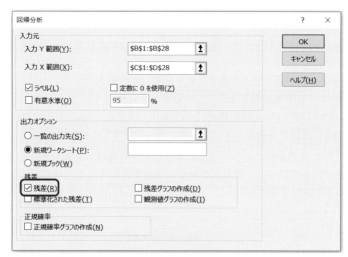

図c　分析ツールの回帰分析ボックスにおける［残差］へのチェック

次のように、理論値（予測値と表記されるB列）と残差（C列）が計算されます。

	A	B	C
23	残差出力		
24			
25	観測値	予測値: lnM	残差
26	1	2.84139855	0.157601
27	2	2.86478756	0.025212
⋮	⋮	⋮	⋮
52	27	3.8574806	0.162519

図d　理論値と残差の計算結果

さらに、この理論値と回帰分析の被説明変数である実績値を図によって比較することもできます。次のように実績値と理論値を整理します。

	A	B	C
1	Year	実績値	理論値
2	1974	2.999	2.841399
3	1975	2.89	2.864788
⋮	⋮	⋮	⋮
28	2000	4.02	3.857481

図e　実績値と理論値

第 5 章コラムと同様に図を描くと次のようになります（実績値と理論値は同じ単位で、大きさも近い値になりますから、縦軸に第 2 軸を設定する必要はありません）。

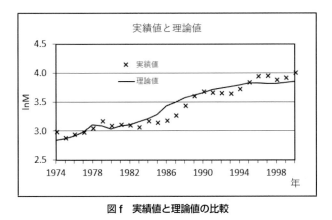

図 f　実績値と理論値の比較

第8章
多重共線性と変数選択

　本章では、重回帰分析について発生しやすい多重共線性の問題について学びます。経済分析では、実験室でデータを観察できないため、注目していない変数でも被説明変数に影響を及ぼす変数で観察期間や対象において変化する変数ならば説明変数に加える必要があります。しかしながら、被説明変数の大きさを説明するにあたって、それぞれの変数の影響がうまく抽出できない場合が出てきます。この典型的な場合が、多重共線性の問題です。複数の説明変数が似た動きをすると、回帰分析ではその変数の有意性を判断できない場合が出てきます。また、多重共線性を考慮したうえで変数の選択問題についても考えます。

8.1 重回帰分析と多重共線性

8.1.1 回帰係数の標準誤差

　回帰分析において、回帰係数の有意性の検討がなされますが、t 分布を用いて評価する際には回帰係数の標準誤差の値が重要な役割を果たします。

　重回帰分析において、回帰係数の標準偏差の推定値は、各説明変数の説明力そのものだけではなく、説明変数間の関係の強さからも影響を受けます。

　ここで次のような重回帰モデルについて考えます。

$$Y_i = \alpha + \beta X_i + \gamma Z_i + u_i \quad (i = 1, 2, \cdots, n) \tag{8.1}$$

　この回帰式の回帰係数の標準誤差 $s_\alpha,\ s_\beta,\ s_\gamma$ の推定値を $s_{\hat{\alpha}}, s_{\hat{\beta}}, s_{\hat{\gamma}}$ とし、

$$s_{\hat{B}} = \begin{pmatrix} s_{\hat{\alpha}} \\ s_{\hat{\beta}} \\ s_{\hat{\gamma}} \end{pmatrix}, \ \ s_{\hat{B}}^2 = \begin{pmatrix} s_{\hat{\alpha}}^2 & s_{\hat{\alpha}}s_{\hat{\beta}} & s_{\hat{\alpha}}s_{\hat{\gamma}} \\ s_{\hat{\beta}}s_{\hat{\alpha}} & s_{\hat{\beta}}^2 & s_{\hat{\beta}}s_{\hat{\gamma}} \\ s_{\hat{\gamma}}s_{\hat{\alpha}} & s_{\hat{\gamma}}s_{\hat{\beta}} & s_{\hat{\gamma}}^2 \end{pmatrix} \tag{8.2}$$

とおきます。古典的最小2乗法でおかれる仮定を適用すると、回帰係数の分散は、

$$s_{\hat{B}}^2 = s^2 (X'X)^{-1} \tag{8.3}$$

として求めることができ、回帰係数の標準誤差は、

$$s_{\hat{B}} = \sqrt{s_{\hat{B}}^2} \tag{8.4}$$

として求めることができます。ただし、この右辺は $s_{\hat{B}}^2$ の対角行列の要素の平方根からなる縦ベクトルです。

　ここで、(8.3) 式で行列で表される回帰係数の分散の各要素を求めます。

$$X'X = \begin{pmatrix} 1 & 1 & \cdots & 1 \\ X_1 & X_2 & \cdots & X_n \\ Z_1 & Z_2 & \cdots & Z_n \end{pmatrix} \begin{pmatrix} 1 & X_1 & Z_1 \\ 1 & X_2 & Z_2 \\ \vdots & \vdots & \vdots \\ 1 & X_n & Z_n \end{pmatrix}$$

$$= \begin{pmatrix} n & \Sigma X_i & \Sigma Z_i \\ \Sigma X_i & \Sigma X_i^2 & \Sigma X_i Z_i \\ \Sigma Z_i & \Sigma Z_i X_i & \Sigma Z_i^2 \end{pmatrix}$$

$X'X$ の逆行列を求めると（対角部分のみ表記）、

$$(X'X)^{-1} = \frac{1}{D} \begin{pmatrix} \Sigma X_i^2 \Sigma Z_i^2 - (\Sigma X_i Z_i)^2 & \cdot & \cdot \\ \cdot & n\Sigma Z_i^2 - (\Sigma Z_i)^2 & \cdot \\ \cdot & \cdot & n\Sigma X_i^2 - (\Sigma X_i)^2 \end{pmatrix}$$

$$(8.5)$$

ただし、

$$
\begin{aligned}
D &= \begin{vmatrix} n & \Sigma X_i & \Sigma Z_i \\ \Sigma X_i & \Sigma X_i^2 & \Sigma X_i Z_i \\ \Sigma Z_i & \Sigma Z_i X_i & \Sigma Z_i^2 \end{vmatrix} \\
&= n\Sigma X_i^2 \Sigma Z_i^2 + \Sigma X_i \Sigma Z_i \Sigma X_i Z_i + \Sigma X_i Z_i \Sigma X_i Z_i \\
&\quad - \Sigma X_i^2 (\Sigma Z_i)^2 - n(\Sigma X_i Z_i)^2 - (\Sigma X_i)^2 \Sigma Z_i^2 \\
&= n\Sigma X_i^2 \Sigma Z_i^2 - \Sigma X_i^2 (\Sigma Z_i)^2 - (\Sigma X_i)^2 \Sigma Z_i^2 + \frac{1}{n}(\Sigma X_i \Sigma Z_i)^2 \\
&\quad - n(\Sigma X_i Z_i)^2 + 2\Sigma X_i \Sigma Z_i \Sigma X_i Z_i - \frac{1}{n}(\Sigma X_i \Sigma Z_i)^2 \\
&= n\left[\Sigma X_i^2 - \frac{1}{n}(\Sigma X_i)^2 \right]\left[\Sigma Z_i^2 - \frac{1}{n}(\Sigma Z_i)^2 \right] \\
&\quad - n\left[\Sigma X_i Z_i - \frac{1}{n}\Sigma X_i \Sigma Z_i \right]^2 \\
&= n\Sigma(X_i - \bar{X})^2 \Sigma(Z_i - \bar{Z})^2 - n\left[\Sigma(X_i - \bar{X})(Z_i - \bar{Z}) \right]^2 \\
&= n\Sigma(X_i - \bar{X})^2 \Sigma(Z_i - \bar{Z})^2 \left[1 - \frac{\left\{ \Sigma(X_i - \bar{X})(Z_i - \bar{Z}) \right\}^2}{\Sigma(X_i - \bar{X})^2 \Sigma(Z_i - \bar{Z})^2} \right] \\
&= n\Sigma(X_i - \bar{X})^2 \Sigma(Z_i - \bar{Z})^2 (1 - r_{XZ}^2)
\end{aligned}
$$

$$(8.6)$$

ただし、r_{XZ} は X と Z の相関係数です。

したがって、(8.3) 式の対角行列の2番目の要素として、

$$s_{\beta}^2 = \frac{n\Sigma(Z_i - \bar{Z})^2 s^2}{n\Sigma(X_i - \bar{X})^2 \Sigma(Z_i - \bar{Z})^2(1 - r_{XZ}^2)}$$

$$= \frac{s^2}{\Sigma(X_i - \bar{X})^2(1 - r_{XZ}^2)} \tag{8.7}$$

同様に、(8.3) 式の対角行列の3番目の要素として、

$$s_{\gamma}^2 = \frac{n\Sigma(X_i - \bar{X})^2 s^2}{n\Sigma(X_i - \bar{X})^2 \Sigma(Z_i - \bar{Z})^2(1 - r_{XZ}^2)}$$

$$= \frac{s^2}{\Sigma(Z_i - \bar{Z})^2(1 - r_{XZ}^2)} \tag{8.8}$$

　これら、(8.7) 式、(8.8) 式から、それらの平方根である回帰係数の標準誤差の値の大小には、説明変数間の関係の強さを示す相関係数 r_{XZ} が影響を与えていることがわかります。

8.1.2　多重共線性

　回帰モデルは、被説明変数を説明すると考えられる変数を説明変数として構築されますが、有意性の検定を行うと、データの特徴によっては、本来有意であるはずの変数が有意でないとの結論が出ることがあります。

　これは、次のような重回帰モデルを推定した際に、

$$Y_i = \alpha + \beta X_i + \gamma Z_i + u_i \quad (i = 1, 2, \cdots, n)$$

回帰係数 β あるいは γ の t 値が本来は大きく、それに対応する P 値が小さくなるはずが、t 値が小さく、それに対応する P 値が大きくなる場合を指しています。

　もちろん、被説明変数 Y を説明しない変数を入れても有意とはなりませんが、(8.7) 式、(8.8) 式に示した回帰係数の特徴を踏まえると、データの特徴によって有意ではない、という結果が出ることがあります。経済データではこれが頻繁に現れます。

　回帰係数 $\hat{\beta}$ の分散 s_{β}^2 である (8.7) 式に注目すると、これは、次のように3つの部分からなっていることがわかります。

$$s_{\hat{\beta}}^2 = \frac{s^2}{\Sigma(X_i - \bar{X})^2(1 - r_{XZ}^2)}$$

$$= \frac{(A)}{(B)[1-(C)]} \qquad (8.9)$$

(A) は、誤差分散 s^2 であり、回帰式全体の説明力の弱さを表すものです。したがって、回帰式の説明力が小さい、すなわち s^2 が大きければ回帰係数の標準誤差が大きくなり、回帰係数 $\hat{\beta}$ が有意になりにくいことがわかります。

(B) は、説明変数 X_i の偏差平方和 $\Sigma(X_i - \bar{X})^2$ であり、この変数の散らばりが小さければ、回帰係数の標準誤差が大きくなり、回帰係数 $\hat{\beta}$ が有意になりにくいことがわかります。

(C) は、説明変数 X_i と Z_i の間の関係の強さを示す相関係数 r_{XZ} の 2 乗であり、これが大きければ、回帰係数の標準誤差が大きくなり、回帰係数 $\hat{\beta}$ が有意になりにくいことがわかります。

これから、回帰係数が有意でない場合、これら $(A), (B), (C)$ の 3 つの要因が考えられます。

このうち、(C) が理由で回帰係数が有意にならないことを、**多重共線性**（multicollinearity）の問題があると呼びます。すなわち、

多重共線性とは、重回帰分析において、本来有意であるはずの説明変数が、他の説明変数との相関関係が強いために有意にならない状態

であると呼ばれています。

224 | 第8章 多重共線性と変数選択

8.2 多重共線性の検討

重回帰分析において、回帰係数が有意でなかった場合、まずは、多重共線性が存在するか否かを確かめる必要があります。

多重共線性の存在の有無の検討

① [(C) の部分の計算]

説明変数間の相関係数 r_{XZ} の計算や、説明変数間の散布図の作成を行います。

②相関係数の絶対値が大きいなど、説明変数間の相関が強いことが明らかな場合、多重共線性が存在していると判断できます。

多重共線性の問題の他に、回帰係数が有意とならなかった原因が存在するかどうかの検討

①他の説明変数を除いた場合に説明力があるかどうかを確認します。

② [(A) の部分の計算]

回帰式の説明力を示す標準誤差 s の大きさを検討します。ただし、標準誤差 s の大きさを評価するのは難しいので、決定係数 R^2 の大きさから検討するのが便利です。

③ [(B) の部分の計算]

説明変数の偏差平方和 $\Sigma(X_i - \bar{X})^2$ の大きさを検討します。ただし、これも大きさを評価するのが難しいため、説明変数の標準偏差 s_X および s_Z によって検討します。ただし、標準偏差の大きさも評価しにくいときには、平均 $\bar{X}$ および $\bar{Z}$ を用いて標準化した変動係数 C_X および C_Z が有用です。

$$C_X = \frac{s_X}{\bar{X}}, \quad C_Z = \frac{s_Z}{\bar{Z}} \tag{8.10}$$

④ ①、②、③の結果から、何が原因であるかを判断します。

8.2.1 R による多重共線性の検討

【例題 8.1】

図 8.1 のデータから、重回帰モデル

$$Y_i = \alpha + \beta X_i + \gamma Z_i + u_i$$

における多重共線性の問題について R の計算結果を利用して考えます。

	A	B	C	D
1	i	X	Z	Y
2	1	1	2	1
3	2	3	2	3
4	3	5	4	4
5	4	5	6	5
6	5	8	7	7
7	6	9	9	8

図 8.1 【例題 8.1】のデータ

これを k0801.csv に保存します。

R により、以下のコマンドを実行します。

```
data1 <- read.table("k0801.csv",header = TRUE, sep =",")
data1
fm1 <- lm(Y ~ X + Z, data = data1)
summary(fm1)
```

● 実行結果

```
> data1 <- read.table("k0801.csv",header = TRUE, sep =",")
> data1
  i X Z Y
1 1 1 2 1
2 2 3 2 3
3 3 5 4 4
4 4 5 6 5
5 5 8 7 7
6 6 9 9 8
> fm1 <- lm(Y ~ X + Z, data = data1)
> summary(fm1)
```

第8章　多重共線性と変数選択

```
Call:
lm(formula = Y ~ X + Z, data = data1)

Residuals:
        1        2        3        4        5        6
-0.23707  0.38362 -0.36638  0.26293  0.00862 -0.05172

Coefficients:
            Estimate Std. Error t value Pr(>|t|)
(Intercept)   0.1767     0.3299   0.536   0.6294
X             0.6897     0.1680   4.104   0.0262 *
Z             0.1853     0.1779   1.042   0.3741
---
Signif. codes:  0 '***' 0.001 '**' 0.01 '*' 0.05 '.' 0.1 ' ' 1

Residual standard error: 0.3695 on 3 degrees of freedom
Multiple R-squared: 0.9877,    Adjusted R-squared: 0.9795
F-statistic: 120.6 on 2 and 3 DF,  p-value: 0.001362
```

この結果をまとめると、

$$\hat{Y}_i = 0.1767 + 0.6897\,X_i + 0.1853\,Z_i$$
$$\quad (0.536) \quad (4.104) \qquad (1.042)$$
$$\quad [0.6294] \quad [0.0262] \qquad [0.3741]$$
$$R^2 = 0.9877, \ \overline{R}^2 = 0.9795, \ n = 6$$

(8.11)

ただし、( ) 内は t 値、[ ] 内は P 値

これから、X の係数 $\hat{\beta}$ の P 値が小さく、有意水準 5%でも有意ですが、Z の係数 $\hat{\gamma}$ の P 値は大きく、明らかに有意でないことがわかります。

そこで、多重共線性の存在の有無を検討するため、次のコマンドを実行します。

```
data1 <- read.table("k0801.csv",header = TRUE, sep =",")
data1
data1$i <- NULL
cor(data1,method="pearson")
pairs(data1)
```

① ［3 行目］の data1$i <- NULL は、data1 と名付けたデータから i の系列の削除を指示しています（元の Excel ファイルで i の列を削除しておけば、この行は不要です）。

② ［4 行目］の cor は、変数間の相関係数の計算を指示しています。Excel ファイルの中に NA（欠損値）のセルがあるとエラーとなります。

③ ［5 行目］の pairs は、変数間の散布図の作成を指示しています（説明変数の数が多い場合でも、このコマンドによって、すべての変数間の散布図を同時に作成することができます）。

● 実行結果（一部省略）

```
> cor(data1,method="pearson")
          X         Z         Y
X 1.0000000 0.9445598 0.9916004
Z 0.9445598 1.0000000 0.9585145
Y 0.9916004 0.9585145 1.0000000
```

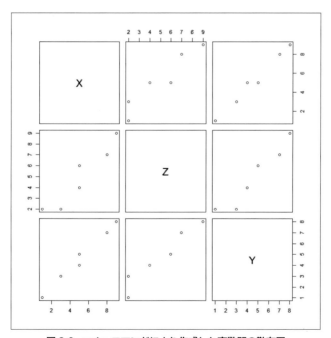

図 8.2　pairs コマンドにより作成した変数間の散布図

228 第 8 章　多重共線性と変数選択

X_i と Z_i の相関係数は、$r_{XZ} = 0.9445598$ となり、また、散布図からも、X_i と Z_i の間の相関が強いことがわかります。したがって、Z の係数が有意とならなかった原因として、多重共線性の可能性が考えられます。

次に、多重共線性以外にも Z の係数が有意とならなかった原因があるかどうか検討するため、次のコマンドを実行します。

```
data1 <- read.table("k0801.csv",header = TRUE, sep =",")
data1
fm2 <- lm(Y ~ X, data = data1)
summary(fm2)
fm3 <- lm(Y ~ Z, data = data1)
summary(fm3)
sd(data1$X);sd(data1$Z)
mean(data1$X);mean(data1$Z)
```

① ［3 行目］は、$Y_i = \alpha + \beta X_i + u_i$ の推定を指示しています。
② ［5 行目］は、$Y_i = \alpha + \beta Z_i + u_i$ の推定を指示しています。
③ ［7 行目］の sd は、X_i と Z_i のそれぞれの標準偏差の計算を指示しています。
④ ［8 行目］の mean は、X_i と Z_i のそれぞれの平均の計算を指示しています。

● 実行結果（一部省略）

```
> fm2 <- lm(Y ~ X, data = data1)
> summary(fm2)

Call:
lm(formula = Y ~ X, data = data1)

Residuals:
        1        2        3        4        5        6
-0.10409  0.18587 -0.52416  0.47584 -0.08922  0.05576

Coefficients:
            Estimate Std. Error t value Pr(>|t|)
(Intercept)  0.24907    0.32594   0.764 0.487363
X            0.85502    0.05576  15.333 0.000106 ***
---
Signif. codes:  0 '***' 0.001 '**' 0.01 '*' 0.05 '.' 0.1 ' ' 1

Residual standard error: 0.3734 on 4 degrees of freedom
```

```
Multiple R-squared: 0.9833,     Adjusted R-squared: 0.9791
F-statistic: 235.1 on 1 and 4 DF,  p-value: 0.0001055
```

これから、$Y_i = \alpha + \beta X_i + u_i$ の推定結果は、

$$\hat{Y}_i = \underset{(0.764)}{0.24907} + \underset{(15.333)}{0.85502} \ X_i$$
$$\underset{[0.487363]}{} \quad \underset{[0.000106]}{}$$

$$R^2 = 0.9833, \ \overline{R}^2 = 0.9791, \ n = 6$$

ただし、( ) 内は t 値、[ ] 内は P 値

したがって、X_i のみの場合も有意であることがわかります。

```
> fm3 <- lm(Y ~ Z, data = data1)
> summary(fm3)

Call:
lm(formula = Y ~ Z, data = data1)

Residuals:
      1       2       3       4       5       6
-1.0417  0.9583  0.2083 -0.5417  0.5833 -0.1667

Coefficients:
            Estimate Std. Error t value Pr(>|t|)
(Intercept)   0.2917     0.7321   0.398  0.71070
Z             0.8750     0.1301   6.725  0.00255 **
---
Signif. codes:  0 '***' 0.001 '**' 0.01 '*' 0.05 '.' 0.1 ' ' 1

Residual standard error: 0.8229 on 4 degrees of freedom
Multiple R-squared: 0.9187,     Adjusted R-squared: 0.8984
F-statistic: 45.23 on 1 and 4 DF,  p-value: 0.002546
```

これから、$Y_i = \alpha + \beta Z_i + u_i$ の推定結果は、

$$\hat{Y}_i = \underset{(0.398)}{0.2917} + \underset{(6.725)}{0.8750} \ Z_i$$
$$\underset{[0.7107]}{} \quad \underset{[0.00255]}{}$$

$$R^2 = 0.9187, \ \overline{R}^2 = 0.8984, \ n = 6$$

ただし、( ) 内は t 値、[ ] 内は P 値

(8.12)

230 | 第 8 章　多重共線性と変数選択

したがって、Z_i のみの場合、Z_i は有意になることがわかります。

```
> sd(data1$X);sd(data1$Z)
[1] 2.994439
[1] 2.828427
> mean(data1$X);mean(data1$Z)
[1] 5.166667
[1] 5
```

標準偏差は、$s_X = 2.9944$、$s_Z = 2.8284$ となり、有意となった X_i と有意にならなかった Z_i で大きな差がないことから散らばりは十分大きいことがわかります。平均は、$\bar{X} = 5.167$、$\bar{Z} = 5$ でありあまり差がないため、水準の違いが影響しているわけではないことも確認できます。

　以上の結果から、この例題においては、重回帰分析で Z_i は有意ではなかったが、X_i と Z_i の相関係数の絶対値が極めて大きく、多重共線性により、有意でなかった可能性があります。また、X_i を除いた Z_i のみの単純回帰では有意であり、回帰式全体の説明力は、自由度調整済決定係数も $\bar{R}^2 = 0.9795$ と大きく、Z_i の散らばりを示す標準偏差も同程度の平均を持つ X_i と同程度であり、散らばりも十分であることがわかります。したがって、Z_i は本来、影響を及ぼす変数である可能性が大きいのにもかかわらず、X_i との相関が強く、重回帰分析では有意とならなかったと考えられます。

8.2.2　同じことを Excel でやると ....

　図 8.3 のデータから各変数の相関係数、標準偏差、平均を求めます。
　メニューから［データ］-［データ分析］-［相関］を選択すると、図 8.4 のように変数間の相関係数を求めることができます。

8.2 多重共線性の検討　231

	A	B	C	D
1	i	X	Z	Y
2	1	1	2	1
3	2	3	2	3
4	3	5	4	4
5	4	5	6	5
6	5	8	7	7
7	6	9	9	8

図8.3　Excel でのデータ

	A	B	C	D
9		X	Z	Y
10	X	1		
11	Z	0.94456	1	
12	Y	0.9916	0.958514	1

図8.4　相関係数

　メニューから［データ］－［データ分析］－［基本統計量］を選択すると、図8.5のように標準偏差と平均を求めることができます（基本統計量の［出力オプション］は［統計情報］をチェックします）。

	A	B	C	D	E	F
14	X		Z		Y	
15						
16	平均	5.166667	平均	5	平均	4.666667
17	標準誤差	1.222475	標準誤差	1.154701	標準誤差	1.054093
18	中央値（	5	中央値（	5	中央値（	4.5
19	最頻値（	5	最頻値（	2	最頻値（	#N/A
20	標準偏差	2.994439	標準偏差	2.828427	標準偏差	2.581989
21	分散	8.966667	分散	8	分散	6.666667
22	尖度	-0.99294	尖度	-1.48125	尖度	-0.867
23	歪度	-0.03849	歪度	0.238649	歪度	-0.07746
24	範囲	8	範囲	7	範囲	7
25	最小	1	最小	2	最小	1
26	最大	9	最大	9	最大	8
27	合計	31	合計	30	合計	28
28	データの個	6	データの個	6	データの個	6

図8.5　基本統計量による標準偏差と平均

　これにより、Rと同じ結果を得ることができることが確認できます。

8.3 多重共線性への対処

多重共線性が存在することが確認できた場合には、それに対する対処が必要です。しかしながら、これは回帰分析における誤差の問題ではないため、推定方法の改良などによって対処できるものではありません。

多重共線性は基本的にはデータの問題であり、データの発生に関して X_i と Z_i についてコントロールできるのが理想ですが、データの収集に関しては受身である経済分析ではこのような調整を行うことは事実上できません。

そこで、経済分析では次のような対応が行われることが多いです。ただし、多重共線性の問題は経済分析で扱うデータ特有の問題であり、データの収集に関して受身であるという抜本的な問題が解決できないことには留意しておく必要があります。

8.3.1 データの収集

多重共線性の存在が確認できたデータに説明変数間に高い相関があるのですから、分析の目的に影響を与えない範囲でデータを増やすことが考えられます。

新たに加えたデータには、X_i と Z_i の関係が弱く、回帰係数の有意性が確認できる場合もあります。

また、データを増やすことによって、データの範囲が広がるのであれば、散らばり、すなわち標準偏差が大きくなり、X_i と Z_i の関係が強いままでも回帰係数の有意性を確認できるように推定結果が改善される可能性があります。

8.3.2 変数変換

多重共線性が問題となる X_i と Z_i の関係とは、相関関係であり、これは線形の関係を前提としています。したがって、回帰モデルの関数の特定化が理論などの制約を受けていないのであれば、対数化などの変数変換によって説明変数間の相関係数の絶対値が小さくなる可能性があります。

8.4　変数選択

　ある回帰モデルの改良を行おうとするとき、追加する説明変数の候補として多くの変数が考えられる場合があります。

　そのような場合、回帰式の説明力でどの変数を回帰モデルに加えるかを自由度調整済決定係数 $\bar{R}^2$ の大きさで評価することができます。

　これは、決定係数 R^2 は、説明変数を追加すればするほど大きくなりますが、自由度調整済決定係数 $\bar{R}^2$ は、変数を追加することによって失われる自由度の影響を考慮して回帰式の実質的な説明力を表すためです。

　説明変数の候補が多くあるとき、どの変数の組み合わせを選んだらよいかは、実際にそれぞれ回帰モデルを想定し、その一つひとつについて回帰分析を行い、自由度調整済決定係数 $\bar{R}^2$ を計算するという多くの作業が必要となります。変数の候補が多くなれば、さらにその組み合わせは多くなるためです。

8.4.1　赤池情報量基準 •••••••••••••••••••••••••••••••••••

　計量ソフト R では、自由度調整済決定係数 $\bar{R}^2$ と同様に回帰係数の実質的な説明力を表す赤池情報量基準を用いてこの変数選択を自動的に行うコマンドが存在します。

　赤池情報量基準（Akaike's Information Criterion：AIC）は、以下のような値で、小さいほど良いモデルとされています。

$$AIC = 2k - 2\ln L \tag{8.13}$$

　　ただし、k はパラメータ（説明変数の数＋定数項）の数

　　　　　L は次の尤度関数の最大値

$$L = \left[(2\pi\sigma^2)^{-\frac{n}{2}} e^{-\frac{1}{2s^2}\Sigma(Y_i - \hat{Y}_i)^2} \right] \tag{8.14}$$

　すなわち、この AIC が最小になるということは、尤度関数が最大になることを表しています。この尤度関数は、誤差の大きさを反映するものであり、AIC の計算に含まれる k は説明変数の数を反映するものです。

　「AIC が最も小さくなる説明変数の組み合わせを見つける」ことができます。

234 第 8 章 多重共線性と変数選択

このAIC法は「$\overline{R}^2$ が最も大きくなる説明変数の組み合わせを見つける」の考え方と類似した方法であり、R の step コマンドで実行することができます。

8.4.2 R での変数選択

R では step コマンドによってこの変数選択を行うことができます。

【例題 8.2】

図 8.6 のデータに基づいて、被説明変数を Y とし、説明変数を $X1$, $X2$, $X3$, $X4$ から AIC 基準によって選択します。

	A	B	C	D	E	F
1	i	X1	X2	X3	X4	Y
2	1	2	2	2	7	1
3	2	3	2	5	6	3
4	3	2	4	3	8	4
5	4	3	6	5	5	5
6	5	5	2	8	6	7
7	6	6	2	3	3	8
8	7	8	4	6	5	9
9	8	6	6	4	2	10

図 8.6 【例題 8.2】のデータ

これを k0802.csv に保存します。

変数選択を行う際には、データ番号の列は省きます。これは、データ番号も変数として扱われてしまうためです。

R により、以下のコマンドを実行します。

```
data1 <- read.table("k0802.csv",header = TRUE, sep =",")
data1
data1$i <- NULL
fm <- lm(Y ~ ., data = data1)
summary(fm)
slm1 <- step(fm)
summary(slm1)
```

①3 行目の data1$i <- NULL は、data1 と名付けたデータから i の系列の削除を指示しています（元の Excel ファイルで i の列を削除しておけば、この行は不要です）。

② 4 行目の Y ~ . はデータにある Y 以外のすべての変数を説明変数とした回帰式を表しています。この場合は、

$$Y = \alpha_0 + \alpha_1 X1 + \alpha_2 X2 + \alpha_3 X3 + \alpha_4 X4 \qquad (8.15)$$

の式を回帰式としていることになります。

③ 6 行目の step は、4 行目の回帰分析の結果の情報 fm に基づいて AIC 法により変数選択を行い、その結果に slm1 という名称をつけています。

④ 7 行目は、6 行目の結果である slm1 を表示させています。

● 実行結果（一部省略）

```
> fm <- lm(Y ~ ., data=data1)
> summary(fm)

Call:
lm(formula=Y ~ ., data=data1)

Residuals:
      1       2       3       4       5       6       7       8
-0.8813 -0.8395  1.4644 -0.7087  0.7072  0.6826 -0.8024  0.3777

Coefficients:
            Estimate Std. Error t value Pr(>|t|)
(Intercept)   1.6377     3.8396   0.427    0.698
X1            0.8998     0.4187   2.149    0.121
X2            0.4206     0.3259   1.290    0.287
X3            0.2179     0.3487   0.625    0.576
X4           -0.4047     0.4332  -0.934    0.419
Residual standard error: 1.4 on 3 degrees of freedom
Multiple R-squared: 0.9146,    Adjusted R-squared: 0.8008
F-statistic: 8.034 on 4 and 3 DF,  p-value: 0.05918

> slm1 <- step(fm)
Start:  AIC=7.54
Y ~ X1 + X2 + X3 + X4
:
Call:
lm(formula=Y ~ X1 + X2, data=data1)

Residuals:
      1       2       3       4       5       6       7       8
-1.1951 -0.4229  0.7865 -0.4598  1.1214  0.8936 -1.5805  0.8568
```

```
Coefficients:
            Estimate Std. Error t value Pr(>|t|)
(Intercept)  -1.2790     1.3151  -0.973  0.37544
X1            1.2278     0.2153   5.702  0.00232 **
X2            0.5092     0.2672   1.906  0.11503
---
Signif. codes:  0 '***' 0.001 '**' 0.01 '*' 0.05 '.' 0.1 ' ' 1

Residual standard error: 1.243 on 5 degrees of freedom
Multiple R-squared: 0.8878,    Adjusted R-squared: 0.843
F-statistic: 19.79 on 2 and 5 DF,  p-value: 0.004213
```

　実際には、変数の削除、追加のプロセスがすべて表示されるため、結果は非常に長くなりますが、最終的な推定結果は最後に示されるものになります。

　この結果をまとめると、

$$\hat{Y}_i = -\ 1.2790\ +\ 1.2278\ X1_i +\ 0.5092\ X2_i$$
$$\quad\ \ (-0.973)\quad\ (5.702)\qquad\quad (1.906) \qquad\qquad\qquad (8.16)$$
$$\quad\ \ [0.37544]\quad [0.00232]\qquad\ [0.11503]$$

$$R^2 = 0.8878,\ \bar{R}^2 = 0.843,\ n = 8。ただし、（\ ）内は\ t\ 値、[\ ]内は\ P\ 値$$

結果として、4つの候補のうち、2つの変数が残った形になっています。残った変数の回帰係数の有意性は、必ずしも例えば5%有意水準で有意となるわけではありません。回帰式全体の有意性に関する基準を採用しているため、個別の回帰係数の有意性の基準としての絶対的基準があるわけではありません。

　しかしながら、結果としてはP値が比較的小さい回帰係数を持つ変数が式に残ることになります。

　この変数選択の場合も、前節で触れた多重共線性の問題は生じます。説明力の向上に貢献しないとして外された変数の中には、残った変数との間の相関が強いために結果として外された変数もあるかもしれません。

　そのため、この変数選択を行ったあとは、多重共線性の有無に関しても検討を行い、それを回帰式の改良に結びつけることが必要です。

まとめ

　重回帰分析の場合、説明変数が複数個存在することから、単純回帰のときには現れない問題が発生します。

　1つは、多重共線性の問題です。多重共線性とは、重回帰分析において、本来有意であるはずの説明変数が、他の説明変数との相関関係が強いために有意にならない状態のことを指します。経済理論などから説明変数と考えられる変数が有意にならないこの現象は、データ収集に関して経済分析が受身であることから避けては通れないものです。

　この問題は推定方法の問題ではなく、データの問題です。そこで、多重共線性が発生した場合は、データを追加して説明変数間の相関を弱くするか、変数のばらつきを大きくするかを試すことになります。また、許される場合は変数変換も有効な手段です。

　もう1つは変数選択の問題です。単純回帰ならば、どの説明変数が適しているかを考えるときは説明変数は1つだけですが、重回帰では、説明変数の組み合わせは多数存在し、説明変数の数もそれぞれです。このように多くの説明変数の組み合わせの中から回帰式の説明力の高い式を選択するにあたっては、自由度修正済決定係数を基準とします。

　Rでは、赤池情報量基準を用いて回帰式の説明力の高い説明変数の組み合わせを探すことができます。もちろん、この場合、外れた変数の中には多重共線性の問題から外れた場合もあることは留意しておく必要があります。

238　第 8 章　多重共線性と変数選択

練習問題

【問題 8.1】

多重共線性とはどのような現象でしょうか。説明してください。

【問題 8.2】

説明変数の係数の推定値の標準誤差が大きくなると有意性検定にどのような影響が出るでしょうか。また、重回帰分析において、説明変数の係数の推定値の標準誤差が大きくなる原因にはどのようなものがあるでしょうか。説明してください。

【問題 8.3】

重回帰分析における変数選択、およびその変数選択と自由度修正済決定係数の関係を説明してください。

【問題 8.4】

経済産業省は『通商白書 2017』（p.194）の中で、「本項では、我が国の世界との貿易額変化が製造業雇用変化に及ぼした影響について分析する。本分析では、都道府県別製造業労働者一人当たり輸出額変化、及び地域属性変数（製造業労働者割合、大学卒・大学院修了者割合など）を説明変数として、製造業労働者割合変化を被説明変数として推定している。」と説明し、以下の推定結果を示しています。

被説明変数：Y 製造業労働者割合の変化幅			
説明変数	係数	P 値	
X1　製造業労働者一人当たり輸出額変化	2.050	0.000	***
X2　製造業就業者割合	-0.553	0.000	***
X3　大学卒・大学院修了者割合	-0.651	0.000	***
X4　外国人割合	0.762	0.000	***
X5　女性就業者割合	0.0674	0.167	
定数項	0.101	0.000	***

備考）X1=輸出額変化/製造業労働者数、X2=製造業就業者数/全就業者数
　　　X3=大学卒・大学院修了者数/全就業者数、X4=外国人就業者数/全就業者数
　　　X5=女性就業者数/全就業者数、　　有意水準：***1%

（第 II -1-3-2-4 表　我が国の世界貿易が製造業労働者に与えた影響（p.195）より）

練習問題 | 239

また、これらの推計に用いたデータを使って、Rである計算を行った結果は
次のとおりです。

```
> cor(data1)
            Y           X1          X2          X3          X4          X5
Y   1.00000000 -0.59330021  0.16173155  0.05624307 -0.21668377  0.32318232
X1 -0.59330021  1.00000000 -0.17043644 -0.29587473  0.01302004 -0.12470959
X2  0.16173155 -0.17043644  1.00000000  0.03794810  0.48309671 -0.09739262
X3  0.05624307 -0.29587473  0.03794810  1.00000000  0.56266872 -0.58002503
X4 -0.21668377  0.01302004  0.48309671  0.56266872  1.00000000 -0.56475382
X5  0.32318232 -0.12470959 -0.09739262 -0.58002503 -0.56475382  1.00000000
```

①多重共線性はいかなる現象か説明してください。

②Rの出力結果に示されている行列は何か、説明してください。

③上記の回帰式の推定結果に多重共線性の問題が発生しているかどうか、
　Rの出力結果に示されている行列の数値に言及しながら説明してください
　（絶対値 0.7 を基準としてください）。

④多重共線性の検討にあたって、Rでは pairs コマンドが用いられること
　がありますが、このコマンドはどのようなことを行うコマンドでしょうか。
　説明してください。

【問題 8.5】

経済産業省『通商白書 2010』（p.10）は、「為替相場は、経済に関わる様々
な要因によって変動しやすい。今後、影響を与える要素として、ギリシャに代
表される国家財政の破綻危機や米国金融政策の動向等が挙げられる。円・ドル
関係については、世界経済の改善と米国の金融緩和継続期待を背景にドル安基
調となる中で、2009 年 11 月には日米短期金利差の逆転やドバイ・ショック等
を背景に、一時 84 円台まで円高が進んだが、その後日本銀行による追加金融
緩和策や米経済指標の改善を受けた利上げ期待等からドル高・円安方向に戻し
…」と述べています。

①下線にあるように、為替相場には多くの要因が影響を及ぼしています。以
　下は、Rの step コマンドを用いて変数選択を行った結果です（ただし、
　Y：円ドルレート、X01：日米金利差、X02：生産指数差、X03：失業率差、
　X04：物価差、X05：貿易収支差、X06：円ユーロレート、X07：日経平

均、X08：NYダウ平均、X09：金価格、X10：原油価格）。変数選択と自由度修正済決定係数の関係を説明してください。

```
Coefficients:
              Estimate Std. Error t value Pr(>|t|)
(Intercept) 70.6747151  6.7789299  10.426 1.39e-13 ***
X01          3.0936799  1.6479256   1.877 0.066966 .
X03         -1.9732472  0.4929341  -4.003 0.000231 ***
X04         -1.5283210  0.7699564  -1.985 0.053267 .
X06          0.2358827  0.0511133   4.615 3.28e-05 ***
X07          0.0019002  0.0006470   2.937 0.005205 **
X08         -0.0020068  0.0006059  -3.312 0.001832 **
X10         -0.0719526  0.0275215  -2.614 0.012116 *

Residual standard error: 2.407 on 45 degrees of freedom
Multiple R-squared:  0.9653,    Adjusted R-squared:   0.96
F-statistic: 179.1 on 7 and 45 DF,  p-value: < 2.2e-16
```

②以下は、①の推定において用いた変数に関する相関係数行列です。これを用いて、変数選択の結果における多重共線性の可能性について検討してください（相関係数の評価基準は絶対値 0.7 として考えてください）。

```
> cor(data1,method="pearson")
        Y   X01   X02   X03   X04   X05   X06   X07   X08   X09   X10
Y    1.00  0.82 -0.10 -0.92  0.04 -0.72  0.85  0.93  0.72 -0.89  0.04
X01  0.82  1.00 -0.16 -0.72 -0.01 -0.74  0.63  0.88  0.73 -0.67  0.10
X02 -0.10 -0.16  1.00 -0.05 -0.11  0.06 -0.20 -0.15 -0.17 -0.05 -0.18
X03 -0.92 -0.72 -0.05  1.00 -0.03  0.82 -0.84 -0.89 -0.74  0.87 -0.15
X04  0.04 -0.01 -0.11 -0.03  1.00  0.01  0.15  0.11  0.04  0.06  0.01
X05 -0.72 -0.74  0.06  0.82  0.01  1.00 -0.73 -0.83 -0.89  0.51 -0.49
X06  0.85  0.63 -0.20 -0.84  0.15 -0.73  1.00  0.84  0.79 -0.69  0.43
X07  0.93  0.88 -0.15 -0.89  0.11 -0.83  0.84  1.00  0.88 -0.76  0.14
X08  0.72  0.73 -0.17 -0.74  0.04 -0.89  0.79  0.88  1.00 -0.47  0.41
X09 -0.89 -0.67 -0.05  0.87  0.06  0.51 -0.69 -0.76 -0.47  1.00  0.20
X10  0.04  0.10 -0.18 -0.15  0.01 -0.49  0.43  0.14  0.41  0.20  1.00
```

【問題 8.6】

内閣府『経済財政白書 2014』（p.78）は、「…地域の医療・介護需要に応じた医療・介護提供体制の構築が重要　2006 年の健康保険法等の一部を改正する法律では、介護療養型医療施設を 2011 年度までに廃止するとともに前述の

診療報酬の改定と併せて療養病床を再編成し、当初約 38 万床あった療養病床を医療保険適用療養病床約 15 万床と介護老人保健施設等に再編することを意図していた。」と述べ、地域の病床数（B:数）を人口（P:人）と高齢化比率（A:%）で説明する回帰分析を、都道府県データ（2010 年、$n=47$）を用いて行っています。以下は、R によって、その回帰分析を行った結果です。

(a) 線形に特定化した場合の推定結果

```
> fm1 <- lm(B ~ P + A, data = data1)
> summary(fm1)

Coefficients:
            Estimate Std. Error t value Pr(>|t|)
(Intercept) -1.957e+04  1.532e+04  -1.278    0.208
P            8.911e-03  5.752e-04  15.493   <2e-16 ***
A            9.721e+02  5.849e+02   1.662    0.104

Residual standard error: 8289 on 44 degrees of freedom
Multiple R-squared:  0.8845,    Adjusted R-squared:  0.8792
F-statistic: 168.4 on 2 and 44 DF,  p-value: < 2.2e-16

> cor(data1,method="pearson")
            B          P          A
B   1.0000000  0.9365954 -0.5041750
P   0.9365954  1.0000000 -0.6103406
A  -0.5041750 -0.6103406  1.0000000
```

(b) B と P を対数化した場合の推定結果

```
> fm1 <- lm(lnB ~ lnP + A, data = data1)
> summary(fm1)
Coefficients:
            Estimate Std. Error t value Pr(>|t|)
(Intercept) -3.94188    0.91987  -4.285 9.78e-05 ***
lnP          0.89923    0.04631  19.418  < 2e-16 ***
A            0.03806    0.01344   2.832  0.00696 **

Residual standard error: 0.1818 on 44 degrees of freedom
Multiple R-squared:  0.9256,    Adjusted R-squared:  0.9223
F-statistic: 273.9 on 2 and 44 DF,  p-value: < 2.2e-16

> cor(data1,method="pearson")
      lnB        lnP          A
lnB 1.0000000  0.9550353 -0.5370556
```

```
lnP  0.9550353   1.0000000  -0.6544959
A   -0.5370556  -0.6544959   1.0000000
```

この推定結果において、多重共線性の問題が存在しているかどうか。説明してください。

【演習 8.1】

ある国の輸入は、その国の経済規模の他に輸入品の国産品に対する相対価格の変化の影響を受けると考えられます。そこで、輸入が GDP および輸入価格によって説明される次の日本の輸入関数について考えます（第 7 章【演習 7.1】と同じデータですが、プラザ合意 1985 年以降の期間に限定したものです）。

$$\ln M_t = \alpha + \beta \ln Y_t + \gamma \ln P_t + u_t$$

ただし、$\ln M$：輸入（実質：2010 年価格、兆円）の対数値

$\ln Y$：GDP（実質：2010 年価格、兆円）の対数値

$\ln P$：輸入品の国産品に対する相対価格（2010 年 ＝ 100）の対数値

Year	$\ln Y$	$\ln M$	$\ln P$	Year	$\ln Y$	$\ln M$	$\ln P$
1985	3.155	5.775	5.008	1993	3.657	6.061	4.343
1986	3.192	5.803	4.604	1994	3.736	6.070	4.294
1987	3.278	5.843	4.553	1995	3.858	6.097	4.281
1988	3.449	5.912	4.509	1996	3.962	6.127	4.367
1989	3.615	5.965	4.532	1997	3.966	6.138	4.423
1990	3.693	6.019	4.577	1998	3.896	6.127	4.395
1991	3.681	6.051	4.499	1999	3.932	6.124	4.320
1992	3.670	6.060	4.436	2000	4.020	6.152	4.350

（出所）The World Bank, *Data Bank*.

①このデータの期間について、重回帰分析によって回帰係数を推定してください。

②①の回帰係数の有意性について検討してください。

③相関係数行列を計算することによって、②の結果に多重共線性の問題があるか否か、検討してください（相関係数の評価基準は絶対値 0.7 として考えてください）。

④単純回帰および、変動係数の計算によって、②の結果に多重共線性以外の

問題があるか否か、検討してください。

次は、1974 ～ 1984 年の期間のデータです。

Year	ln Y	ln M	ln P
1974	2.999	5.321	4.983
1975	2.890	5.351	5.004
1976	2.955	5.390	4.979
1977	2.995	5.433	4.874
1978	3.062	5.484	4.659
1979	3.183	5.538	4.875

Year	ln Y	ln M	ln P
1980	3.103	5.566	5.141
1981	3.124	5.607	5.113
1982	3.117	5.640	5.143
1983	3.082	5.670	5.083
1984	3.182	5.714	5.039

（出所）The World Bank, *Data Bank*.

⑤ 1974 ～ 2000 年の期間について、重回帰分析によって回帰係数を推定して
　ください。

⑥ ⑤の回帰係数の有意性について検討してください。

⑦ 相関係数行列を計算することによって、1985 ～ 2000 年の期間との違い
　を検討してください。

⑧ 単純回帰および、変動係数の計算によって、1985 ～ 2000 年の期間との
　違いを検討してください。

244　第 8 章　多重共線性と変数選択

【演習 8.2】

次の表は、東日本の各都道県の経済社会に関する指標を表しています。

		Y	X1	X2	X3	X4	X5	X6	X7	X8
1	北海道	242.2	410.6	7.0	4.6	27.7	1.14	206.7	402.8	47.6
2	青森県	184.2	889.9	12.0	5.3	26.0	2.06	294.6	263.5	44.7
3	岩手県	140.7	666.4	10.6	4.0	36.7	2.17	200.1	392.1	36.1
4	宮城県	123.1	344.2	4.4	4.9	15.0	3.42	369.5	599.4	38.8
5	秋田県	213.4	707.4	9.6	4.3	45.9	2.03	210.2	284.8	44.2
6	山形県	206.9	507.0	9.2	3.6	33.8	1.78	573.5	489.6	38.3
7	福島県	73.7	379.9	6.5	4.4	35.0	2.81	360.2	455.8	38.3
8	茨城県	198.3	400.6	5.6	4.5	21.9	9.13	398.1	1416.2	42.2
9	栃木県	145.7	398.4	5.5	4.3	26.8	3.93	320.5	1342.0	42.1
10	群馬県	159.6	443.4	5.0	4.3	28.4	5.47	771.8	1881.6	39.8
11	埼玉県	222.8	310.3	1.6	4.3	23.0	12.36	406.4	1447.8	44.4
12	千葉県	182.4	297.9	2.8	4.1	23.0	7.85	299.7	1449.2	44.4
13	東京都	70.7	336.6	0.4	3.9	29.4	11.04	253.6	2801.0	49.0
14	神奈川県	184.4	307.3	0.8	3.9	9.1	10.58	310.2	1583.4	56.6
15	新潟県	231.4	682.3	5.8	3.7	33.9	2.95	232.0	502.0	48.4
16	山梨県	210.3	602.6	7.2	4.4	65.9	2.48	553.5	1331.2	35.3
17	長野県	191.4	557.1	9.1	3.4	54.8	3.52	422.4	1269.3	47.3
18	静岡県	237.8	309.3	3.8	4.0	26.5	4.71	878.1	1610.6	41.5

注）表中の指標は以下のとおりです。（すべて 2015 年）
Y：地方債現在高の割合［県財政］（単位：%）
X1：保育所等数（0 ～ 5 歳人口 10 万人当たり所数）
X2：第 1 次産業就業者比率（%）
X3：完全失業率（%）
X4：図書館数（人口 100 万人当たり館数）
X5：道路実延長（総面積 1 km^2 当たり km）
X6：交通事故発生件数（人口 10 万人当たり件数）
X7：外国人人口（人口 10 万人当たり人数）
X8：年間救急出動件数（人口 1000 人当たり件数）
（出所）総務省「社会生活統計指標」より

これらの指標を用いた重回帰分析により、地方財政に影響を及ぼす要因について検討します。

① R の変数選択を利用して、「Y：地方債現在高の割合」を説明する式を推定してください。

② ①の結果について多重共線性が影響を与えているか否か検討してください（相関係数の評価基準は絶対値 0.7 として考えてください）。

第9章
構造変化、理論の妥当性のテスト

　本章では、重回帰分析を利用した構造変化の検定について学びます。経済は常に動いていますが、その構造が大きく変化するときがあります。すなわち、あるデータの収集期間の中で回帰式の係数が変化する場合があります。このような構造変化が発生したときにどのように係数を推定するのか、また、構造変化の有無をどのように検定するのかについて学びます。この検定には、ダミー変数を用いますが、ダミー変数にはいろいろな用い方があります。たとえば、ダミー変数を用いることによって、定性的な情報を回帰分析に変数として入れることも可能となります。

9.1 ダミー変数

9.1.1 ダミー変数の設定1（定数項ダミー）

ダミー変数（dummy variable）は、回帰分析においてデータとして表現することができない事柄を推定に用いたいとき設定される変数です。

例えば、以下のようなモデルをクロスセクションデータによって推定する場合を考えます。

$$Y_i = \alpha + \beta X_i + u_i \tag{9.1}$$

ここで、データが個人の所得 Y と勤続年数 X であるとき、勤続年数が増えれば、所得が上がるという関係があると想定できます。

そこで、データを集めて散布図を描いてみると、図9.1のような関係になったとしましょう。

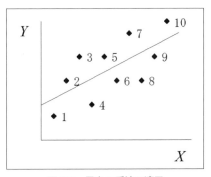

図 9.1 最小 2 乗法の適用

確かに勤続年数 X が増加すれば所得 Y が増加する関係があるように見えます。しかしながら、誤差は大きく、1, 4, 6, 8, 9 のグループと 2, 3, 5, 7, 10 のグループの 2 つに分かれているように見えます。ここで前者のグループが A 産業の労働者、後者のグループが B 産業の労働者ならば、図 9.2 のように、産業別に関数が当てはまりそうであることが予想されます。

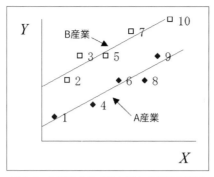

図 9.2 産業による分類と最小 2 乗法の適用

勤続年数が 0 の初任給の水準に違いがありますが、それ以降は、A 産業も B 産業も年齢に応じての昇給は同程度である状況です。

産業別に回帰分析を行うとすれば、回帰係数の値が異なっている状況です。産業 A と産業 B で勤続年数が増加したときの所得の増え方である傾きの回帰係数 β は同じでも、初任給の水準を示す定数項の回帰係数 α が異なるとすると、次のような式を考えることができます。

$$\text{A 産業} \quad Y_i = \alpha_A + \beta X_i + u_i \tag{9.2}$$
$$\text{B 産業} \quad Y_i = \alpha_B + \beta X_i + u_i \tag{9.3}$$

これらの 2 本の式のそれぞれを推定して、求められた係数が異なるか否かの仮説検定を行うことによって産業格差の問題を分析することが可能です。

しかしながら、この「産業」を変数として扱うことができれば、A 産業と B 産業の 2 本の式を 1 本で表現することができ、定数項の回帰係数 α_A と α_B に違いがあるか否かに関して簡単に仮説検定を行うことができます。

ここで、ダミー変数 D を次のように定義します。

$$D = \begin{cases} 0 & \textit{if} \quad \text{A 産業} \\ 1 & \textit{if} \quad \text{B 産業} \end{cases} \tag{9.4}$$

この変数を (9.1) 式に加えた重回帰分析を考えると、

$$Y_i = \alpha + \beta X_i + \gamma D_i + u_i \tag{9.5}$$

となります。ここで、A 産業については、$D = 0$ ですから、

第9章 構造変化、理論の妥当性のテスト

$$Y_i = \alpha + \beta X_i + u_i \tag{9.6}$$

一方、B産業については、$D = 1$ ですから、

$$Y_i = \alpha + \beta X_i + \gamma + u_i$$
$$Y_i = (\alpha + \gamma) + \beta X_i + u_i \tag{9.7}$$

となります。

したがって、A産業の関数の定数項は $\alpha_A = \alpha$、B産業の関数の定数項は $\alpha_B = (\alpha + \gamma)$ となります。

そのため、α_A と α_B に違いがあるか否かという検定は、γ が0か否かという検定と同じことになります。これは、(9.5) 式を重回帰分析によって推定することによって簡単に行うことができる検定です。

このように定数項の違いを1つの式で表現するようなダミー変数の利用の仕方を定数項ダミーと呼びます。

9.1.2 ダミー変数の設定 2（係数ダミー）......................

ダミー変数は、単純に説明変数として回帰式に加えるだけでなく、加工して加えることも考えられます。

例えば、以下のようなモデルをタイムシリーズデータによって推定する場合を考えます。

$$Y_i = \alpha + \beta X_i + u_i \tag{9.8}$$

ここで、データが平均所得水準 X とある製造業製品の販売額 Y であるとき、平均所得水準が高くなれば、売り上げが増加する関係があると想定できます。

そこで、データを集めて散布図を描いてみると、図9.3のような関係になったとしましょう。

確かに平均所得水準 X の増加に伴い製品の売り上げ Y が増加する関係があるように見えます。しかしながら、誤差は大きく、売り上げの伸び方は、1〜5の前期では大きく、6〜10の後期では緩やかとなり、特徴が異なっているように見えます。ここで前期と後期を分けて考えれば図9.4のように、期間別に関数があてはまることが予想されます。

9.1 ダミー変数

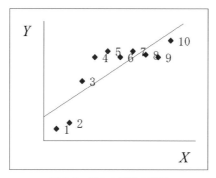

図 9.3　最小 2 乗法の適用

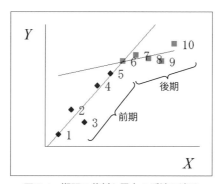

図 9.4　期間の分割と最小 2 乗法の適用

　前期は傾きが急であり、後期は傾きが緩やかになっているように見えます。すなわち、期間別に回帰分析を行うとすれば、回帰係数の値が異なっている状況です。前期と後期で平均所得水準が増加したときの売上の増え方である傾きの回帰係数 β が大きく変化し、それに伴い定数項の回帰係数 α も変化しており、式で表現すると、次のようになると考えられます。

前期（A）　　$Y_i = \alpha_A + \beta_A X_i + u_i$　　　　　　　　　　　(9.9)

後期（B）　　$Y_i = \alpha_B + \beta_B X_i + u_i$　　　　　　　　　　　(9.10)

したがって、これらの 2 本の式のそれぞれを推定して、求められた係数が異なるか否かの仮説検定を行うことによって期間による係数の変化の問題を分析することが可能です。

　しかしながら、この「期間」を変数として扱うことができれば、前期（A）

と後期（B）の2本の式を1本で表現することができ、定数項の回帰係数 α_A と α_B および傾きの回帰係数 β_A と β_B に違いがあるか否かに関して簡単に仮説検定を行うことができます。

ここで、ダミー変数を次のように定義します。

$$D = \begin{cases} 0 & if \quad 前期 \quad (A) \\ 1 & if \quad 後期 \quad (B) \end{cases} \tag{9.11}$$

このダミー変数を利用して次のような式を考えます。

$$Y_i = \alpha + \beta X_i + \gamma D_i + \delta D_i X_i + u_i \tag{9.12}$$

ここで、前期（A）については、$D = 0$ ですから、

$$Y_i = \alpha + \beta X_i + u_i \tag{9.13}$$

一方、後期（B）については、$D = 1$ ですから、

$$Y_i = \alpha + \beta X_i + \gamma + \delta X_i + u_i$$
$$Y_i = (\alpha + \gamma) + (\beta + \delta) X_i + u_i \tag{9.14}$$

となります。

そのため、前期の関数の係数は $\alpha_A = \alpha$ と $\beta_A = \beta$、後期の関数の係数は $\alpha_B = (\alpha + \gamma)$ と $\beta_B = (\beta + \delta)$ になります。

したがって、α_A と α_B に違いがあるか否かという検定は、γ が0か否かの検定になり、β_A と β_B に違いがあるか否かという検定は、δ が0か否かの検定になります。これは、(9.12) 式を重回帰分析によって推定することによって簡単に行うことができるのです。

このように説明変数の項の係数の違いを1つの式で表現するようなダミー変数の利用の仕方は係数ダミーと呼ばれ、多くの場合、(9.12) 式のように定数項ダミーと共に利用されます。

9.2 Rによる推定

本節では、例題を用いながら、Rによる推定の仕方を説明します。

【例題9.1】

$Y_t = \alpha + \beta X_t + u_t$ のモデルについて、次のように定数項ダミーを設定して回帰分析を行います。

$$Y_i = \alpha + \beta X_i + \gamma D_i + u_i \tag{9.15}$$

ここで、図9.5のようにA産業とB産業が混在したデータを考えます。

	A	B	C	D
1	i	X	Y	D
2	1	1	2	0
3	2	2	5	1
4	3	3	7	1
5	4	4	3	0
6	5	5	7	1
7	6	6	5	0
8	7	7	9	1
9	8	8	5	0
10	9	9	7	0
11	10	10	10	1

図9.5 【例題9.1】のデータ

標本番号 1, 4, 6, 8, 9 はA産業、標本番号 2, 3, 5, 7, 10 はB産業であり、列Dのダミー変数は、A産業 = 0、B産業 = 1となっています。

これらのデータを k0901.csv に保存します。

Rにより、以下のコマンドを実行します。

```
data1 <- read.table("k0901.csv",header=TRUE, sep=",")
data1
plot(data1$X, data1$Y,xlab="X",ylab="Y",main="定数項ダミー")
fm0 <- lm(Y ~ X, data=data1)
summary(fm0)
fm1 <- lm(Y ~ X + D, data=data1)
summary(fm1)
```

第9章 構造変化、理論の妥当性のテスト

● 実行結果（一部省略）

```
> fm1 <- lm(Y ~ X + D, data=data1)
> summary(fm1)

Call:
lm(formula=Y ~ X + D, data=data1)

Residuals:
       Min        1Q     Median        3Q       Max
-7.864e-01 -4.490e-01 -2.498e-16 4.490e-01 7.864e-01

Coefficients:
            Estimate Std. Error t value Pr(>|t|)
(Intercept)  1.16505    0.49068   2.374   0.0493 *
X            0.57767    0.07094   8.143 8.14e-05 ***
D            3.31553    0.40753   8.136 8.19e-05 ***
---
Signif. codes:  0 '***' 0.001 '**' 0.01 '*' 0.05 '.' 0.1 ' ' 1

Residual standard error: 0.644 on 7 degrees of freedom
Multiple R-squared: 0.9482,    Adjusted R-squared: 0.9334
F-statistic: 64.02 on 2 and 7 DF,  p-value: 3.171e-05
```

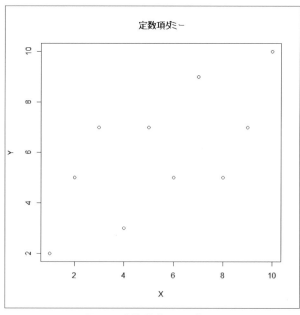

図9.6 定数項ダミーのグラフ

この結果をまとめると、

$$\hat{Y}_i = 1.16505 + 0.57767 X_i + 3.31553 D_i$$
$$\quad\quad (2.374) \quad\quad (8.143) \quad\quad\quad (8.136) \quad\quad\quad\quad\quad (9.16)$$
$$\quad\quad [0.0493] \quad [0.000] \quad\quad\; [0.000]$$
$$R^2 = 0.9482, \; \overline{R}^2 = 0.9334, \; n = 10$$

ただし、( ) 内は t 値、[ ] 内は P 値

これから、D の係数の P 値が非常に小さく、A 産業と B 産業には有意に違いがあることが確認できます。

この結果から、A 産業、B 産業のそれぞれの式は次のようになります。

$$\text{A 産業}\;(D=0) \quad \hat{Y}_i = 1.16505 + 0.57767 X_i \quad\quad\quad\quad (9.17)$$
$$\text{B 産業}\;(D=1) \quad \hat{Y}_i = (1.16505 + 3.31553) + 0.57767 X_i$$
$$\quad\quad\quad\quad\quad\quad\quad\quad \hat{Y}_i = 4.48058 + 0.57767 X_i \quad\quad\quad\quad (9.18)$$

【例題 9.2】

$Y_t = \alpha + \beta X_t + u_t$ のモデルについて、次のように係数ダミー（＋定数項ダミー）を設定して回帰分析を行います。

$$Y_i = \alpha + \beta X_i + \gamma D_i + \delta D_i X_i + u_i \quad\quad\quad\quad (9.19)$$

ここで、図 9.7 のようなデータを考えます。

	A	B	C	D	E
1	i	X	Y	D	DX
2	1	1	1	0	0
3	2	2	1.5	0	0
4	3	3	5	0	0
5	4	4	7	0	0
6	5	5	7.5	0	0
7	6	6	7	1	6
8	7	7	7.5	1	7
9	8	8	7.2	1	8
10	9	9	7	1	9
11	10	10	8.4	1	10

図 9.7 【例題 9.2】のデータ

254　第 9 章　構造変化、理論の妥当性のテスト

標本番号 1 〜 5 は前期（A）、標本番号 6 〜 10 は後期（B）、列 D のダミー
変数は、前期（A）= 0、後期（B）= 1、列 E の係数ダミーは、列 B と列
D を掛け合わせたものとなっています。

これらのデータを k0902.csv に保存します。

R により、以下のコマンドを実行します。

```
data1 <- read.table("k0902.csv",header=TRUE, sep=",")
data1
plot(data1$X, data1$Y,xlab="X",ylab="Y",
  main="係数ダミー（+定数項ダミー）")
fm0 <- lm(Y ~ X, data=data1)
summary(fm0)
fm1 <- lm(Y ~ X + D + DX, data=data1)
summary(fm1)
```

● 実行結果（一部省略）

```
> fm1 <- lm(Y ~ X + D + DX, data=data1)
> summary(fm1)

Call:
lm(formula=Y ~ X + D + DX, data=data1)

Residuals:
    Min     1Q  Median     3Q     Max
-1.0500 -0.5050  0.1700  0.4675  0.7500

Coefficients:
           Estimate Std. Error t value Pr(>|t|)
(Intercept) -1.1500     0.7795  -1.475 0.190563
X            1.8500     0.2350   7.872 0.000223 ***
D            6.7300     2.0623   3.263 0.017176 *
DX          -1.6200     0.3324  -4.874 0.002783 **
---
Signif. codes:  0 '***' 0.001 '**' 0.01 '*' 0.05 '.' 0.1 ' ' 1

Residual standard error: 0.7432 on 6 degrees of freedom
Multiple R-squared: 0.9456,    Adjusted R-squared: 0.9183
F-statistic: 34.73 on 3 and 6 DF,  p-value: 0.0003457
```

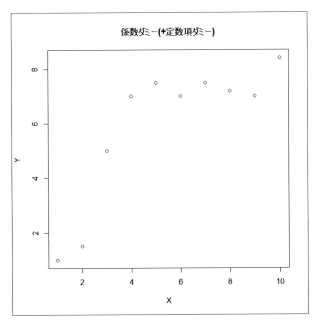

図 9.8 係数ダミーのグラフ（+定数項ダミー）

この結果をまとめると、

$$\hat{Y}_i = \underset{(-1.475)}{-1.15} + \underset{(7.872)}{1.85\ X_i} + \underset{(3.263)}{6.73\ D_i} \underset{(-4.874)}{-1.62\ D_i X_i} \quad (9.20)$$
$$[0.1906]\quad [0.0002]\quad\quad [0.0172]\quad\quad [0.0028]$$
$$R^2 = 0.9456,\ \bar{R}^2 = 0.9183,\ n = 10$$

ただし、( ) 内は t 値、[ ] 内は P 値

これから、D の係数および DX の係数の P 値が非常に小さく、前期（A）と後期（B）には有意に違いがあることが確認できます。

この結果から、前期（A）、後期（B）のそれぞれの式は次のようになります。

前期（A）（$D=0$）　$\hat{Y}_i = -1.15 + 1.85 X_i$ （9.21）

後期（B）（$D=1$）　$\hat{Y}_i = (-1.15 + 6.73) + (1.85 - 1.62) X_i$
$$\hat{Y}_i = 5.58 + 0.23 X_i \quad (9.22)$$

256 第9章 構造変化、理論の妥当性のテスト

9.3 構造変化のテスト

9.1 節で説明したように係数ダミーを利用する際には、一般に定数項ダミーも利用することになります。したがって、期間によって構造に変化が生じたかどうかを考えるにあたっては2つの回帰係数の違いを考慮することになります。

2つの回帰係数の違いを別々に考える場合には t 検定を用い、2つの回帰係数の違いを同時に考える場合には F 検定を用います。

9.3.1 t 検定による構造変化のテスト ....

「前期と後期に違いがあるか否か」を考えるにあたっては、

$$Y_i = \alpha + \beta X_i + \gamma D_i + \delta D_i X_i + u_i \tag{9.23}$$

において、

$$\begin{cases} \mathrm{H_0} : \gamma = 0 \\ \mathrm{H_1} : \gamma \neq 0 \end{cases} \text{と} \begin{cases} \mathrm{H_0} : \delta = 0 \\ \mathrm{H_1} : \delta \neq 0 \end{cases}$$

の2組の仮説を検定することになります。

この仮説検定はこれまで見てきた回帰係数の有意性の検定そのものです。

【例題 9.3】
【例題 9.2】の推定結果を用いて、

$$Y_i = \alpha + \beta X_i + \gamma D_i + \delta D_i X_i + u_i \tag{9.24}$$

のモデルについて、係数ダミーと定数項ダミーの有意性の仮説検定を行います。

$$\mathrm{H_0} : \gamma = 0$$
$$\mathrm{H_1} : \gamma \neq 0$$

の仮説設定において、$\gamma = 0$ に関する P 値は 0.0172 であり、1.72% 以上に有意水準を設定すれば有意となります。すなわち、定数項ダミーはかなり有意であるといえます。

また、

$$H_0 : \delta = 0$$
$$H_1 : \delta \neq 0$$

の仮説設定において、$\delta = 0$ に関する P 値は 0.0028 であり、0.28%以上に有意水準を設定すれば有意となります。

したがって、標準的な有意水準を設定すれば、いずれのダミー変数も有意であるといえます。

9.3.2　F 検定による構造変化のテスト ....

「前期と後期に違いがあるか否か」を考えるにあたっては、

$$Y_i = \alpha + \beta X_i + \gamma D_i + \delta D_i X_i + u_i$$

において、

$$H_0 : \gamma = 0 \quad \text{と、} \qquad H_0 : \delta = 0$$
$$H_1 : \gamma \neq 0 \quad \text{もしくは、} \quad H_1 : \delta \neq 0$$

の2組の仮説を同時に検定することも考えられます。

すなわち、

$$H_0 : \gamma = \delta = 0$$
$$H_1 : \gamma, \delta \text{ のうち少なくとも1つは0でない}$$

について仮説検定を行うことが考えられるのです。このような複数の回帰係数に関する有意性の検定にあたっては、t 分布ではなく、F 分布を用います。

構造変化に関する F 検定の手続きを示すと次のようになります。

一般形で表記すると、

　[構造変化がない場合]　　$Y_i = \alpha + \beta X_i + u_i$ 　　　　　　　(I)

　[構造変化がある場合]　　$Y_i = \alpha + \beta X_i + \gamma D_i + \delta D_i X_i + u_i$ 　　(II)

● 仮説の設定

帰無仮説　$H_0 : \gamma = \delta = 0$

258　第9章　構造変化、理論の妥当性のテスト

対立仮説　H_1：γ, δ のうち少なくとも1つは0でない

$$F = \frac{Q_3 / l}{Q_2 / (n-k-l)}$$ は、自由度 $(l,\, n-k-l)$ の F 分布に従います。

● (I) 式の回帰分析によって得られる残差平方和

$Q_1 = \Sigma e_i^2$ （自由度 $d.f. = n-k$）

k は (I) 式で推定する係数の数

● (II) 式の回帰分析によって得られる残差平方和

$Q_2 = \Sigma e_i^2$ （自由度 $d.f. = n-k-l$）

l は (II) 式で追加した変数の数

$Q_3 = Q_1 - Q_2$ （自由度 $d.f. = l$）

$$F = \frac{Q_3 / l}{Q_2 / (n-k-l)}$$ は、自由度 $(l,\, n-k-l)$ の F 分布に従います。

これが、有意水準 α のときの棄却域 $R = \{F,\, F > F_\alpha\}$ に入れば、

「H_0：$\gamma = \delta = 0$」を棄却し、

「H_1：γ, δ のうち少なくとも1つは0でない」を採択します。

F 検定では、上記のように2つの式の残差の大きさの違いによって検定を行いますが、次のように残差の情報は決定係数 R^2 からも得ることができます。(I) 式の回帰分析によって得られる決定係数を R_1^2、(II) 式の回帰分析によって得られる決定係数を R_2^2 とすると、上記の F 値は、

$$F = \frac{(R_2^2 - R_1^2) / l}{(1 - R_2^2) / (n-k-l)} \tag{9.25}$$

によって求めることもできます。

構造変化の検定には、このようにそれぞれの係数を検定する t 検定とすべての係数を検定する F 検定があります。ただし、両方の検定を行ったとき、t 検定ではすべてのダミー変数で係数が有意とならならず、構造変化がないという結論になるが、F 検定では有意となり、構造変化があるという結論になる場合が発生することがあります。これは、重回帰分析における t 検定は、他の説明変数の項については固定して検定を行っていますが、実際には係数の推定値は

連動していることから生じる現象です。したがって、t 検定ではすべて有意とならなかったが、F 検定で有意となった場合は、構造変化があると結論すべきであるといえます。

【例題 9.4】

【例題 9.2】の推定結果を用いて、

$$Y_i = \alpha + \beta X_i + \gamma D_i + \delta D_i X_i + u_i \tag{9.26}$$

のモデルについて、係数ダミーと定数項ダミーの有意性の仮説検定を F 分布を用いて行います。

　　帰無仮説　H_0：$\gamma = \delta = 0$
　　対立仮説　H_1：γ, δ のうち少なくとも 1 つは 0 でない

【例題 9.2】で用意したデータ（k0902.csv）について、R により、以下のコマンドを実行します。

```
data1 <- read.table("k0902.csv",header=TRUE, sep=",")
data1
fm0 <- lm(Y ~ X, data=data1)
summary(fm0)
fm1 <- lm(Y ~ X + D + DX, data=data1)
summary(fm1)
anova(fm0,fm1)
```

① 3 行目は、$Y_i = \alpha + \beta X_i + u_i$ の推定を指示しています。
② 5 行目は、$Y_i = \alpha + \beta X_i + \gamma D_i + \delta D_i X_i + u_i$ の推定を指示しています。
③ 7 行目の anova は、3 行目と 5 行目の推定の結果 fm0 と fm1 から F 検定を行うことを指示しています。

● 実行結果（一部省略）

```
> anova(fm0,fm1)
Analysis of Variance Table

Model 1: Y ~ X
Model 2: Y ~ X + D + DX
  Res.Df    RSS Df Sum of Sq      F  Pr(>F)
```

```
1        8 19.316
2        6  3.314  2     16.002 14.486 0.00505 **
---
Signif. codes:  0 '***' 0.001 '**' 0.01 '*' 0.05 '.' 0.1 ' ' 1
```

この結果から、F 値は 14.486、それに対応する P 値は 0.00505 であることがわかります。

これにより、有意水準を 0.505 ％より大きく設定する限り、「H_0：$\gamma = \delta = 0$」は棄却され、「H_1：$\gamma,\ \delta$ のうち少なくとも 1 つは 0 でない」が採択されることになります。

すなわち、標準的な有意水準を設定すれば前期と後期の間には構造変化があったと結論することができます。

9.3.3　同じことを Excel でやると ....

【例題 9.4】について Excel を用いて F 検定を行う方法を紹介します。【例題 9.2】のデータについて分析ツールを用いて回帰分析を行う際に計算される分散分析表を用いて F 値を計算することになります。

図 9.9 のようにデータを用意し、分析ツールの回帰分析を実行します。

	A	B	C	D	E
1	i	X	D	DX	Y
2	1	1	0	0	1
3	2	2	0	0	1.5
4	3	3	0	0	5
5	4	4	0	0	7
6	5	5	0	0	7.5
7	6	6	1	6	7
8	7	7	1	7	7.5
9	8	8	1	8	7.2
10	9	9	1	9	7
11	10	10	1	10	8.4

図 9.9　Excel のデータ

$Y_i = \alpha + \beta X_i + u_i$ の結果は図 9.10 のようになります（Y 範囲には列 E を、X 範囲には列 B を、一覧の出力先にはセル A13 を指定します）。

	A	B	C	D	E	F	G	H	I
13	概要								
14									
15		回帰統計							
16	重相関 R	0.826232							
17	重決定 R2	0.682659							
18	補正 R2	0.642991							
19	標準誤差	1.553876							
20	観測数	10							
21									
22	分散分析表								
23			自由度	変動	分散	則された分	有意 F		
24	回帰		1	41.55276	41.55276	17.20946	0.003216		
25	残差		8	19.31624	2.41453				
26	合計		9	60.869					
27									
28			係数	標準誤差	t	P-値	下限 95%	上限 95%	下限 95.0%上限 95.0%
29	切片		2.006667	1.061499	1.890408	0.095366	-0.44116	4.454488	-0.44116 4.454488
30	X		0.709697	0.171076	4.148428	0.003216	0.315195	1.104199	0.315195 1.104199

図 9.10 $Y_i = \alpha + \beta X_i + u_i$ の結果

$Y_i = \alpha + \beta X_i + \gamma D_i + \delta D_i X_i + u_i$ の結果は図 9.11 のようになります（Y 範囲には列 E を、X 範囲には列 B, C, D を、一覧の出力先にはセル A32 を指定します）。

	A	B	C	D	E	F	G	H	I
32	概要								
33									
34		回帰統計							
35	重相関 R	0.972397							
36	重決定 R2	0.945555							
37	補正 R2	0.918333							
38	標準誤差	0.743191							
39	観測数	10							
40									
41	分散分析表								
42			自由度	変動	分散	則された分	有意 F		
43	回帰		3	57.555	19.185	34.73446	0.000346		
44	残差		6	3.314	0.552333				
45	合計		9	60.869					
46									
47			係数	標準誤差	t	P-値	下限 95%	上限 95%	下限 95.0%上限 95.0%
48	切片		-1.15	0.779466	-1.47537	0.190563	-3.05728	0.757284	-3.05728 0.757284
49	X		1.85	0.235018	7.871747	0.000223	1.274932	2.425068	1.274932 2.425068
50	D		6.73	2.062272	3.263391	0.017176	1.683802	11.7762	1.683802 11.7762
51	DX		-1.62	0.332365	-4.87416	0.002783	-2.43327	-0.80673	-2.43327 -0.80673

図 9.11 $Y_i = \alpha + \beta X_i + \gamma D_i + \delta D_i X_i + u_i$ の結果

262　第9章　構造変化、理論の妥当性のテスト

これらの情報を用いて F 値を計算すると、図9.12 のようになります。

	A	B	C	D
54	Q1	19.31624	n-k	8
55	Q2	3.314	n-k-l	6
56	Q3	16.00224	l	2
57	F	14.48604		
58	P	0.00505		

図9.12　F 値の計算

これらの値は、図9.13 のように計算されています。

	A	B	C	D
54	Q1	=C25	n-k	=B25
55	Q2	=C44	n-k-l	=B44
56	Q3	=B54-B55	l	=D54-D55
57	F	=(B56/D56)/(B55/D55)		
58	P	=F.DIST.RT(B57,D56,D55)		

図9.13　F 値の計算式

ここで、$Q_1 = \Sigma e_i^2$ はダミーなしの式の「分散分析表」の「残差×変動」（セル C25）、$Q_2 = \Sigma e_i^2$ はダミーありの式の「分散分析表」の「残差×変動」（セル C44）にあたります。

また、`F.DIST.RT` 関数は、F 分布に従う値（セル B57）について、その自由度に対応して右片側確率を求めることができます。

$$Q_1 = \Sigma e_i^2 = 19.31624 \quad (自由度\ d.f. = n - k = 8)$$
$$Q_2 = \Sigma e_i^2 = 3.314 \quad (自由度\ d.f. = n - k - l = 6)$$
$$Q_3 = Q_1 - Q_2 = 16.00224 \quad (自由度\ d.f. = l = 2)$$

$$F = \frac{Q_3 / l}{Q_2 / (n - k - l)} = 14.48604 \tag{9.27}$$

$$P(F > 14.48604) = 0.00505 \tag{9.28}$$

これによって、【例題9.4】と同じ F 値、およびその P 値が得られたことが確認できます。

一方、決定係数の情報から求めると、(9.25) 式に図9.10 のセル B17 の $R_1^2 = 0.682659$ と図9.11 のセル B36 の $R_2^2 = 0.945555$ を代入して、

$$F = \frac{(R_2^2 - R_1^2)/l}{(1 - R_2^2)/(n - k - l)}$$

$$= \frac{(0.945555 - 0.682659)/2}{(1 - 0.945555)/(10 - 2 - 2)} = 14.486$$

(9.29)

となり、同じ値が得られることが確認できます。

まとめ

　重回帰分析によって単純回帰分析では行うことが困難であったような分析も簡単に行うことが可能になります。

　その中の1つがダミー変数による分析です。ダミー変数によって、産業や期間など、変数として扱えない属性についても0か1かの数字を割り当てることによって変数化することができます。

　ダミー変数を回帰式に入れるにあたっては、水準が変化する定数項ダミーと、インパクトが変化する係数ダミーがあり、使い分けることが必要です。

　また、係数ダミーは、多くの場合、定数項ダミーとともに用いられます。

　期間によっての構造変化の分析では、係数ダミーと定数項ダミーが同時に用いられることがあります。この場合、構造変化があったかどうかは複数の回帰係数が有意か否かの検定となり、F分布を用いて検定を行うのが適切です。これは重回帰分析において行う様々な検定に応用できる検定です。

264 第9章 構造変化、理論の妥当性のテスト

練習問題

【問題 9.1】

回帰分析においてダミー変数が広く用いられる理由を説明してください。

【問題 9.2】

回帰分析におけるダミー変数には、定数項ダミーと係数ダミーがあります。その違いについて説明してください。

【問題 9.3】

構造変化の検定に F 分布が用いられることがあります。その考え方について、回帰分析の誤差の大きさに言及して説明してください。

【問題 9.4】

経済産業省は『通商白書 2017』(p.222) の中で、「生産性上昇率が高い産業ほど雇用者数成長率が低くなる傾向にあり、我が国においてボーモル効果（生産性上昇と雇用縮小の共存）が生じていることが見て取れる。そして、ほとんどの産業が、生産性は上昇しているが雇用者数は減少している第四象限に集中していることが分かる。次に、同期間のドイツを見てみると、生産性上昇率と雇用者数成長率の関係が右肩下がりであることは我が国と同様であるが、生産性の上昇と雇用者数の成長を同時に達成している第一象限に位置する産業の数は圧倒的に多い。」と説明し、両国の図を示しています。

①図の日本（29 産業）とドイツ（37 産業）のそれぞれの関係式に違いがあるかどうかを検定するにあたっては、ダミー変数の利用が考えられます。どのようにダミー変数を定義すればよいかを想像し、それを Excel シートのイメージで説明してください。

練習問題 | 265

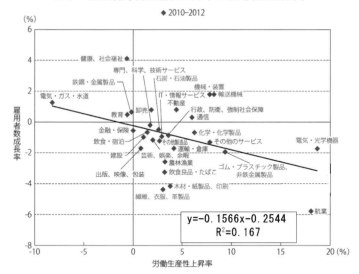

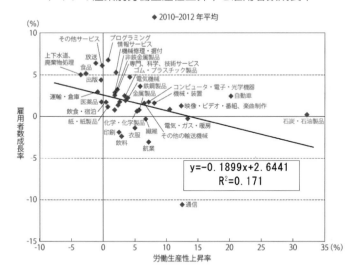

(日本は、第Ⅱ-3-1-2-8図　我が国の産業別労働生産性上昇率と雇用者数成長率（p.223）より。ドイツは、第Ⅱ-3-1-2-10図　ドイツの産業別労働生産性上昇率と雇用者数成長率（p.224）より)

②次の R による結果は、ダミー変数を用いて日本とドイツのそれぞれの関係式を推定し、それらの式に違いがあるかどうかについて F 分布を用いた検定を行った部分の抜粋です。①で定義したダミー変数を踏まえて、fm1 <- lm(Y ~ X + D + DX, data = data1) による推定によって求まったであろう式を、①の図に現れる結果を用いて示してください。

```
> fm0 <- lm(Y ~ X, data = data1)
  :
> fm1 <- lm(Y ~ X + D + DX, data = data1)
  :
> anova(fm0,fm1)

Analysis of Variance Table
Model 1: Y ~ X
Model 2: Y ~ X + D + DX
  Res.Df    RSS Df Sum of Sq      F    Pr(>F)
1     64 519.20
2     62 400.37  2    118.83 9.2009 0.0003169 ***
```

③R で行われた F 検定の考え方と結果について説明してください。

【問題 9.5】

内閣府『経済財政白書 2015』(p.43) は、「バブル経済の崩壊以降、労働需給と物価の関係が弱まっているが、今後緩やかな物価上昇が実現することで、予想物価上昇率をデフレ脱却に向けて安定化させる取組、デフレマインドの払しょくを通じた賃金引上げやそれに伴う販売価格上昇等を通じて、両者の関係が強まっていくと考えられる。」として、以下の図を示しています。

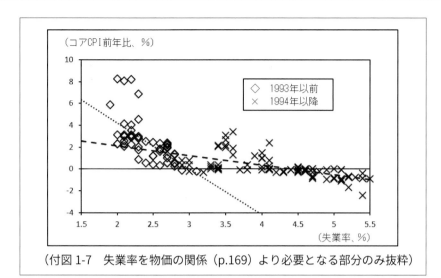

（付図1-7 失業率を物価の関係（p.169）より必要となる部分のみ抜粋）

① 以下のRによる結果は、図のデータ（1980年第1四半期〜2015年第3四半期の四半期データ）を用いて行った分析の一部です。図からわかる特徴を言葉で表現したうえで、推定結果にあるYとXはそれぞれ何にあたるか、説明してください。

```
> data1 <- read.table("E2015F.csv",header = TRUE, sep =",")
> data1
  :
> fm0 <- lm(Y ~ X, data = data1)
> summary(fm0)

Coefficients:
            Estimate Std. Error t value Pr(>|t|)
(Intercept)  5.49147    0.36158   15.19   <2e-16 ***
X           -1.25992    0.09814  -12.84   <2e-16 ***

Residual standard error: 1.252 on 141 degrees of freedom
Multiple R-squared:  0.5389,    Adjusted R-squared:  0.5357
F-statistic: 164.8 on 1 and 141 DF,  p-value: < 2.2e-16

> fm1 <- lm(Y ~ X + D + DX, data = data1)
> summary(fm1)

Coefficients:
            Estimate Std. Error t value Pr(>|t|)
```

```
(Intercept)   12.6424     1.2669   9.979  < 2e-16 ***
X             -4.2097     0.5207  -8.085 2.73e-13 ***
D             -8.7027     1.4585  -5.967 1.91e-08 ***
DX             3.3120     0.5471   6.054 1.25e-08 ***

Residual standard error: 1.121 on 139 degrees of freedom
Multiple R-squared:  0.6354,    Adjusted R-squared:  0.6276
F-statistic: 80.76 on 3 and 139 DF,  p-value: < 2.2e-16

> anova(fm0,fm1)
Analysis of Variance Table

Model 1: Y ~ X
Model 2: Y ~ X + D + DX
  Res.Df    RSS Df Sum of Sq      F    Pr(>F)
1    141 220.92
2    139 174.69  2    46.231 18.393 8.187e-08 ***
```

② 変数 D はどのように定義されていると考えられるでしょうか、Excel シートのイメージを示しながら説明してください。

③ R の推定結果から、図の 2 つの期間の間に構造変化があったかどうかについて F 検定を行うときの検定の考え方を、2 つの回帰式の推定結果のそれぞれを図示し、それらを用いながら説明してください。

④ R の推定結果から、図の 2 つの期間の間に構造変化があったかどうかについて、有意水準を 5%としたとき、t 検定と F 検定の結論は一致しているでしょうか、一致していないでしょうか。推定結果に示されている P 値を利用しながら説明してください。

【問題 9.6】

　経済産業省は『2016 年度版通商白書』（p.175）の中で、「…図は、総務省「科学技術研究調査」の製造業 19 業種について、企業外技術貿易と TFP の関係を見たものである。…企業外技術輸出額の売上高比率と TFP 上昇率の関係を見ると、企業外技術輸出の水準が突出して高い医薬品工業を除くと、高い正の相関を示すことから、技術輸入と同様、TFP 上昇率が高く競争力のある業種ほど、多くの技術を外部企業に供給していることが見て取れる。」と説明しています（注：TFP は全要素生産性であり、技術水準を反映しています）。

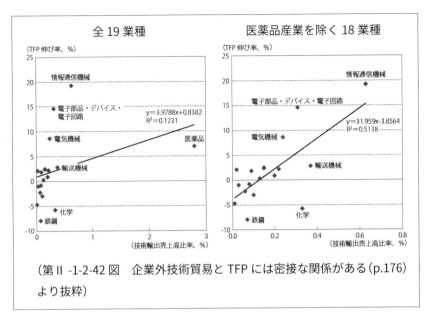

(第Ⅱ-1-2-42図　企業外技術貿易とTFPには密接な関係がある（p.176）より抜粋）

以下は、Rの出力結果の一部ですが、これは、図に関連した分析結果を表しています。ただし、Y：TFP伸び率、X：技術輸出売上高比率（それぞれ2002〜2012年の平均）、D：医薬品ダミー（医薬品業界＝1、その他＝0）です。

```
> fm0 <- lm(Y ~ X, data = data1)
> summary(fm0)
            Estimate Std. Error t value Pr(>|t|)
(Intercept)   0.8382     1.5022   0.558    0.585
X             3.9788     2.6902   1.479    0.159

> fm1 <- lm(Y ~ X + D, data = data1)
> summary(fm1)
            Estimate Std. Error t value Pr(>|t|)
(Intercept)   -3.856      1.938  -1.990  0.06509 .
X             31.959      7.978   4.006  0.00115 **
D            -75.164     20.670  -3.636  0.00244 **

> anova(fm0,fm1)
Analysis of Variance Table

Model 1: Y ~ X
Model 2: Y ~ X + D
  Res.Df    RSS Df Sum of Sq      F   Pr(>F)
```

1	16 678.62				
2	15 376.22	1	302.4	12.057	0.003412 **

①Rの出力結果に示されている2本目の式（Model 2）には、医薬品ダミーが説明変数として加えられており、その推定結果は、図の医薬品を除いた18業種の推定結果と等しくなっています。Excelファイルでは、このダミー変数はどのように加えられているでしょうか。Excelシートのイメージを描きながら説明してください。

②Rで行われたF検定の考え方と結果について説明してください。

【演習 9.1】

ある国の輸出は、世界の経済規模の影響を受けると考えられます。そこで、日本の輸出が世界のGDP合計によって説明される次の輸出関数について考えます。

$$\ln E_i = \alpha + \beta \ln Y_i + u_i$$

ただし、E：輸出、Y：世界のGDP合計

Year	$\ln E$	$\ln Y$
1990	3.426	3.635
1991	3.477	3.649
1992	3.520	3.667
1993	3.524	3.683
1994	3.562	3.712
1995	3.603	3.742
1996	3.650	3.776
1997	3.755	3.812
1998	3.730	3.837

Year	$\ln E$	$\ln Y$
1999	3.750	3.869
2000	3.869	3.912
2001	3.800	3.931
2002	3.875	3.952
2003	3.966	3.981
2004	4.099	4.025
2005	4.168	4.062
2006	4.267	4.105
2007	4.350	4.146

Year	$\ln E$	$\ln Y$
2008	4.365	4.164
2009	4.098	4.147
2010	4.321	4.189
2011	4.318	4.220
2012	4.317	4.244
2013	4.325	4.270
2014	4.414	4.299
2015	4.443	4.327
2016	4.456	4.351

ただし、Y：世界のGDP合計（実質：2010年価格、兆ドル）
　　　　E：日本の輸出（実質：2010年価格、兆円）
（出所）The World Bank, *Data Bank*.

①散布図を描いてください。

②2005年以前を前期、2006年以降を後期としてダミー変数を設定してください。

③ ②のダミーはどのように回帰式に組み入れるべきか、①を利用して説明

してください。

④ ②を利用して構造変化があったか否かについて検定してください。

【演習 9.2】

以下の表は、世界の先進国の生産活動に関するデータを集めたものです。

	$G(Y)$	$G(L)$	$G(K)$
Australia	2.88	1.90	3.71
Austria	1.05	1.34	1.53
Belgium	0.83	1.06	2.01
Canada	2.33	1.50	3.12
Chile	4.34	2.84	5.89
Czech Rep.	0.62	0.16	1.07
Denmark	0.52	0.28	1.02
Estonia	4.28	2.88	2.93
Finland	−0.11	0.60	1.47
France	0.77	0.32	1.62
Germany	1.48	1.24	1.30
Greece	−4.82	−4.95	−0.74
Hungary	1.39	0.91	0.93
Iceland	2.22	1.55	−0.29
Ireland	2.33	−0.38	1.81
Israel	3.42	3.35	3.72
Italy	−1.11	−0.72	0.51

	$G(Y)$	$G(L)$	$G(K)$
Japan	0.69	0.24	0.89
Korea, Rep.	3.04	2.10	3.45
Latvia	3.89	0.33	0.87
Luxembourg	2.51	3.59	3.13
Netherlands	0.27	−0.21	1.08
New Zealand	2.54	1.50	2.40
Norway	1.73	1.48	2.83
Poland	2.78	0.68	3.96
Portugal	−1.54	−2.49	0.22
Slovak Rep.	2.08	0.58	2.10
Slovenia	−0.04	−0.47	0.52
Spain	−0.99	−2.74	1.35
Sweden	1.48	1.39	1.47
Switzerland	1.65	1.99	1.65
United Kingdom	2.06	1.34	1.16
United States	1.93	1.24	1.24

ただし、$G(Y)$：GDP 増加率（2010 ～ 2014 年の実質年平均増加率：%）
$G(L)$：労働増加率（2010 ～ 2014 年の年平均増加率：%）
$G(K)$：資本ストック増加率（2010 ～ 2014 年の実質年平均増加率：%）
（出所）The Univ. of California, Davis and the Groningen Growth Development Centre of the Univ. of Groningen, *Penn World Table version 9.0* より

① この期間に経済危機に直面した Greece と Italy についてダミー変数を設定してください。

② $G(Y)_i = \alpha + \beta\, G(L)_i + \gamma\, G(K)_i + u_i$ に定数項ダミーを設定し、重回帰分析によって回帰係数を推定してください。

③ ②の結果から、回帰係数の有意性について検討してください。

第 10 章
同時方程式体系

　本章では、同時方程式体系について学びます。これは古典的最小2乗法でおかれる仮定4が成立しない場合です。需給均衡など、市場で数量と価格が決定される場合のように経済が複数の関数などで表現される構造を持っているときには、回帰式に現れる誤差の大きさは様々な影響を受けて決定され、その結果、説明変数との間に関係を持つことがあります。このような場合、通常の古典的最小2乗法では正しい推定ができないため、工夫が必要となります。

10.1 識別問題

10.1.1 経済理論と識別問題

　経済理論の基本は、原因と結果に関する因果関係にあります。その因果関係を関数として表現し、計量分析によって推定します。その理論は単純に1本の式で表される場合だけではなく、複数の式が組み合わさって理論を形成する場合があります。

　市場の理論は、一般的に供給曲線と需要曲線によって表されます。図10.1は典型的な市場の均衡の仕組みを、横軸に数量 Q、縦軸に価格 P をとり、供給曲線 S と需要曲線 D によって表したものです。

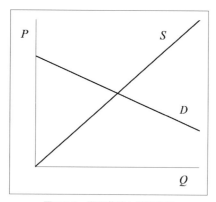

図10.1　需要曲線と供給曲線

　供給関数は、市場である価格 P が提示されたとき、どのくらいの供給量 S が発生するかを表す関数であり、

$$S = \alpha_0 + \alpha_1 P \tag{10.1}$$

　一方、需要関数は、ある価格 P が提示されたとき、どのくらいの需要供給量 D が発生するかを表す関数であり、

$$D = \beta_0 + \beta_1 P \tag{10.2}$$

と表すことができます。

一般に経済学で市場の均衡の分析を行うときは、横軸に数量 Q、縦軸に価格 P をとりますが、関数は横軸に原因、縦軸に結果をとるのが一般的です。そこで、これ以降は、横軸に価格 P、縦軸に数量 Q をとって説明をしていきます。

それぞれの関数はデータを集めれば回帰分析によって推定できると考えられます。そこで、実際にデータを収集した結果、図 10.2 のような散布図を描けたとします。

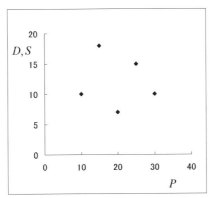

図 10.2 市場で観察されるデータ

市場でデータが得られるのは、市場が均衡しているときですから、$Q = S = D$ が成立しています。図 10.2 のそれぞれの点は、価格 P と数量 Q の組み合わせを表しています。このデータに回帰分析を適用することができますが、その結果は何が得られたことになるのでしょうか。

$$Q = a + bP \tag{10.3}$$

(10.3) 式で、a と b の推定ができたとしても、それは供給曲線なのか需要曲線なのかわかりませんし、また、2 つの式が別々に推定されるわけではないことがわかります。

それでは、2 つの式からどのように図 10.2 のデータが発生しているのでしょうか。これは、供給曲線 S と需要曲線 D が移動して各点が S と D の交点となっているためです。

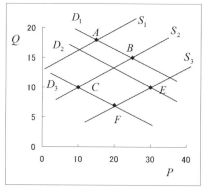

図 10.3　市場で観察される均衡点

　例えば、点 A は、供給曲線が S_1、需要曲線が D_1 に位置していた場合の均衡点であり、点 B は、供給曲線が S_2、需要曲線が D_1 に位置していた場合の均衡点となっています（図 10.3）。このように供給曲線や需要曲線が移動するのは、価格 P 以外に供給量 S や需要量 D に影響を与える変数があるためと考えられます。すなわち、供給関数と需要関数は次のように表すことができるでしょう。

$$S = \alpha_0 + \alpha_1 P + \alpha_2 X \tag{10.4}$$

$$D = \beta_0 + \beta_1 P + \beta_2 Z \tag{10.5}$$

ただし、X は供給量に影響を及ぼす変数、Z は需要量に影響を及ぼす変数です。

　すなわち、供給関数と需要関数を推定するためには、(10.4) 式と (10.5) 式のようにそれぞれの関数の位置を変える、すなわち関数をシフトさせる変数が必要です。これに対して、(10.1) 式と (10.2) 式のように関数の位置が不変の式の場合は推定ができないことになります。

　このように式に現れる変数によって、関数が推定できる場合と推定できない場合があり、この問題を**識別問題**（identification problem）と呼びます。(10.4) 式と (10.5) 式のように供給関数と需要関数を推定できる場合は**識別可能**、(10.1) 式と (10.2) 式のように 2 つの関数を区別して推定できない場合を**識別不能**と呼びます。

　また、$Q = S = D$ より、

$$Q = \alpha_0 + \alpha_1 P + \alpha_2 X \tag{10.6}$$

$$Q = \beta_0 + \beta_1 P + \beta_2 Z \tag{10.7}$$

と表すと、この2本の関数が存在することによって、市場の取引で数量と価格が調整され、同時決定されると考えられます。価格が与えられ、需要量と供給量が決まりますが、両者が一致しない、すなわち不均衡のとき、価格が変化し、需要量と供給量が変化し、均衡へと近づいていきます。このように経済活動の仕組みを行動から表すこれら2本の式のような体系を**構造方程式**（structural form）と呼び、この体系で同時決定する数量 Q と価格 P を**内生変数**（endogenous variable）と呼びます。一方、X と Z は、この体系の中では決定されませんから**外生変数**（exogenous variable）と呼びます。

　経済理論を学ぶときには、(10.1) 式や (10.2) 式のような単純な式によって考えることがありますが、推定をする場合には、さらに現実の経済活動を観察し、外生変数を組み入れた形で構造方程式を設定する必要があります。

10.1.2　構造方程式と古典的最小2乗法......................

　(10.4) 式と (10.5) 式のように識別可能な以下のような構造方程式体系を考えることができれば、データを集めることによって、それぞれ古典的最小2乗法を適用することによって係数を推定できそうですが、ここで別の問題が発生します。推定にあたっては、データには誤差が存在しますから、(10.6) 式と (10.7) 式に誤差項を加えます。

$$Q = \alpha_0 + \alpha_1 P + \alpha_2 X + u \tag{10.8}$$
$$Q = \beta_0 + \beta_1 P + \beta_2 Z + v \tag{10.9}$$

u と v はそれぞれの関数における誤差を表しています。

　ここで、(10.8) 式の u がプラスであったとすると、(10.6) 式の右辺が増加することになりますから、左辺の供給 Q はその分増加します。需要と供給は一致しますから、同時に需要 Q も増加しています。これは、(10.9) 式の左辺 Q の増加にあたりますから、右辺も増加しなければなりません。右辺の中では市場で同時決定する P が変化することになりますが、需要関数における P の係数 β_1 はマイナスですから、Q の増加は P の減少をもたらします。この P は供給関数 (10.8) 式にも登場しますから同様に減少することになります。すなわち、(10.8) 式における誤差 u の増加は、(10.9) 式の存在によって、説明変

数 P の減少を引き起こすことになります。

図 10.4 は、これを図示したものです。供給関数 S_0 と需要関数 D_1 の交点 A で均衡しているとき、誤差 u がプラスであったとすると、供給関数は S_1 にシフトし点 B に移りますが、ここは均衡点ではないので、供給関数 S_1 と需要関数 D_1 の交点である点 C が誤差が発生したときに観察される点になり、説明変数 P の減少を引き起こすことになります。同様にマイナスの誤差の場合は説明変数 P の増加を引き起こすことになります。

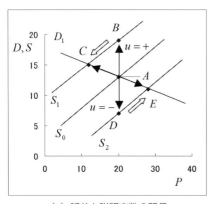 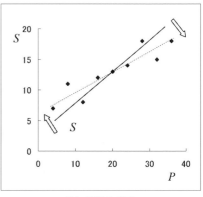

(a) 誤差と説明変数の関係　　　　　(b) 関数の推定

図 10.4　同時方程式バイアス

このように、誤差と説明変数の間に関係があるため、観察できるデータは真の供給関数とは異なることになります。このように構造方程式が同時方程式であるために生じる推定の誤りを**同時方程式バイアス**（simultaneous equation bias）と呼びます。これは、需要関数についても同様です。

古典的最小 2 乗法でおかれる仮定のうち、

仮定 4　　　X_i（$i=1, 2, \cdots, n$）は指定変数である

は誤差項の値が変化しても影響を受けないということですが、上述したように同時方程式体系の場合、誤差項と説明変数に関係があることになるため、この仮定が満たされないことになります。

すなわち、同時方程式体系の場合、古典的最小 2 乗法による推定は望ましい性質を持たないことになります。

10.2 構造方程式と誘導形

前節で見たように、構造方程式が同時方程式体系であるとき、古典的最小2乗法を適用することは適切ではありません。そこで、本節では、同時方程式バイアスが存在するとき、どのように推定すればよいかについて説明します。

前節に引き続き、次のような供給関数と需要関数を考えます。

$$Q = \alpha_0 + \alpha_1 P + \alpha_2 X + u \tag{10.10}$$

$$Q = \beta_0 + \beta_1 P + \beta_2 Z + v \tag{10.11}$$

この構造方程式の場合、説明変数の1つに同時決定する変数、すなわち内生変数の1つである P が存在するために同時方程式バイアスが発生してしまいます。そこで、これら2本の式から右辺に内生変数が登場しない式を導くことができればその式は同時方程式バイアスは持たないことになります。

(10.10)式と(10.11)式を内生変数 Q と P について解くと次のようになります。

$$Q = \frac{\alpha_1 \beta_0 - \alpha_0 \beta_1}{\alpha_1 - \beta_1} + \frac{-\alpha_2 \beta_1}{\alpha_1 - \beta_1} X + \frac{\alpha_1 \beta_2}{\alpha_1 - \beta_1} Z + \frac{\alpha_1 v - \beta_1 u}{\alpha_1 - \beta_1} \tag{10.12}$$

$$P = \frac{\beta_0 - \alpha_0}{\alpha_1 - \beta_1} + \frac{-\alpha_2}{\alpha_1 - \beta_1} X + \frac{\beta_2}{\alpha_1 - \beta_1} Z + \frac{v - u}{\alpha_1 - \beta_1} \tag{10.13}$$

ここで、

$$\gamma_0 = \frac{\alpha_1 \beta_0 - \alpha_0 \beta_1}{\alpha_1 - \beta_1}, \gamma_1 = \frac{-\alpha_2 \beta_1}{\alpha_1 - \beta_1}, \gamma_2 = \frac{\alpha_1 \beta_2}{\alpha_1 - \beta_1}, w = \frac{\alpha_1 v - \beta_1 u}{\alpha_1 - \beta_1}$$

$$\delta_0 = \frac{\beta_0 - \alpha_0}{\alpha_1 - \beta_1}, \delta_1 = \frac{-\alpha_2}{\alpha_1 - \beta_1}, \delta_2 = \frac{\beta_2}{\alpha_1 - \beta_1}, \omega = \frac{v - u}{\alpha_1 - \beta_1}$$

とおくと、

$$Q = \gamma_0 + \gamma_1 X + \gamma_2 Z + w \tag{10.14}$$

$$P = \delta_0 + \delta_1 X + \delta_2 Z + \omega \tag{10.15}$$

を得ることができます。

これら (10.14) 式、(10.15) 式のように構造方程式から、内生変数を被説明

変数とし、外生変数を説明変数とするように導いた式を**誘導形**と呼びます。

誘導形は説明変数と誤差項に関係がないため、古典的最小2乗法の仮定4が満たされます。したがって、この誘導形を古典的最小2乗法を用いて推定し、その結果を用いて構造方程式を推定する方法が考えられます。

10.3 同時方程式体系の推定

同時方程式体系の推定には、代表的なものに、間接最小2乗法（indirect least squares）と2段階最小2乗法（two-stage least squares）があります。

10.3.1 間接最小2乗法

誘導形を古典的最小2乗法を用いて推定します。

$$\hat{Q} = \hat{\gamma}_0 + \hat{\gamma}_1 X + \hat{\gamma}_2 Z \tag{10.16}$$

$$\hat{P} = \hat{\delta}_0 + \hat{\delta}_1 X + \hat{\delta}_2 Z \tag{10.17}$$

これらの回帰係数の推定値 $\hat{\gamma}_0, \hat{\gamma}_1, \hat{\gamma}_2, \hat{\delta}_0, \hat{\delta}_1, \hat{\delta}_2$ を用いて、次の連立方程式を構造方程式の回帰係数 $\alpha_0, \alpha_1, \alpha_2, \beta_0, \beta_1, \beta_2$ について解くことによって、構造方程式の推定を行います。

$$\hat{\gamma}_0 = \frac{\alpha_1 \beta_0 - \alpha_0 \beta_1}{\alpha_1 - \beta_1}, \hat{\gamma}_1 = \frac{-\alpha_2 \beta_1}{\alpha_1 - \beta_1}, \hat{\gamma}_2 = \frac{\alpha_1 \beta_2}{\alpha_1 - \beta_1}$$

$$\hat{\delta}_0 = \frac{\beta_0 - \alpha_0}{\alpha_1 - \beta_1}, \hat{\delta}_1 = \frac{-\alpha_2}{\alpha_1 - \beta_1}, \hat{\delta}_2 = \frac{\beta_2}{\alpha_1 - \beta_1}$$

このように間接最小2乗法によって推定式を求めることができますが、問題点もあります。それは、構造方程式の本数に比較して外生変数の数が多いと構造方程式の回帰係数の推定値の解が複数個存在する場合があります。

また、構造方程式に関する回帰分析を行うわけではないので、構造方程式の回帰係数の有意性を直接検定することができません。

以上の問題点から、次に説明する2段階最小2乗法のほうが用いられることが多くなっています。

10.3.2 2段階最小2乗法

誘導形の推定結果から、誤差項に依存しない内生変数を求め、構造方程式の右辺に入れて推定します。前節までの例で考えれば、構造方程式の右辺に登場する内生変数である価格について求めた誘導形について回帰分析を行い、その理論値を算出します。

$$\hat{P}_i = \hat{\delta}_0 + \hat{\delta}_1 P_i + \hat{\delta}_2 Z_i \tag{10.18}$$

この理論値と構造方程式の右辺の実績値を入れ替えて回帰分析を行います。すなわち、

供給関数　　$Q_i = \alpha_0 + \alpha_1 \hat{P}_i + \alpha_2 X_i + u_i$ 　　　(10.19)

需要関数　　$Q_i = \beta_0 + \beta_1 \hat{P}_i + \beta_2 Z_i + v_i$ 　　　(10.20)

の式を推定することになります。

この式は古典的最小2乗法でおかれる仮定4が満たされた式になります。

誘導形によって理論値を求めるということは、誤差項の影響を取り除くことになります。これを図示すると図10.5のようになります。供給関数においてプラスの誤差が生じた場合は、点 A から点 B に移動するのではなく、需要曲線にそって点 C に移動します。これは、誤差がプラスのとき、P がマイナス方向に影響を受けることを意味しています。

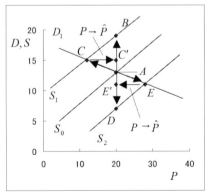
(a) 実績値と理論値

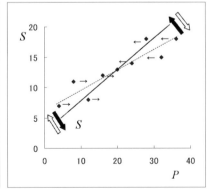
(b) 関数の推定

図10.5　2段階最小2乗法

282 第 10 章 同時方程式体系

誘導形での理論値の算出によって、誤差項の影響を取り除くことにより、点 C から点 C' に移動させ、P の値を元に戻す、すなわち垂直方向に戻すことになります。点 C' は実際の点ではありませんが、誤差項の大きさに影響を受けないという点で古典的最小2乗法でおかれる仮定4が満たされた式になります。

それによって、同時方程式バイアスがなくなり、図 10.5 の（b）にあるように同時方程式バイアスのない回帰式を推定することが可能となります。

10.4　R のパッケージによる推定

【例題 10.1】

図 10.6 のデータを用いて、次のような供給関数と需要関数を 2 段階最小2乗法によって推定します。

	A	B	C	D	E
1	i	P	Q	X	Z
2	1	1.6	5	0.7	8.4
3	2	2	5.8	0.9	8.2
4	3	2.2	6.4	0.8	8
5	4	2.4	7	1.4	7.6
6	5	2.9	8.1	1.9	7.2
7	6	3.9	7	2.3	6.7
8	7	3.9	7.6	2.3	6
9	8	4.2	7.2	2.9	5.3
10	9	5	7	3.4	4.7
11	10	5.6	7.1	4	4.1
12	11	6.3	7.2	4.5	3.7
13	12	6.8	7.6	4.8	3.4
14	13	6.6	7.9	4.9	3.3
15	14	6.2	7.4	5	3.4
16	15	6.1	6.7	5.6	3.6
17	16	6.5	6	5.9	3.9
18	17	6.9	5.4	6.1	4.3
19	18	7.2	5	6.4	4.8
20	19	6.6	5.3	6.4	5.4
21	20	6.8	4.2	6.6	6

図 10.6　【例題 10.1】のデータ

10.4 Rのパッケージによる推定 283

供給関数 $\quad Q_i = \alpha_0 + \alpha_1 P_i + \alpha_2 X_i + u_i \qquad (10.21)$

需要関数 $\quad Q_i = \beta_0 + \beta_1 P_i + \beta_2 Z_i + v_i \qquad (10.22)$

ただし、Q_i は数量、P_i は価格、X_i は供給関数シフト要因、Z_i は需要関数シフト要因

図 10.6 のデータを k1001.csv に保存します。

R により、以下のコマンドを実行します。なお、以下のコマンドを実行するには systemfit パッケージをインストールし、読み込む必要があります（詳細な手順は付録 A（305、309 ページ）を参照してください）。

```
data1 <- read.table("k1001.csv",header=TRUE, sep=",")
data1
sup <- Q ~ P + X
dem <- Q ~ P + Z
system <- list( supply=sup , demand=dem )
inst <- ~ X + Z
sysols <- systemfit( system, data=data1 )
summary(sysols)
sys2sls <- systemfit( system, "2SLS", inst=inst, data=data1 )
summary(sys2sls)
```

① 3 行目の sup <- Q ~ P + X は次の供給関数を定義しています。

$$Q_i = \alpha_0 + \alpha_1 P_i + \alpha_2 X_i + u_i$$

② 4 行目の dem <- Q ~ P + Z は次の需要関数を定義しています。

$$Q_i = \beta_0 + \beta_1 P_i + \beta_2 Z_i + v_i$$

③ 5 行目の system <- list(supply=sup , demand=dem) は 3 行目の供給関数 sup と 4 行目の需要関数 dem を同時方程式として定義しています。

④ 6 行目の inst <- ~ X + Z は X_i と Z_i が外生変数であることを定義しています。

⑤ 7 行目の systemfit(system, data=data1) は 5 行目で定義した同時方程式体系 system での推定を指示しています。推定法を記さない場合は古典的最小 2 乗法（OLS）が適用されます（これは、こ

284 第10章　同時方程式体系

の例題で2段階最小2乗法の推定値との比較を行うために記している
もので、必須ではありません)。

⑥ 8行目の summary(sysols) は、7行目の古典的最小2乗法の結果
を表示させています。

⑦ 9行目の systemfit(system, "2SLS", inst=inst,
data=data1) は、5行目で定義した同時方程式体系 system での
推定を指示しています。この場合、外生変数として、6行目で定義した
inst を用い、"2SLS" によって2段階最小2乗法を適用することを
指示しています。

⑧ 10行目の summary(sys2sls) は、9行目の2段階最小2乗法の結
果を表示させています。

● 実行結果（一部省略）

```
> sysols <- systemfit( system, data=data1)
> summary(sysols)

systemfit results
method: OLS

OLS estimates for 'supply' (equation 1)
Model Formula: Q ~ P + X

            Estimate Std. Error  t value   Pr(>|t|)
(Intercept)  4.858142   0.695203  6.98810 2.1855e-06 ***
P            1.509440   0.379012  3.98256 0.00096291 ***
X           -1.520235   0.352905 -4.30777 0.00047693 ***
---
Signif. codes:  0 '***' 0.001 '**' 0.01 '*' 0.05 '.' 0.1 ' ' 1

Residual standard error: 0.798746 on 17 degrees of freedom
Number of observations: 20 Degrees of Freedom: 17
SSR: 10.84593 MSE: 0.637996 Root MSE: 0.798746
Multiple R-Squared: 0.529042 Adjusted R-Squared: 0.473635

OLS estimates for 'demand' (equation 2)
Model Formula: Q ~ P + Z

            Estimate Std. Error  t value   Pr(>|t|)
(Intercept) 16.674696   1.905170  8.75234 1.0513e-07 ***
P           -0.908792   0.180069 -5.04691 9.9345e-05 ***
Z           -1.036920   0.196212 -5.28469 6.0668e-05 ***
```

```
---
Signif. codes:  0 '***' 0.001 '**' 0.01 '*' 0.05 '.' 0.1 ' ' 1

Residual standard error: 0.710579 on 17 degrees of freedom
Number of observations: 20 Degrees of Freedom: 17
SSR: 8.583692 MSE: 0.504923 Root MSE: 0.710579
Multiple R-Squared: 0.627274 Adjusted R-Squared: 0.583424
```

この結果から古典的最小2乗法による推定式をまとめると、

● 供給関数

$$\hat{Q}_i = 4.8581 + 1.5094 \; P_i \; -1.5202 \; X_i$$
$$(6.9881) \quad (3.9826) \quad (-4.3078) \qquad\qquad (10.23)$$
$$[0.0000] \quad [0.0010] \quad [0.0005]$$
$$R^2 = 0.5290, \; \bar{R}^2 = 0.4736, \; n = 20$$

● 需要関数

$$\hat{Q}_i = 16.6747 \; -0.9088 \; P_i \; -1.0369 \; Z_i$$
$$(8.7523)(-5.0469) \quad (-5.2847) \qquad\qquad (10.24)$$
$$[0.0000] \; [0.0000] \quad [0.0000]$$
$$R^2 = 0.6273, \; \bar{R}^2 = 0.5834, \; n = 20$$

ただし、( ) 内は t 値、[ ] 内は P 値

となります。

```
> sys2sls <- systemfit( system, "2SLS",inst=inst, data=data1)
> summary(sys2sls)

systemfit results
method: 2SLS

          N DF      SSR   detRCov   OLS-R2 McElroy-R2
system 40 34 21.8309 0.366798 0.526022   0.422885

          N DF       SSR       MSE      RMSE       R2    Adj R2
supply 20 17 13.03719 0.766894 0.875725 0.433892 0.367291
demand 20 17  8.79375 0.517280 0.719222 0.618153 0.573229

The covariance matrix of the residuals
          supply    demand
```

```
supply 0.766894 0.172919
demand 0.172919 0.517280

The correlations of the residuals
         supply    demand
supply 1.000000 0.274544
demand 0.274544 1.000000


2SLS estimates for 'supply' (equation 1)
Model Formula: Q ~ P + X
Instruments: ~X + Z

              Estimate Std. Error  t value   Pr(>|t|)
(Intercept)   3.786668   0.889129  4.25885 0.00052992 ***
P             2.211852   0.512590  4.31505 0.00046952 ***
X            -2.153059   0.472034 -4.56123 0.00027704 ***
---
Signif. codes:  0 '***' 0.001 '**' 0.01 '*' 0.05 '.' 0.1 ' ' 1

Residual standard error: 0.875725 on 17 degrees of freedom
Number of observations: 20 Degrees of Freedom: 17
SSR: 13.03719 MSE: 0.766894 Root MSE: 0.875725
Multiple R-Squared: 0.433892 Adjusted R-Squared: 0.367291


2SLS estimates for 'demand' (equation 2)
Model Formula: Q ~ P + Z
Instruments: ~X + Z

               Estimate Std. Error  t value   Pr(>|t|)
(Intercept) 17.855834   2.022573  8.82828 9.3083e-08 ***
P           -1.024937   0.191881 -5.34153 5.3973e-05 ***
Z           -1.148430   0.206784 -5.55376 3.4999e-05 ***
---
Signif. codes:  0 '***' 0.001 '**' 0.01 '*' 0.05 '.' 0.1 ' ' 1

Residual standard error: 0.719222 on 17 degrees of freedom
Number of observations: 20 Degrees of Freedom: 17
SSR: 8.793754 MSE: 0.51728 Root MSE: 0.719222
Multiple R-Squared: 0.618153 Adjusted R-Squared: 0.573229
```

10.4 Rのパッケージによる推定　287

この結果から 2 段階最小 2 乗法による推定式をまとめると、

● 供給関数

$$\hat{Q}_i = 3.7867 + 2.2119\ \hat{P}_i\ -2.1531\ X_i$$

$$\phantom{\hat{Q}_i = }(4.2589)\quad (4.3151)\quad\ (-4.5612)$$

$$\phantom{\hat{Q}_i = }[0.0005]\quad [0.0005]\quad\ \ [0.0003]$$

(10.25)

$$R^2 = 0.4339,\ \overline{R}^2 = 0.3673,\ n = 20$$

● 需要関数

$$\hat{Q}_i = 17.8558\ -1.0249\ \hat{P}_i\ -1.1484\ Z_i$$

$$\phantom{\hat{Q}_i = }(8.8283)(-5.3415)\quad\ (-5.5538)$$

$$\phantom{\hat{Q}_i = }[0.0000]\ [0.0000]\quad\ \ [0.0000]$$

(10.26)

$$R^2 = 0.6181,\ \overline{R}^2 = 0.5732,\ n = 20$$

ただし、( ) 内は t 値、[ ] 内は P 値

となります。

古典的最小 2 乗法（OLS）でも 2 段階最小 2 乗法（2SLS）でもいずれの回帰係数も明らかに有意となっていますが、回帰係数の推定値には差があります。

供給関数の価格 P_t の係数は、OLS では 1.5094、2SLS では 2.2119、需要関数の価格 P_t の係数は、OLS では −0.9088、2SLS では −1.0249、であり、OLS の推定値には同時方程式バイアスが存在していることがわかります。

図 10.4 で示されているように、供給関数の場合、OLS を適用すると、同時方程式バイアスのため、本来の傾きよりも傾きが緩やかになり 1.5094 が推定され、2SLS によって理論値を用いて推定すると、図 10.5 のように 2.2119 と傾きが是正されていることが確認できます。

288 第10章 同時方程式体系

10.5 同じことを Excel でやると

【例題10.1】のデータ（図10.6）に2段階最小2乗法を適用します。

メニューから［データ］−［データ分析］−［回帰分析］において、［残差］
にチェックを入れると［理論値］が計算されます（Y範囲には列Bを、X範
囲には列D、Eを、一覧の出力先にはセルA23を指定します。回帰分析の結
果は図10.7、理論値の推計結果は図10.8）。

	A	B	C	D	E	F	G	H	I
23	概要								
24									
25		回帰統計							
26	重相関 R	0.989006							
27	重決定 R2	0.978132							
28	補正 R2	0.975559							
29	標準誤差	0.299271							
30	観測数	20							
31									
32	分散分析表								
33		自由度	変動	分散	測された分散	有意 F			
34	回帰	2	68.10293	34.05146	380.1949	7.73E-15			
35	残差	17	1.522574	0.089563					
36	合計	19	69.6255						
37									
38		係数	標準誤差	t	P-値	下限 95%	上限 95%	下限 95.0%	上限 95.0%
39	切片	4.346644	0.514936	8.441142	1.74E-07	3.260225	5.433063	3.260225	5.433063
40	X	0.665184	0.05311	12.52467	5.21E-10	0.553132	0.777236	0.553132	0.777236
41	Z	-0.35481	0.062152	-5.70864	2.56E-05	-0.48594	-0.22368	-0.48594	-0.22368

図 10.7 回帰分析の結果

この推定結果による価格の理論値

$$\hat{P}_i = \hat{\delta}_0 + \hat{\delta}_1 X_i + \hat{\delta}_2 Z_i \tag{10.27}$$

の推計結果は図10.8の列Bに示されるとおりです。また、この理論値を構造
方程式の推定に用いるために、新たな列を作成しています。供給関数の推定用
に列D〜F、需要関数の推定用に列G〜Iを作成します。

10.5 同じことを Excel でやると 289

	A	B	C	D	E	F	G	H	I
42									
43									
44									
45	残差出力								
46									
47	観測値	予測値: P	残差	P'	X	Q	P'	Z	Q
48	1	1.831906	-0.23191	1.831906	0.7	5	1.831906	8.4	5
49	2	2.035904	-0.0359	2.035904	0.9	5.8	2.035904	8.2	5.8
50	3	2.040347	0.159653	2.040347	0.8	6.4	2.040347	8	6.4
51	4	2.58138	-0.18138	2.58138	1.4	7	2.58138	7.6	7
52	5	3.055894	-0.15589	3.055894	1.9	8.1	3.055894	7.2	8.1
53	6	3.49937	0.40063	3.49937	2.3	7	3.49937	6.7	7
54	7	3.747734	0.152266	3.747734	2.3	7.6	3.747734	6	7.6
55	8	4.395208	-0.19521	4.395208	2.9	7.2	4.395208	5.3	7.2
56	9	4.940683	0.059317	4.940683	3.4	7	4.940683	4.7	7
57	10	5.552677	0.047323	5.552677	4	7.1	5.552677	4.1	7.1
58	11	6.027191	0.272809	6.027191	4.5	7.2	6.027191	3.7	7.2
59	12	6.333187	0.466813	6.333187	4.8	7.6	6.333187	3.4	7.6
60	13	6.435186	0.164814	6.435186	4.9	7.9	6.435186	3.3	7.9
61	14	6.466224	-0.26622	6.466224	5	7.4	6.466224	3.4	7.4
62	15	6.794373	-0.69437	6.794373	5.6	6.7	6.794373	3.6	6.7
63	16	6.887487	-0.38749	6.887487	5.9	6	6.887487	3.9	6
64	17	6.878601	0.021399	6.878601	6.1	5.4	6.878601	4.3	5.4
65	18	6.900754	0.299246	6.900754	6.4	5	6.900754	4.8	5
66	19	6.687871	-0.08787	6.687871	6.4	5.3	6.687871	5.4	5.3
67	20	6.608024	0.191976	6.608024	6.6	4.2	6.608024	6	4.2

図10.8 供給関数、需要関数の推定用のデータ

供給関数と需要関数それぞれについて分析ツールを用いて推定すると、以下のようになります。

供給関数は図10.9のように推定されます（Y範囲には列Fを、X範囲には列D, Eを、一覧の出力先にはセル A69 を指定します）。

第10章　同時方程式体系

	A	B	C	D	E	F	G	H	I
69	概要								
70									
71	回帰統計								
72	重相関 R	0.842429							
73	重決定 R2	0.709687							
74	補正 R2	0.675533							
75	標準誤差	0.62712							
76	観測数	20							
77									
78	分散分析表								
79		自由度	変動	分散	測された分散	有意 F			
80	回帰	2	16.34374	8.17187	20.77876	2.72E-05			
81	残差	17	6.68576	0.39328					
82	合計	19	23.0295						
83									
84		係数	標準誤差	t	P-値	下限 95%	上限 95%	下限 95.0%	上限 95.0%
85	切片	3.786668	0.636719	5.947152	1.59E-05	2.443307	5.130028	2.443307	5.130028
86	P'	2.211852	0.367074	6.02563	1.36E-05	1.437393	2.98631	1.437393	2.98631
87	X	-2.15306	0.338031	-6.36941	6.99E-06	-2.86624	-1.43988	-2.86624	-1.43988

図10.9　供給関数の推定結果

一方、需要関数は図 10.10 のように推定されます（Y 範囲には列 I を、X 範囲には列 G, H を、一覧の出力先にはセル A89 を指定します）。

	A	B	C	D	E	F	G	H	I
89	概要								
90									
91	回帰統計								
92	重相関 R	0.842429							
93	重決定 R2	0.709687							
94	補正 R2	0.675533							
95	標準誤差	0.62712							
96	観測数	20							
97									
98	分散分析表								
99		自由度	変動	分散	測された分散	有意 F			
100	回帰	2	16.34374	8.17187	20.77876	2.72E-05			
101	残差	17	6.68576	0.39328					
102	合計	19	23.0295						
103									
104		係数	標準誤差	t	P-値	下限 95%	上限 95%	下限 95.0%	上限 95.0%
105	切片	17.85583	1.763569	10.12483	1.29E-08	14.13503	21.57664	14.13503	21.57664
106	P'	-1.02494	0.167309	-6.12601	1.12E-05	-1.37793	-0.67195	-1.37793	-0.67195
107	Z	-1.14843	0.180304	-6.36941	6.99E-06	-1.52884	-0.76802	-1.52884	-0.76802

図10.10　需要関数の推定結果

これらの結果から、R と同じ結果を得ることができることが確認できます。

まとめ

　経済分析には、需要と供給のように市場で同時決定されるものが多くあります。

　経済理論に関する解説においては、一般に、市場均衡の仕組みに焦点があてられるため、需要関数や供給関数のシフト要因がそれぞれの関数に明示されないことが多くあります。しかし、これらの関数を推定しようとする場合、シフト要因を変数としない限りその関数自体を識別し、推定することはできません。

　また、需要関数や供給関数が同時方程式体系になっている場合、通常の古典的最小2乗法を適用すると、古典的最小2乗法の仮定4が満たされず、推定結果は同時方程式バイアスを持つことになります。

　したがって、同時方程式体系の構造方程式を内生変数について解くことによって誘導形を導くことが必要となります。

　誘導形は古典的最小2乗法の仮定を満たすため、古典的最小2乗法を適用することができ、その推定結果を利用して構造方程式の推定を行います。間接最小2乗法は、誘導形の回帰係数の推定値から構造方程式の回帰係数の推定値を解くものです。一方、2段階最小2乗法は、誘導形の推定結果から計算される内生変数の理論値を用いて、構造方程式を古典的最小2乗法によって推定するものです。

練習問題

【問題10.1】

　同時方程式体系における「構造方程式」と「誘導形」について説明してください。

【問題10.2】

　間接最小2乗法の推定手順について説明してください。

【問題10.3】

　2段階最小2乗法の推定手順について説明してください。

292 第 10 章 同時方程式体系

【問題 10.4】

次の IS・LM 曲線からなる構造方程式を R で推定しようとするときのコマンドファイルを作成してください。

IS 曲線　$Y_i = \alpha_0 + \alpha_1\, r_i + \alpha_2\, I_i + u_i$

LM 曲線　$Y_i = \beta_0 + \beta_1\, r_i + \beta_2\, M_i + v_i$

ただし、Y：GDP、r：利子率、I：政府投資、M：マネーサプライ、
Y, r：内生変数、I, M：外生変数

【問題 10.5】

内閣府は『経済財政白書 2009』(p.87) の中で、「現在、どの程度の企業がどの程度の雇用者数を生産に見合わない形で「保蔵」しているのか」について分析を行っています。「雇用保蔵」を実際の常用雇用者数と生産に見合った最適な雇用者数の差として把握し、最適な雇用者数とは、「適正」な労働生産性を、平均的な労働時間で達成できるような雇用者数と考え、稼働率とタイムトレンドの 2 変数を説明変数とする労働生産性関数を計測しています。

稼働率とタイムトレンドの 2 変数を説明変数とする労働生産性関数を計測する。

全産業：
$$Y/(L*H) = \underset{(14.05)}{44.75} + \underset{(4.98)}{0.15\rho} + \underset{(64.37)}{0.39t}$$

決定係数：0.977

製造業：
$$Y/(L*H) = \underset{(-2.88)}{-7.65} + \underset{(22.16)}{0.56\rho} + \underset{(98.07)}{0.50t}$$

決定係数：0.989

ただし、Y：全産業では実質国内総生産、製造業では鉱工業生産指数
　　　　L：常用雇用指数
　　　　H：総実労働時間指数
　　　　ρ：稼働率指数
計測期間 1980 年第 1 四半期から 2009 年第 1 四半期、( ) は t 値
(付注 1-8　雇用保蔵者数の推計について (p.317) より抜粋)

①2本の回帰式の推定結果には同じ変数が登場していますが、この2本が同時方程式体系ではないと考えられる理由を説明してください。

②もしも、「稼働率が労働生産性と設備投資額で説明される」関数が存在すると、上記の回帰式と合わせて同時方程式体系になると考えられる理由を説明してください。

③誘導形の特徴について説明し、②の同時方程式体系の誘導形を導いてください。

【問題 10.6】

内閣府は『2016年度版経済財政白書』（p.100）の中で、「…、ここでは、より中長期的な視点も含め、企業の設備投資行動を分析するため、企業レベルのデータを用い、収益と成長予想を説明変数とする設備投資関数を推計する。ここで、企業の成長予想は、企業が持つ将来における売上見込みとも解釈され、設備投資に影響を与えることが考えられる。推計された企業の設備投資行動を見ると、収益が1%上昇すると、設備投資の伸びが0.3%程度上昇する一方、業界成長予想が1%上昇する場合には、設備投資の伸びは0.6～0.7%上昇することが示されている。」と説明しています。推定された設備投資関数は以下の2本です。

(a) $\ln \hat{I}_i = -3.4017 + 0.9716 \ln F_i \qquad R^2 = 0.5421$

ただし、I：設備投資

F：業界成長予想

$\ln$ はそれぞれの変数の対数

R^2：決定係数

推計は、2003～2014年の299社によるパネルデータ（= 1519）

(b) $\ln I_i = \alpha_0 + \alpha_1 \ln P_i + \alpha_2 \ln F_i + u_i$

ただし、P：経常利益

```
            Estimate Std. Error t value Pr(>|t|)
(Intercept)   -2.42       0.002   -9.42 5.87e-06 ***
lnP            0.32       0.121   11.42 1.17e-06 ***
lnF            0.65       0.075   18.43 1.86e-08 ***
```

294　第 10 章　同時方程式体系

①$\ln F_i = \beta_0 + \beta_1 \ln I_i + \beta_2 \ln S_i + v_i$（ただし、$S$ は景気動向指数）の関係が成立するとき、(b) の $\ln I_i = \alpha_0 + \alpha_1 \ln P_i + \alpha_2 \ln F_i + u_i$ の式と合わせて、同時方程式体系と考えられます。このとき、(b) の $\ln I_i = \alpha_0 + \alpha_1 \ln P_i + \alpha_2 \ln F_i + u_i$ を古典的最小 2 乗法で推定すると、ある問題が生じます。どのような問題が生じるか、説明してください。

②同時方程式体系における構造方程式と誘導形の関係について説明し、誘導形を導いていください。

【演習 10.1】

次のデータを用いて日本の労働市場について考えます。

YEAR	L	W	Y	U
1990	6253	335	455	2.10
1991	6367	345	482	2.09
1992	6442	348	494	2.16
1993	6451	348	497	2.51
1994	6457	349	502	2.89
1995	6473	358	513	3.15
1996	6511	369	526	3.35
1997	6567	372	534	3.39
1998	6523	367	528	4.11
1999	6465	365	520	4.68

YEAR	L	W	Y	U
2000	6447	376	527	4.73
2001	6419	377	523	5.04
2002	6355	376	516	5.37
2003	6355	381	515	5.25
2004	6358	391	521	4.71
2005	6379	398	524	4.42
2006	6404	405	527	4.13
2007	6456	413	532	3.85
2008	6442	407	521	3.98
2009	6352	384	490	5.08

ただし、L：就業者数（万人）
　　　　W：賃金（=1 人当たり所得）（万円）
　　　　Y：GDP（兆円）
　　　　U：失業率（%）
（出所）The World Bank, *Data Bank*.

これらのデータを用いて、労働市場における次の労働需要関数と労働供給関数を、2 段階最小 2 乗法によって推定してください。

需要関数　$L_i = \alpha_0 + \alpha_1 W_i + \alpha_2 Y_i + u_i$
供給関数　$L_i = \beta_0 + \beta_1 W_i + \beta_2 U_i + v_i$

【演習 10.2】

次のデータを用いて日本の自動車市場について考えます。

Year	$\ln Q$	$\ln P$	$\ln X$	$\ln E$	Year	$\ln Q$	$\ln P$	$\ln X$	$\ln E$
1995	6.18	4.60	8.37	5.76	2005	5.93	4.59	8.64	6.32
1996	6.23	4.59	8.41	5.78	2006	5.86	4.59	8.65	6.48
1997	6.19	4.60	8.46	5.99	2007	5.72	4.59	8.66	6.58
1998	6.05	4.61	8.49	6.02	2008	5.68	4.59	8.66	6.59
1999	6.00	4.61	8.52	6.07	2009	5.78	4.58	8.66	5.93
2000	6.03	4.61	8.54	6.10	2010	5.87	4.58	8.66	6.22
2001	6.03	4.60	8.57	6.06	2011	5.63	4.58	8.67	6.14
2002	5.99	4.59	8.58	6.20	2012	5.96	4.58	8.68	6.22
2003	5.92	4.59	8.60	6.22	2013	5.88	4.58	8.69	6.21
2004	5.92	4.59	8.62	6.27	2014	5.93	4.59	8.70	6.19

ただし、$\ln Q$：国内乗用車販売台数（万台）の対数値
$\ln P$：乗用車価格指数（2015 年 $= 100$）の対数値
$\ln X$：国内乗用車保有台数（万台）の対数値
$\ln E$：輸出台数（万台）の対数値
（出所）　Q, E：日本自動車工業会、*Active Matrix Database System*
P：総務省「消費者物価指数」
X：自動車検査登録情報協会「わが国の自動車保有動向」

これらのデータを用いて、自動車市場における次の乗用車需要関数と乗用車供給関数を、2 段階最小 2 乗法によって推定してください。

需要関数　$\ln Q_i = \alpha_0 + \alpha_1 \ln P_i + \alpha_2 \ln X_i + u_i$

供給関数　$\ln Q_i = \beta_0 + \beta_1 \ln P_i + \beta_2 \ln E_i + v_i$

付　録

付録 A　R のインストールと基本的操作

　計量ソフト R の利用には、インターネットを通じてインストールすることが必要です。R は頻繁にバージョンアップされますが、基本的部分は変わりませんので、バージョンが変わったときは適宜読み替えて行ってください。

　R は Windows, Mac OS, Lunix など様々な OS 上で使うことができます。ここでは Windows と Mac について、インストールの手順を説明します。R のインストールについては、インターネットのサイト RjpWiki に詳しく書かれています。トップページから [R のインストール] というリンクがありますので、リンク先のページを参照してください。

(1) Windows 版の R をインストールする

①R のダウンロードサイトにアクセスし、[Download R for Windows] を選択します。Japan のいずれか、あるいは近隣諸国に置かれているダウンロードサイトが、反応が早く便利です。

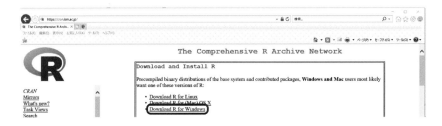

② [base] をクリックします。

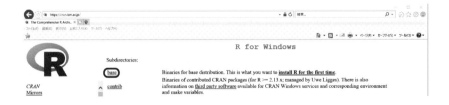

③ ［Download R 3.5.0 for Windows］をクリックします（2018年春の最新バージョンが3.5.0）。

④ ［保存］のプルダウンメニューから［名前を付けて保存］をクリックします。

⑤ ［名前をつけて保存］ボックスから、［デスクトップ］に［保存］します。

⑥ ［R-3.5.0-win.exe］アイコンをダブルクリックします。
⑦ ［ユーザーアカウント制御］ボックスが出て［このアプリがデバイスに変更を加えることを許可しますか？］のメッセージが出る場合がありますが、［はい］を選択します。
⑧ ［セットアップに使用する言語の選択］ボックスで［日本語］を選択します。

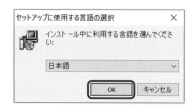

⑨［R for Windows 3.5.0 セットアップ：情報］ボックスで［次へ］を選択します。

⑩［R for Windows 3.5.0 セットアップ：インストール先の指定］ボックスで、［次へ］を選択します（変更したいときは書き換えてください）。

⑪［R for Windows 3.5.0 セットアップ：コンポーネントの選択］ボックスで［利用者向けインストール］を選択し、［次へ］を選択します。

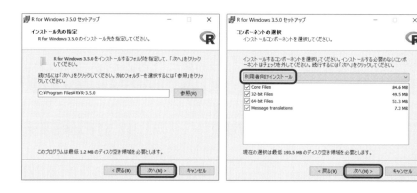

⑫ ［R for Windows 3.5.0 セットアップ：起動時オプション］ボックスで、［次へ］を選択します。
⑬ ［R for Windows 3.5.0 セットアップ：追加タスクの選択］ボックスで、［次へ］を選択します。インストールが始まり、［R for Windows 3.5.0 セットアップ：インストール状況］ボックスが表示されます。

⑭ ［R for Windows 3.5.0 セットアップ：R for Windows 3.5.0 セットアップウィザードの完了］ボックスで、［完了］を選択します。
⑮ ［R 3.5.0］アイコンがデスクトップに現れます（PC の性能に対応したバージョンがインストールされるため、アイコンが複数になる場合もあります）。
⑯ デスクトップから［R-3.5.0-win.exe］アイコンを削除します。

（2）Mac 版の R をインストールする

① R のダウンロードサイトにアクセスし、［Download R for (Mac) OS X］を選択します。Japan のいずれか、あるいは近隣諸国に置かれているダウンロードサイトが、反応が早く便利です。

②［R-3.5.0.pkg］をクリックします（2018 年春の最新バージョンが 3.5.0）。

③ファイルのダウンロードが始まります。ダウンロードが終わると、［ダウンロード］フォルダーに［R-3.5.0.pkg］アイコンが生成されます。

④［R-3.5.0.pkg］アイコンをクリックします。

⑤［ようこそ R 3.5.0 for Mac OS X 10.11 or Higher インストーラへ］ボックスで［続ける］をクリックします。

⑥［大切な情報］ボックスで［続ける］をクリックします。

付録A　Rのインストールと基本的操作　303

⑦ ［使用許諾契約］ボックスで［続ける］をクリックします。
⑧ ［このソフトウェアのインストールを続けるには、ソフトウェア使用許諾契約の条件に同意する必要があります。］画面で［同意する］をクリックします。

⑨ ["Macintosh HD"に標準インストール］ボックスで［インストール］をクリックします。
⑩ ［インストーラが新しいソフトウェアをインストールしようとしています。］ボックスで使用しているPCの［ユーザ名］と［パスワード］を入力し、［ソフトウェアをインストール］をクリックします。

⑪ インストールが終了すると、［インストールが完了しました。］ボックスが表示されますので、［閉じる］をクリックします。
⑫ ["R 3.5.0for Mac OS X 10.11 or Higher"のインストーラをごみ箱に入れますか？］画面で、［ゴミ箱に入れる］をクリックします。

⑬ [R] アイコンが [アプリケーション] フォルダーに現れます。

R

(3) R で作業ディレクトリを変更する (R を起動するたびに変更します)

R では、作業ディレクトリを設定すると、ファイルに関する指示が楽になります（ここでは、USB ドライブの [計量経済学] フォルダーに変更します）。

■ Windows 版

① R を起動した後、[ファイル] - [ディレクトリの変更] を選択します。
② [フォルダーの参照] で、[USB ドライブ] を選択します。
③ さらに、[計量経済学] を選択し、[OK] をクリックします。

■ Mac 版

① R を起動した後、[その他] – [作業ディレクトリの変更] を選択します。
② [デバイス] で、変更先を選択します。
③ さらに、[計量経済学] を選択し、[開く] をクリックします。

(4) R で拡張機能(パッケージ)をインストールする

R で DW 統計量(第 5 章)や BP 統計量(第 6 章)などを計算するためには、`lmtest` というパッケージをインストールしておく必要があります。

また、R で一般化最小 2 乗法(第 5 章、第 6 章)を行うためには、`nlme` というパッケージを、2 段階最小 2 乗法(第 10 章)を行うためには、`systemfit` というパッケージをインストールしておく必要があります。

■ Windows 版

① R を起動し、メニューから [パッケージ] – [パッケージのインストール] を選択します。

②ダウンロードサイトを選択します。Japan のいずれか、あるいは近隣諸国に置かれているダウンロードサイトが、反応が早く便利です。

③必要となるパッケージ、例えば lmtest を選択するとインストールが開始されます。

④次のようなメッセージが表示されることがありますが、［はい］を選択します。

注：PC の設定によっては、パッケージをインストールできない場合があります。その場合は、最初の R のインストールを管理者として実行してください（「(1) Windows 版の R をインストールする」の⑥で、[R-3.5.0-win.exe] アイコンをダブルクリックせず、右クリックしメニューを表示させ、[管理者として実行] を選択します）。

■ Mac 版

① R を起動し、メニューから [パッケージとデータ] − [パッケージインストーラ] を選択します。

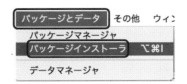

② [R パッケージインストーラ] ボックスで [一覧を取得] を選択します。

③一覧が表示されたら、［パッケージ検索］に必要となるパッケージ、例えば lmtest を入力します。

④パッケージから lmtest を選択し、［依存パッケージも含める］にチェックを入れた上で、［選択をインストール］を選択します（［依存パッケージも含める］にチェックを入れずにインストールした場合、パッケージの実行ができなくなります）。

(5) Rでパッケージを読み込む

拡張機能を用いるためには、Rを起動したあと、拡張機能を用いる前に、必要とするパッケージ、例えば lmtest を読み込む必要があります（「パッケージの読み込み」と「パッケージのインストール」は異なります。パッケージを読み込むためには、あらかじめパッケージをインストールしておく必要があります）。

■ Windows版

①メニューから［パッケージ］-［パッケージの読み込み］を選択します。

②一覧から lmtest を選択します。

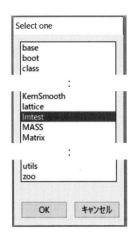

注：このリストに名前が載っていない場合、そのパッケージのインストールが正しく行われていないことになりますので、再度パッケージのインストールを試みてください。

③次のようなメッセージが表示されます。パッケージの読み込みの際、読み

込むパッケージに関連したパッケージも同時に読み込まれます。zoo というパッケージは lmtest パッケージと同時に読み込まれます。

注：パッケージの読み込み時や、拡張機能のコマンドの実行時にエラーメッセージが表示される場合、そのパッケージのインストールが正しく行われていないことになりますので、再度パッケージのインストールを試みてください。

■ Mac 版

①メニューから［パッケージとデータ］－［パッケージマネージャ］を選択します。

②一覧から lmtest にチェックを入れると、状態が［ロード済み］に変わります。

付録 A　R のインストールと基本的操作　311

注：このリストに名前が載っていない場合、また、拡張機能のコマンドの実行時にエラーメッセージが表示される場合、そのパッケージのインストールが正しく行われていないことになりますので、再度パッケージのインストールを試みてください。［依存パッケージも含める］へのチェックの入れ忘れに注意してください。

付録 B　練習問題解答

第 1 章

【問題 1.1】

　近年のコンピューターの発達が計量経済学の発展に大きな影響を及ぼしていると考えられます。コンピューターの発達に伴い、統計学を利用した計量分析が一般の人を対象とした文献にも以前と比較してさらに多く登場するようになってきています。また、学術雑誌においても、計量分析を利用して分析する論文が年々増加しています。

【問題 1.2】

　例えば、政府が景気浮揚策を実施することによって、GDP を押し上げようとしているとき、どれだけの公共投資を行えば、どのくらい GDP が増加するかを計算することが必要となります。乗数理論によって、投資乗数は 1 から限界消費性向を差し引いた値の逆数になります。しかし、経済理論だけでは、分析対象とする国・時期の経済において、限界消費性向が具体的にどのような値になっているかはわかりません。そのため、計量分析によって消費関数を推定し、限界消費性向の大きさを明らかにする必要があります。

【問題 1.3】

　例えば、東京のデパートの売り上げと大阪のデパートの売り上げは同じような変化をします。これは、両方が都市圏であり、デパートの売り上げを支えている購買層の所得変化の影響を受けるためです。両者が同じような変化をしているからといって因果関係があるわけではありません。東京のデパートの売り上げが増加したから、それが原因となって大阪のデパートの売り上げが増加しているわけではありません。

【問題 1.4】

　需要関数は、予算制約の下で効用関数を最大化することによって導出することができます。効用関数は、購入した財の大きさが与えられたとき人々の満足度を表す効用の大きさを求めるものです。人々は予算制約の下で自らの効用を効用関数に基づいて最大化しようと行動すると考えます。このとき、財の価格

付録 B　練習問題解答 | 313

の変化に応じて財の需要量を変化させることになります。すなわち、財の価格が与えられたとき、財の需要の大きさを求める関数が需要関数となります。

【問題 1.5】

　市場での財の価格が与えられたとき、どのくらいの需要量が発生するのかを表すのが需要関数であり、どのくらいの供給量が発生するのかを表すのが供給関数です。しかしながら、実際に市場で観察できるのは、価格が変化した結果、需要と供給が一致する均衡点だけです。したがって、現実に観察できるのは需要と供給が一致する均衡点のみとなります。現実の経済で均衡量や均衡価格が変化するのは、この均衡点が移動することに他なりません。需要曲線や供給曲線の位置の変化、すなわち、関数のシフトがあるからこそ均衡量や均衡価格が変化することになります。

【問題 1.6】

　経済分析には、解決すべき経済問題、経済の仕組みを教えてくれる経済理論、具体的な数値を通じて経済問題と経済理論を結びつける経済統計という 3 つの柱があります。経済問題が発生している実際の経済の特徴を表す理論を構築し、その統計を用いて、実際の経済で理論が妥当するかを検証するにあたって、計量経済学が用いられます。

第 2 章

【問題 2.1】

　経済学は、人々がどのようにして豊かになるかの仕組みを明らかにし、豊かでない状態から少しでも早く豊かになる方法を考える学問です。そして、計量経済学は、「経済理論」と呼ばれる人々が考えた豊かになる仕組みが本当に正しいのかを実際のデータに基づいて確かめ、「経済政策」と呼ばれる豊かになる方法をより具体的に数値を使って明らかにしようとする学問です。

【問題 2.2】

　計量経済学は経済学の様々な分野の中で、比較的歴史の浅い分野です。計量経済学の始まりは、イギリスの経済学者で統計学者でもあった、ペティの著書、『政治算術』（原書 1690 年）における現実のデータを用いる分析の重要性を強調した分析であり、本格的に学問として発展し始めたのは。計量経済学会（Econometric Society）が創設された 1930 年とされています。

【問題 2.3】

計量経済学会の学会誌の初代編集者フリッシュは、誌名を『エコノメトリカ（Econometrica）』とすることを宣言したあとで、「計量経済学は経済理論、統計学、数学という3つの分野が統合された学問であり、このうちいずれも欠けてはならない」ことを強調しましたが、その中の統計学を実践的に用いる際にコンピューターの発達が計量経済学の発展に大きな影響を及ぼしました。

【問題 2.4】

代替の弾力性は、生産要素の価格比が1%変化したとき、投入要素比率が何%変化するかを表すものになります。資本と労働を生産要素と考えれば、経済発展に伴い、労働の価格である賃金が上昇したとき、どれだけ資本に転換されるか、すなわち機械化がどれだけ進むかを表す重要な指標です。コブ＝ダグラス型に生産関数を特定化した場合、代替の弾力性は必ず1になります。しかし、産業によって賃金上昇による機械化の進展の度合いは異なると考えられます。そこで、代替弾力性が1に限定されないCES型に生産関数を特定化することが行われるようになりました。

【問題 2.5】

物理や化学の法則を検証しようとデータを収集するとき、基本的法則であればあるほど実験室で実験を行い、データを収集します。しかし、経済分析では、実験室のような実験ができないため、現実の複雑な経済の中で発生するデータから推定に必要なデータを抽出しなければなりません。そのため、経済分析はデータの収集に関して受け身であるといわれます。

【問題 2.6】

古典的最小2乗法においては、誤差に関していくつかの仮定がおかれます。それは、誤差の発生には特定のパターンが存在しないというものです。しかし、時系列で経済データを分析する場合、誤差が前の期の誤差の大きさに影響を受けるパターンが生まれやすくなります。また、クロスセクションで国々の経済データを分析する場合、大国が持つ誤差の大きさと小国が持つ誤差の大きさが異なるパターンが生まれやすくなります。このような古典的最小2乗法の仮定が成立しない現実の経済データを分析するにあたっての工夫が必要であることから、計量経済学は発展してきました。

第3章

【問題 3.1】

最小 2 乗法は、誤差の 2 乗の合計を最小にする直線の式を求める方法です。その誤差は、図に示すように縦軸方向に測ります。

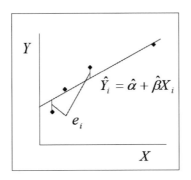

【問題 3.2】

関数の特定化とは、$Y_i = \alpha + \beta X_i + u_i$ や $\ln Y_i = \alpha + \beta \ln X_i + u_i$ のように回帰分析を行う式の形を決めることを指しています。一方、関数の推定は、特定化した式、たとえば、$Y_i = \alpha + \beta X_i + u_i$ の係数である、α や β を推定することを指しています。

【問題 3.3】

data03 という名称のデータの中の変数 C を横軸に、data03 という名称のデータの中の変数 Q を縦軸とし、横軸のラベルは「気温」、縦軸のラベルを「アイスクリーム消費量」、グラフのタイトルを「気温とアイスクリーム消費量」とした散布図を描く指示を行っています。

【問題 3.4】

data01 という名称のデータの中から、変数 W を被説明変数に、変数 Z を説明変数とし、$W_i = \alpha + \beta Z_i + u_i$ と特定化した式を、古典的最小 2 乗法で推定し、その推定結果に fm01 という名称をつける指示を行っています。

【問題 3.5】

推定された式は、$Y = 6.93312 + 0.40238X$ となりますから、この直線は、$(0, 6.93312)$ と、例えば、$(10, 6.93312 + 0.40238 \times 10) = (10, 10.95692)$ を通

ります。したがって、図のような直線を描くことができます。

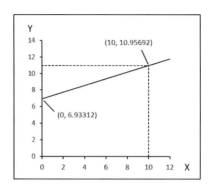

【問題 3.6】
①Rでは、作業ディレクトリを設定すると、ファイルに関する指示を行う際、ディレクトリ（フォルダ）を記述する必要がなくなり、記述が楽になります。
②スクリプト中で実行したい行を選択し、[Rコードを実行] アイコンをクリックします（Mac 版では、[編集]、[実行] を選択）。
③ファイルの1行目は変数名としなければなりません。その際の変数名は、半角でアルファベットを先頭とする英数字とします。ファイルを保存するとき、CSV形式で保存しなければなりません。その際、複数ファイルは保存できないため、データは1つのシートにまとめなければなりません。

【演習 3.1】
①有効求人倍率が高まるとボーナス支給額が多くなることから、ボーナス支給額の平均Bを被説明変数に、有効求人倍率Dを説明変数とします。
②以下のRコマンドを実行します。

```
data1 <- read.table("ke0301.csv",header = TRUE, sep =",")
data1
plot(data1$D, data1$B,xlab="有効求人倍率",
    ylab="ボーナス支給額の平均",main="有効求人倍率とボーナス支給額の平均")
fm <- lm(B ~ D, data = data1)
abline(fm)
summary(fm)
```

● R による推定結果

```
Coefficients:
             Estimate Std. Error t value Pr(>|t|)
(Intercept)  30.0764     0.2732  110.11  8.25e-05 ***
D             6.8040     0.2632   25.86  0.00149  **
```

したがって、$\hat{B}_i = 30.0764 + 6.8040 D_i$

③
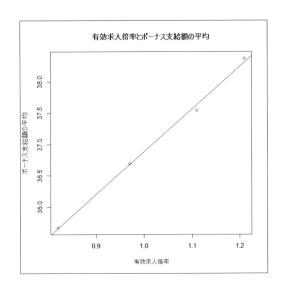

【演習 3.2】

① 高等教育の充実が生産性を高めることから、労働生産性 P を被説明変数に、高等教育への公的支出割合 E を説明変数とします。

② 以下の R コマンドを実行します。

```
data1 <- read.table("ke0302.csv",header = TRUE, sep =",")
data1
plot(data1$E, data1$P,xlab="高等教育への公的支出割合",ylab="労働生産性",
   main="高等教育への公的支出と労働生産性")
fm <- lm(P ~ E, data = data1)
abline(fm)
summary(fm)
```

● Rによる推定結果

```
Coefficients:
            Estimate Std. Error t value Pr(>|t|)
(Intercept)    9.102     10.355   0.879   0.4721
E             21.102      5.210   4.050   0.0559 .
```

したがって、$\hat{P}_i = 9.102 + 21.102 E_i$

③

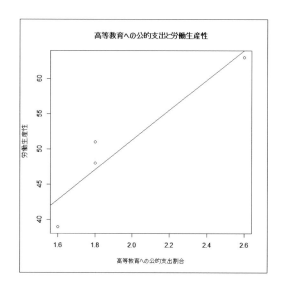

第4章

【問題4.1】

　誤差分散は、誤差の2乗の平均（ただし、分母は自由度）として求められますが、誤差の平均がゼロであることから、誤差の分散の式にあたるため、誤差分散と呼ばれます。

【問題4.2】

　決定係数は、全平方和に対する回帰による平方和の割合です。全平方和は必ずプラスであり、回帰による平方和もマイナスになることはありませんから、決定係数がマイナスになることはありません。

付録 B　練習問題解答 | 319

【問題 4.3】

　データが 1 セット与えられれば回帰係数を 1 組求めることができますが、それだけでは回帰係数の分布を考えることはできません。データが 1 セットしか与えられていないのに分布を考えることができるのは、そのデータが母集団から得られた標本であると考えるためです。母集団から標本を取り出したとすると、データは標本ですから母集団と全く同じ散らばりをするわけではありません。したがって、標本によって異なる回帰係数を求めることができ、回帰係数の分布を考えることができるのです。その回帰係数の分布の標準偏差が回帰係数の標準誤差にあたります（推定値の標準偏差は一般に標準誤差と呼ばれます）。

【問題 4.4】

　古典的最小 2 乗法でおかれる仮定のうち、仮定 1 〜 4 が満たされているとき、回帰係数の標準誤差は、$s_{\hat{\beta}} = \dfrac{s}{\sqrt{\Sigma(X_i - \bar{X})^2}}$ として求めることができます。また、仮定 5 が満たされているとき、$t = \dfrac{\hat{\beta} - \beta}{s_{\hat{\beta}}}$ が t 分布に従うことになります。

【問題 4.5】

　一般に仮説検定においては、分布が確定できるものを帰無仮説である H_0 におきます。回帰分析の有意性の検定において、一般に帰無仮説が $H_0 : \beta = 0$ と設定されるのは、β がゼロであることが回帰式において特別な意味を持つためです。それは、$Y_i = \alpha + \beta X_i + u_i$ において、β がゼロである場合のみ X が Y に影響を与えないことになります。したがって、$H_0 : \beta = 0$ が棄却されれば、X が Y に影響を与えると結論でき、$H_0 : \beta = 0$ が採択されれば、X が Y に影響を与えないと結論できることになります。

【問題 4.6】

　$H_0 : \beta = 0$、$H_1 : \beta \neq 0$ の仮説検定において t 値を計算したとき、その t 値の絶対値よりも大きい値（両側検定であるのでマイナス側も）をとる確率が P 値にあたります。この P 値が有意水準を下回るかどうかによって、t 値が棄却域に入るかどうかと同じ結論を導くことが可能となります。

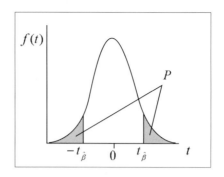

【演習 4.1】

以下の R コマンドを実行します。

```
data1 <- read.table("ke0401.csv",header = TRUE, sep =",")
data1
plot(data1$Y, data1$C,xlab="所得",ylab="消費",main="消費関数")
fm <- lm(C ~ Y, data = data1)
abline(fm)
summary(fm)
```

①

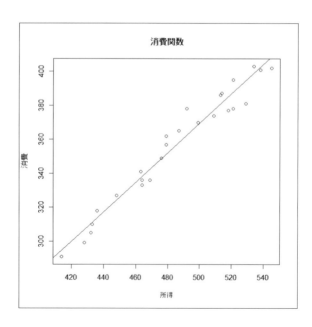

②

```
Coefficients:
            Estimate Std. Error t value Pr(>|t|)
(Intercept) -64.65418   17.95669  -3.601  0.00144 **
Y             0.86807    0.03693  23.506  < 2e-16 ***
---
Signif. codes:  0 '***' 0.001 '**' 0.01 '*' 0.05 '.' 0.1 ' ' 1

Residual standard error: 7.029 on 24 degrees of freedom
Multiple R-squared:  0.9584,    Adjusted R-squared:  0.9566
F-statistic: 552.5 on 1 and 24 DF,  p-value: < 2.2e-16
```

したがって、$\hat{C}_i = -64.65418 + 0.86807Y_i$

β の推定値である 0.86807 は限界消費性向（所得 1 単位の増加による消費の増加の大きさ）にあたります。

③決定係数は、$r^2 = 0.9584$ と極めて大きいことがわかります。

④$H_0 : \beta = 0$ に対する t 値は、23.506 と極めて大きく、その P 値は 2×10^{-16} 未満（< 2e-16）ですから、極めて有意であるといえます。したがって、推定した限界消費性向の信頼性は高いといえることになります。

【演習 4.2】

以下の R コマンドを実行します。

```
data1 <- read.table("ke0402.csv",header = TRUE, sep =",")
data1
plot(data1$lnL, data1$lnY,xlab="lnL",ylab="lnY",main="生産関数")
fm <- lm(lnY ~ lnL, data = data1)
abline(fm)
summary(fm)
```

①

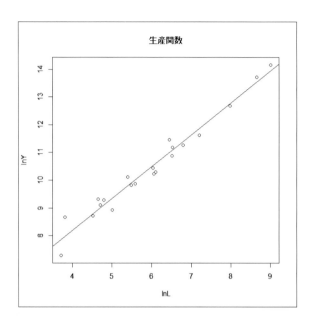

②

```
Coefficients:
            Estimate Std. Error t value Pr(>|t|)
(Intercept)  3.57616    0.30134   11.87 3.13e-10 ***
lnL          1.15175    0.04928   23.37 1.85e-15 ***
---
Signif. codes:  0 '***' 0.001 '**' 0.01 '*' 0.05 '.' 0.1 ' ' 1

Residual standard error: 0.3181 on 19 degrees of freedom
Multiple R-squared:  0.9664,    Adjusted R-squared:  0.9646
F-statistic: 546.1 on 1 and 19 DF,  p-value: 1.846e-15
```

したがって、$\widehat{\ln Y_i} = 3.57616 + 1.15175 \ln L_i$

β の推定値である 1.15175 は労働の生産弾力性（労働1%の増加により生産が何%増加するか）にあたります。このように生産要素が労働だけの場合、この値が1を超えていることからガス産業に規模の経済性が存在することがわかります。

③決定係数は、$r^2 = 0.9664$ と極めて大きいことがわかります。

④$H_0 : \beta = 0$ に対する t 値は、23.37 と極めて大きく、その P 値は 1.85 ×

付録 B　練習問題解答 | 323

10^{-15}（＝1.85e-15）ですから、極めて有意であるといえます。したがって、推定した労働の生産弾力性の信頼性は高いといえることになります。

第5章

【問題5.1】

時系列データによる回帰分析では、誤差項に自己相関が発生することが多いことから、誤差項の自己相関の有無を検定するためにダービン＝ワトソン統計量（DW統計量）を計算します。DW統計量は、2を中心に0から4を範囲とし、2に近いと自己相関がなく、0に近いと正の自己相関があり、4に近いと負の自己相関がある可能性が高いことを示します。Rでは、dwtestコマンドを利用しますが、これを利用するためにはlmtestパッケージを事前にインストールし、実行前にlmtestパッケージの読み込みを行っておく必要があります。

【問題5.2】

ダービン＝ワトソン統計量が0に近く、誤差に自己相関が発生していると考えられるとき、説明変数と被説明変数のそれぞれについて1期前との階差を計算し、新しい変数を作り、それらを用いて再推定を行うことによって、誤差に自己相関が発生しない状況を作り出すことができることがあります。階差の計算には1期前の値を必要とするため、最初の期については計算することができません。Rでその期を無視して回帰分析を行うために、Excelシートでは、最初の期の行にNAを入力しておきます。

【問題5.3】

一般化最小2乗法は、古典的最小2乗法によって推定された誤差から傾向、ここでは自己相関の程度を把握し、その自己相関の強さを前提として推定を行います。Rでは、glsコマンドを利用しますが、これを利用するためにはnlmeパッケージを事前にインストールし、実行前にnlmeパッケージの読み込みを行っておく必要があります。

【問題5.4】

①DW統計量は、誤差項の自己相関の有無を検定するために計算される統計量であり、2を中心に0から4を範囲とし、2を頂点とした釣鐘状の分布になります。2に近いと自己相関がなく、0に近いと正の自己相関があ

り、4 に近いと負の自己相関がある可能性が高いことを示すことになります。(1) 式の推定の結果、DW が 0.53 とゼロに近く、正の自己相関があると考えられるため、それを回避するため差分を利用して (2) 式を推定し、DW が 2.05 と 2 に近い値となり自己相関がない状態へ向けてと改善したと考えられます。

② $W = DB/Y,\ X = G/Y,\ Z = G^*/Y^*$ とおくと、(1) 式は $W = \alpha X + \beta Z$ であり、(2) 式はそれぞれの変数の前期との差分を考え、$dW = \alpha dX + \beta dZ$ となります。R で、この式を推定するにあたっては、Excel シートで B ～ D の列の値を利用して E ～ G の列に差分を計算し、計算できない第 2 行については、NA を入力し欠損値とします。

	A	B	C	D	E	F	G
1	t	W	X	Z	dW	dX	dZ
2	1	W_1	X_1	Z_1	NA	NA	NA
3	2	W_2	X_2	Z_2	=B3-B2	=C3-C2	=D3-D2
4	3	W_3	X_3	Z_3	=B4-B3	=C4-C3	=D4-D3
5	:	:	:	:	:	:	:

③R で dwtest コマンドを利用するためには lmtest パッケージを事前にインストールし、実行前に lmtest パッケージの読み込みを行っておく必要があります。

【問題 5.5】

①図から、2000 年付近は誤差がマイナス、その後プラスが続き、その後マイナスが続くというように、誤差の符号がそれ以前の誤差の符号に影響を受ける自己相関の関係があると考えられます。

出力結果では、dwtest コマンドによって、誤差項に自己相関があるか否かを検定するダービン＝ワトソン検定が行われています。

R で dwtest コマンドを実行するには、lmtest パッケージをインストールしておき、dwtest コマンドを実行する前に lmtest パッケージの読み込みを行う必要があります。

dwtest の結果、DW 統計量は 1.1171 で、その P 値は 0.01362 であり、一般に用いられる有意水準である 5% より小さいことから、自己相関があると結論づけることができます。

付録 B　練習問題解答　325

②誤差項に自己相関があることから、自己相関を除去するため、各変数について1期前との差を計算し、それらについて、古典的最小2乗法を用いて推定します。Excel ファイルにおいて、各変数について1期前との差を計算した列を作成し、それらをデータとして用います。図では、B 列の Y と C 列の X のそれぞれから、D 列に Y の差分の dY、E 列に X の差分の dX を求め、最初のデータについては、1期前との差を計算することができないため、それぞれ NA を入力しておきます。

	A	B	C	D	E	F	G
1	t	W	X	Z	dW	dX	dZ
2	1	W_1	X_1	Z_1	NA	NA	NA
3	2	W_2	X_2	Z_2	=B3-B2	=C3-C2	=D3-D2
4	3	W_3	X_3	Z_3	=B4-B3	=C4-C3	=D4-D3
5	:	:	:	:	:	:	:

【問題 5.6】

①Durbin-Watson test は、誤差項の自己相関の有無を検定するものです。誤差項に自己相関があると、係数の標準誤差の値が正しいものではなくなることから、係数の有意性の検定の結論に誤りが生じる可能性があります。そのため、誤差項に自己相関が存在するか否かを検定する必要があります。

②DW 統計量は、2を中心に0から4を範囲とし、2を頂点とした釣鐘状の分布になります。2に近いと自己相関がなく、0に近いと正の自己相関があり、4に近いと負の自己相関がある可能性が高いことを示すことになります。DW が 2.1953 と2に近い値となっていることから、DW 統計量の P 値は大きい値（1に近い値）、すなわち、$H_0 : \rho = 0$（$DW = 2$）が正しいとき発生しやすく、自己相関がない状態であると考えられます。

③ダービン＝ワトソン統計量が0に近く、誤差に自己相関が発生していると考えられるとき、説明変数と被説明変数のそれぞれについて1期前との階差を計算し、新しい変数を作り、それらを用いて再推定を行うことによって、誤差に自己相関が発生しない状況を作り出すことができることがあるために、階差がとられることがあります。

326 付 録

【演習 5.1】

① `lmtest` パッケージの（インストールと）読み込みを行ったあと、以下
のRコマンドを実行します。

```
data1 <- read.table("ke05011.csv",header = TRUE, sep =",")
data1
plot(data1$lnY, data1$lnM,xlab="lnY",ylab="lnM",main="自己相関の検討")
fm1 <- lm(lnM ~ lnY, data = data1)
summary(fm1)
abline(fm1)
dwtest(fm1)
```

次のような結果を得ることができます。

```
Call:
lm(formula = lnM ~ lnY, data = data1)

Coefficients:
            Estimate Std. Error t value Pr(>|t|)
(Intercept) -16.8437     0.6405  -26.30   <2e-16 ***
lnY           3.3923     0.1039   32.66   <2e-16 ***

Residual standard error: 0.0386 on 25 degrees of freedom
Multiple R-squared:  0.9771,    Adjusted R-squared:  0.9762
F-statistic:  1067 on 1 and 25 DF,  p-value: < 2.2e-16

> dwtest(fm1)

        Durbin-Watson test
data:  fm1
DW = 1.1332, p-value = 0.004351
alternative hypothesis: true autocorrelation is greater than 0
```

$$\ln \hat{M}_t = -16.8437 + 3.3923 \ln Y_t$$

$$\quad\quad\quad (-26.30) \quad\quad (32.66)$$

$$\quad\quad\quad [0.0000] \quad\quad [0.0000]$$

$R^2 = 0.9771,\ n = 27,\ DW = 1.1332$。ただし、（ ）内は t 値、[ ] 内は P 値

DW 統計量の値が 1.1332 であり、その P 値が 0.004351 と極めて小さいこ
とから、自己相関があると考えられます。

付録 B　練習問題解答　327

②データについて階差（dlnM，dlnY）を計算し、ファイルに保存したあと、
以下の R コマンドを実行します。

```
data1 <- read.table("ke05012.csv",header = TRUE, sep =",")
data1
plot(data1$dlnY, data1$dlnM,xlab="dlnY",ylab="dlnM",main="自己相関の除去")
fm2 <- lm(dlnM ~ dlnY, data = data1)
abline(fm2)
summary(fm2)
dwtest(fm2)
```

次のような結果を得ることができます。

```
Call:
lm(formula = dlnM ~ dlnY, data = data1)

Coefficients:
            Estimate Std. Error t value Pr(>|t|)
(Intercept) 0.002899   0.008600   0.337    0.739
dlnY        2.572763   0.415417   6.193 2.12e-06 ***

Residual standard error: 0.03858 on 24 degrees of freedom
  (1 observation deleted due to missingness)
Multiple R-squared:  0.6151,    Adjusted R-squared:  0.5991
F-statistic: 38.36 on 1 and 24 DF,  p-value: 2.123e-06

> dwtest(fm2)

        Durbin-Watson test
data:  fm2
DW = 1.5044, p-value = 0.1005
alternative hypothesis: true autocorrelation is greater than 0
```

$$d\ln \hat{M}_t = 0.0029 + 2.5728\ d\ln Y_t$$
$$(0.337)\quad (6.193)$$
$$[0.739]\quad [0.0000]$$

$R^2 = 0.6151,\ n = 26,\ DW = 1.5044$。ただし、( ) 内は t 値、[ ] 内は P 値

DW 統計量の値が 1.5044 であり、その P 値が 0.1005 となったことから、
自己相関が除去されていることがわかります。

328 | 付　録

③nlme パッケージの（インストールと）読み込みを行ったあと、以下の
R コマンドを実行します。

```
data1 <- read.table("ke05011.csv",header = TRUE, sep =",")
data1
fm3 <- gls(lnM ~ lnY, corr=corARMA(p=1),data = data1)
summary(fm3)
```

次のような結果を得ることができます。

```
Generalized least squares fit by REML
  Model: lnM ~ lnY
  Data: data1
        AIC       BIC    logLik
 -89.78931 -84.91381 48.89466

Correlation Structure: AR(1)
 Formula: ~1
 Parameter estimate(s):
      Phi
0.8674303

Coefficients:
               Value Std.Error  t-value p-value
(Intercept) -13.18586  1.778319 -7.414790       0
lnY           2.80119  0.288607  9.705896       0

Residual standard error: 0.07318288
Degrees of freedom: 27 total; 25 residual
```

$$\ln \hat{M}_t = -13.1859 + 2.8012 \ln Y_t$$
$$\qquad\quad (-7.415) \qquad (9.706)$$
$$\qquad\quad [0.0000] \qquad [0.0000]$$

$$e_i = 0.8674 e_{t-1} + v_t$$

$s = 0.7318, n = 10$。ただし、( ) 内は t 値、[ ] 内は P 値、s は標準誤差

ρ の推定値は 1 に近く、強い自己相関があるけれども、それを前提として
推定を行うと、β の推定値 $\hat{\beta}$ の P 値は 0（gls コマンドによる推定結果
の P 値は指数表示されないため、これは四捨五入された値であり、小数
第 5 位が 5 未満であることを表している）と表示され、極めて有意である
ことがわかります。

付録 B　練習問題解答 | 329

【演習 5.2】

① lmtest パッケージの（インストールと）読み込みを行ったあと、以下のR コマンドを実行します。

```
data1 <- read.table("ke05021.csv",header = TRUE, sep =",")
data1
plot(data1$E, data1$P,xlab="E",ylab="P",main="自己相関の検討")
fm1 <- lm(P ~ E, data = data1)
summary(fm1)
abline(fm1)
dwtest(fm1)
```

次のような結果を得ることができます。

```
Call:
lm(formula = P ~ E, data = data1)

Coefficients:
            Estimate Std. Error t value Pr(>|t|)
(Intercept)  3847.45    4844.36   0.794  0.43556
E             129.19      43.36   2.980  0.00691 **
---
Signif. codes:  0 '***' 0.001 '**' 0.01 '*' 0.05 '.' 0.1 ' ' 1

Residual standard error: 1251 on 22 degrees of freedom
Multiple R-squared:  0.2875,   Adjusted R-squared:  0.2551
F-statistic: 8.878 on 1 and 22 DF,  p-value: 0.006914

> dwtest(fm1)

        Durbin-Watson test
data:  fm1
DW = 0.21563, p-value = 7.661e-11
alternative hypothesis: true autocorrelation is greater than 0
```

$$\hat{P}_t = 3847.45 + 129.19\ E_t$$
$$\quad\ (0.794)\quad\ (2.980)$$
$$\quad\ [0.4356]\quad [0.0069]$$

$R^2 = 0.2875,\ n = 24,\ DW = 0.2156$。ただし、( ) 内は t 値、[ ] 内は P 値

DW 統計量の値が 0.21563 であり、その P 値が $7.661e{-}11$ と極めて小さいことから、自己相関があると考えられます。

②データについて階差（dP，dE）を計算し、ファイルに保存したあと、以下のRコマンドを実行します。

```
data1 <- read.table("ke05022.csv",header = TRUE, sep =",")
data1
plot(data1$dE, data1$dP,xlab="dE",ylab="dP",main="自己相関の除去")
fm2 <- lm(dP ~ dE, data = data1)
abline(fm2)
summary(fm2)
dwtest(fm2)
```

次のような結果を得ることができます。

```
Call:
lm(formula = dP ~ dE, data = data1)

Coefficients:
            Estimate Std. Error t value Pr(>|t|)
(Intercept)   104.29     122.28   0.853  0.40333
dE            138.30      31.44   4.399  0.00025 ***
---
Signif. codes:  0 '***' 0.001 '**' 0.01 '*' 0.05 '.' 0.1 ' ' 1

Residual standard error: 584 on 21 degrees of freedom
  (1 observation deleted due to missingness)
Multiple R-squared:  0.4796,    Adjusted R-squared:  0.4548
F-statistic: 19.35 on 1 and 21 DF,  p-value: 0.0002501

> dwtest(fm2)

        Durbin-Watson test
data:  fm2
DW = 1.875, p-value = 0.3865
alternative hypothesis: true autocorrelation is greater than 0
```

$$d\hat{P}_t = 104.29 + 138.30 \ dE_t$$
$$(0.853) \quad (4.399)$$
$$[0.4033] \quad [0.00025]$$
$$R^2 = 0.4796, \ n = 23, \ DW = 1.875。ただし、（ ）内は t 値、[ ] 内は P 値$$

DW 統計量の値が1.875と2に近くなり、その P 値が0.3865となったことから、自己相関が除去されていることがわかります。

③ nlme パッケージの（インストールと）読み込みを行ったあと、以下の
Rコマンドを実行します。

```
data1 <- read.table("ke05021.csv",header = TRUE, sep =",")
data1
fm3 <- gls(P ~ E, corr=corARMA(p=1),data = data1)
summary(fm3)
```

次のような結果を得ることができます。

```
Generalized least squares fit by REML
  Model: P ~ E
  Data: data1
       AIC      BIC    logLik
  356.2576 360.6217 -174.1288

Correlation Structure: AR(1)
 Formula: ~1
 Parameter estimate(s):
      Phi
0.9803767

Coefficients:
               Value Std.Error  t-value p-value
(Intercept) 3788.597 4472.645 0.847060  0.4061
E            135.394   31.215 4.337545  0.0003

Residual standard error: 2929.5
Degrees of freedom: 24 total; 22 residual
```

$$\hat{P}_t = 3788.6 + 135.394 \ln Y_t$$
$$\quad (0.8471) \quad (4.3375)$$
$$\quad [0.4061] \quad [0.0003]$$
$$e_i = 0.9804 e_{t-1} + v_t$$

$s = 2929.5$, $n = 24$。ただし、（ ）内は t 値、[ ] 内は P 値、s は標準誤差

ρ の推定値は 0.9804 と 1 に近く、強い自己相関があるけれども、それを前
提として推定を行うと、β の推定値 $\hat{\beta}$ の P 値は 0.0003 と非常に小さく、
極めて有意であることがわかります。

332 | 付　録

第6章

【問題6.1】

　クロスセクションデータによる回帰分析では、誤差項に不均一分散の状態が発生することが多いことから、誤差項の不均一分散の状態か否かを検定するためにブロイシュ＝ペーガン統計量（BP統計量）を計算します。BP統計量は、カイ2乗分布に従い、大きな値をとると、不均一分散の状態にある可能性が高いことを示します。Rでは、bptestコマンドを利用しますが、これを利用するためにはlmtestパッケージを事前にインストールし、実行前にlmtestパッケージの読み込みを行っておく必要があります。

【問題6.2】

　BP統計量が大きく、誤差が不均一分散の状態にあると考えられるとき、説明変数と被説明変数のそれぞれについて行われる変数変換として代表的なものに2種類の変換があります。1つは対数化です。対数変換によって、大きい数字が小さい数字よりも大きく割り引かれることから、不均一分散の状態が解消される可能性があります。もう1つは比率化です。個々のデータが持つ大きさを反映するような第3の変数で割ることによって、不均一分散の状態が解消される可能性があります。

【問題6.3】

　一般化最小2乗法は、古典的最小2乗法によって推定された誤差から傾向、ここでは不均一分散の程度を把握し、その不均一分散の程度の強さを前提として推定を行います。Rでは、glsコマンドを利用しますが、これを利用するためにはnlmeパッケージを事前にインストールし、実行前にnlmeパッケージの読み込みを行っておく必要があります。

【問題6.4】

　誤差における不均一分散の状態を回避し、均一分散にするために用いられます。これは、一般に、原点に近いところは誤差が小さく、原点から離れたところは誤差が大きい傾向があることから、対数がより大きい数字をより大きく割り引く性質を利用して不均一分散の問題を解決していきます。

【問題6.5】

　共通の変数によって割った変数を用いるのは、データによって誤差の大きさ

付録 B　練習問題解答　333

に大きな差、すなわち不均一分散の状態にある場合です。共通の変数の大きさが誤差の大きさを反映している場合、均一分散化することができます。不均一分散の状態にあるか否かを検定する統計量は BP 統計量であり、カイ 2 乗分布を用いて検定することができます。

【問題 6.6】

①検定した仮説は、H_0：均一分散、H_1：不均一分散です。R で BP テストを行うために必要な bptest コマンドは基本パッケージには入っていないため、lmtest パッケージをインストールしておき、R を起動するたびに lmtest パッケージの読み込みを行う必要があります。R の結果から、BP の P 値は 0.0962 であり、有意水準 10％で H_0：均一分散を棄却し、H_1：不均一分散を採択することができます。

②Excel ファイルの D 列に X の対数値、E 列に Y の対数値を計算するため、D 列 1 行に「lnX」、E 列 1 行に「lnY」を、D 列 2 行に「=LN(B2)」を入力し、D 列 2 行を D 列と E 列の 48 行までコピーします。

R の結果から、BP の P 値は 0.3377 となり、有意水準 10％で H_0：均一分散を採択することができます。

	A	B	C	D	E
1	i	X	Y	lnX	lnY
2	1	245	2697	=LN(B2)	=LN(C2)
3	2	446	2441	=LN(B3)	=LN(C3)
:	:	:	:	:	:
48	47	1212	2208	=LN(B48)	=LN(C48)

【演習 6.1】

① lmtest パッケージの（インストールと）読み込みを行ったあと、以下の R コマンドを実行します。

```
data1 <- read.table("ke06011.csv",header = TRUE, sep =",")
data1
plot(data1$A, data1$S,xlab="A",ylab="S",main="不均一分散の検討")
fm1 <- lm(S ~ A, data = data1)
summary(fm1)
abline(fm1)
bptest(fm1)
```

次のような結果を得ることができます。

```
Call:
lm(formula = S ~ A, data = data1)

Coefficients:
             Estimate Std. Error t value Pr(>|t|)
(Intercept) 32813.626  38650.013   0.849    0.406
A              41.392      2.938  14.086 1.65e-11 ***

Residual standard error: 121400 on 19 degrees of freedom
Multiple R-squared:  0.9126,    Adjusted R-squared:  0.908
F-statistic: 198.4 on 1 and 19 DF,  p-value: 1.654e-11

> bptest(fm1)

        studentized Breusch-Pagan test
data:  fm1
BP = 6.4942, df = 1, p-value = 0.01082
```

$$\hat{S}_i = 32813.6 + 41.392\, A_i$$
$$\quad (0.849) \quad\ (14.086)$$
$$\quad [0.406] \quad\ [0.000]$$
$$R^2 = 0.9126,\ n = 21。ただし、(\ )\ 内は\ t\ 値、[\ ]\ 内は\ P\ 値$$

BP 統計量の値が 6.4942 であり、その P 値が 0.01082 と極めて小さいことから、不均一分散の状態にあると考えられます。

②データについて対数（lnS，lnA）を計算し、ファイルに保存したあと、以下の R コマンドを実行します。

```
data1 <- read.table("ke06012.csv",header = TRUE, sep =",")
data1
plot(data1$lnA, data1$lnS,xlab="lnA",ylab="lnS",main="均一分散化(対数)")
fm2 <- lm(lnS ~ lnA, data = data1)
summary(fm2)
abline(fm2)
bptest(fm2)
```

次のような結果を得ることができます。

```
Call:
lm(formula = lnS ~ lnA, data = data1)

Coefficients:
```

```
              Estimate Std. Error t value Pr(>|t|)
(Intercept)   4.64957    0.27916   16.66 8.61e-13 ***
lnA           0.91130    0.03269   27.87  < 2e-16 ***

Residual standard error: 0.2194 on 19 degrees of freedom
Multiple R-squared:  0.9761,    Adjusted R-squared:  0.9749
F-statistic: 776.9 on 1 and 19 DF,  p-value: < 2.2e-16

> bptest(fm2)

        studentized Breusch-Pagan test
data:  fm2
BP = 0.19266, df = 1, p-value = 0.6607
```

$$\ln \hat{S}_i = 4.6496 + 0.9113 \ln A_i$$
$$\quad\quad (16.66) \quad (27.87)$$
$$\quad\quad [0.000] \quad [0.000]$$

$R^2 = 0.9761,\ n = 21$。ただし、( ) 内は t 値、[ ] 内は P 値

BP 統計量の値が 0.1927 であり、その P 値が 0.6607 と大きいことから、不均一分散の除去ができ、均一分散の状態になったと考えられます。

③データについて比率（S/L，A/L）を計算し、ファイルに保存したあと、以下の R コマンドを実行します。

```
data1 <- read.table("ke06013.csv",header = TRUE, sep =",")
data1
plot(data1$AL, data1$SL,xlab="A/L",ylab="S/L",main="均一分散化(比率)")
fm3 <- lm(SL ~ AL, data = data1)
summary(fm3)
abline(fm3)
bptest(fm3)
```

次のような結果を得ることができます。

```
Call:
lm(formula = SL ~ AL, data = data1)

Coefficients:
              Estimate Std. Error t value Pr(>|t|)
(Intercept)   44.000      8.028     5.481 2.75e-05 ***
AL            25.714      3.711     6.929 1.32e-06 ***
```

```
Residual standard error: 13.69 on 19 degrees of freedom
Multiple R-squared:  0.7165,    Adjusted R-squared:  0.7015
F-statistic: 48.01 on 1 and 19 DF,  p-value: 1.322e-06

> bptest(fm3)

        studentized Breusch-Pagan test
data:   fm3
BP = 0.51809, df = 1, p-value = 0.4717
```

$$\widehat{(S/L)}_i = 44.000 + 25.714\,(A/L)_i$$
$$(5.481) \quad (6.929)$$
$$[0.000] \quad [0.000]$$
$$R^2 = 0.7165,\; n = 21。ただし、（ ）内は\; t\; 値、[ ]\; 内は\; P\; 値$$

BP 統計量の値が 0.51809 であり、その P 値が 0.4717 と大きいことから、不均一分散の除去ができ、均一分散の状態になったと考えられます。

④ nlme パッケージの（インストールと）読み込みを行ったあと、以下の R コマンドを実行します。

```
data1 <- read.table("ke06011.csv",header = TRUE, sep =",")
data1
fm4 <- gls(S ~ A, weights = varPower(), data = data1)
summary(fm4)
```

次のような結果を得ることができます。

```
Generalized least squares fit by REML
  Model: S ~ A
  Data: data1
       AIC      BIC    logLik
  504.1192 507.897 -248.0596

Variance function:
 Structure: Power of variance covariate
 Formula: ~fitted(.)
 Parameter estimates:
    power
0.8522545

Coefficients:
                Value Std.Error    t-value p-value
```

```
(Intercept) 7001.781   4663.379   1.501439   0.1497
A             46.009      2.903  15.848144   0.0000

 Correlation:
  (Intr)
A -0.432

Standardized residuals:
       Min          Q1         Med          Q3         Max
-1.0967602  -0.7685448  -0.2527857   0.9007316   2.0665883

Residual standard error: 1.601501
Degrees of freedom: 21 total; 19 residual
```

$$\hat{S}_i = 7001.8 + \; 46.009 \; A_i$$
$$\quad (1.5014) \quad (15.8481)$$
$$\quad [0.1497] \quad\; [0.000]$$

$$e_i^2 = S_i^{0.8523} + v_i$$

$s = 1.6015$, $n = 21$。ただし、( ) 内は t 値、[ ] 内は P 値、s は標準誤差

γ の推定値は 0.8523 となっており、それを前提として推定を行うと、β の推定値の P 値は 0.0000（gls コマンドによる推定結果の P 値は指数表示されないため、これは四捨五入された値であり、小数第 5 位が 5 未満であることを表している）と小さく、極めて有意であることがわかります。

【演習 6.2】

① lmtest パッケージの（インストールと）読み込みを行ったあと、以下の R コマンドを実行します。

```
data1 <- read.table("ke06021.csv",header = TRUE, sep =",")
data1
plot(data1$Y, data1$E,xlab="Y",ylab="E",main="不均一分散の検討")
fm1 <- lm(E ~ Y, data = data1)
summary(fm1)
abline(fm1)
bptest(fm1)
```

次のような結果を得ることができます。

```
Call:
lm(formula = E ~ Y, data = data1)

Coefficients:
            Estimate Std. Error t value Pr(>|t|)
(Intercept) -24.76612    3.60782  -6.865  3.4e-07 ***
Y             1.46914    0.06355  23.118  < 2e-16 ***

Residual standard error: 4.09 on 25 degrees of freedom
Multiple R-squared:  0.9553,    Adjusted R-squared:  0.9535
F-statistic: 534.4 on 1 and 25 DF,  p-value: < 2.2e-16

> bptest(fm1)

        studentized Breusch-Pagan test
data:  fm1
BP = 2.9061, df = 1, p-value = 0.08825
```

$$\hat{E}_i = -24.7661 + 1.4691\ Y_i$$
$$(-6.865) \quad (23.118)$$
$$[0.000] \quad\quad [0.000]$$
$$R^2 = 0.9553,\ n = 27。ただし、（\ ）内は\ t\ 値、[\ ]\ 内は\ P\ 値$$

BP 統計量の値が 2.9061 であり、その P 値が 0.08825 と小さいことから、有意水準 10%で不均一分散の状態にあると考えられます。

②データについて対数（lnE，lnY）を計算し、ファイルに保存したあと、以下の R コマンドを実行します。

```
data1 <- read.table("ke06022.csv",header = TRUE, sep =",")
data1
plot(data1$lnY, data1$lnE,xlab="lnY",ylab="lnE",main="均一分散化(対数)")
fm2 <- lm(lnE ~ lnY, data = data1)
summary(fm2)
abline(fm2)
bptest(fm2)
```

次のような結果を得ることができます。

```
Call:
lm(formula = lnE ~ lnY, data = data1)

Coefficients:
```

```
                Estimate Std. Error t value Pr(>|t|)
(Intercept) -1.94283    0.22052    -8.81 3.87e-09 ***
lnY          1.48460    0.05519    26.90 < 2e-16 ***

Residual standard error: 0.06486 on 25 degrees of freedom
Multiple R-squared:  0.9666,     Adjusted R-squared:  0.9653
F-statistic: 723.6 on 1 and 25 DF,  p-value: < 2.2e-16

> bptest(fm2)

        studentized Breusch-Pagan test
data:  fm2
BP = 4.0288, df = 1, p-value = 0.04473
```

$$\ln \hat{E}_i = -1.9428 + 1.4846 \ln Y_i$$
$$\quad\quad (-8.81) \quad (26.90)$$
$$\quad\quad [0.000] \quad\ [0.000]$$

$R^2 = 0.9666$, $n = 27$。ただし、( ) 内は t 値、[ ] 内は P 値

BP 統計量の値が 4.0288 であり、その P 値が 0.04473 と小さく、有意水準 5％でも依然として不均一分散の状態にあると考えられます。このように、対数化によって不均一分散の状態が必ず解消されるわけではありません。

③データについて比率（E/Z，Y/Z）を計算し、ファイルに保存したあと、以下の R コマンドを実行します。

```
data1 <- read.table("ke06023.csv",header = TRUE, sep =",")
data1
plot(data1$YZ, data1$EZ,xlab="Y/Z",ylab="E/Z",main="均一分散化(比率)")
fm3 <- lm(EZ ~ YZ, data = data1)
summary(fm3)
abline(fm3)
bptest(fm3)
```

次のような結果を得ることができます。

```
Call:
lm(formula = EZ ~ YZ, data = data1)

Coefficients:
            Estimate Std. Error t value Pr(>|t|)
(Intercept) -0.07141    0.01111    -6.43 9.85e-07 ***
```

```
YZ              1.63643    0.09553    17.13 2.52e-15 ***

Residual standard error: 0.009027 on 25 degrees of freedom
Multiple R-squared:  0.9215,    Adjusted R-squared:  0.9183
F-statistic: 293.4 on 1 and 25 DF,  p-value: 2.522e-15

> bptest(fm3)

        studentized Breusch-Pagan test
data:   fm3
BP = 2.1866, df = 1, p-value = 0.1392
```

$$\widehat{(E/Z)}_i = -0.07141 + 1.6364(Y/Z)_i$$
$$(-6.43) \qquad (17.13)$$
$$[0.000] \qquad [0.000]$$

$R^2 = 0.9215,\ n = 27$。ただし、( ) 内は t 値、[ ] 内は P 値

BP 統計量の値が 2.1866 であり、その P 値が 0.1392 と大きくなり、有意
水準 10％ でも不均一分散の状態にあるとはいえず、均一分散化したと結
論できる状態になりました。

④ nlme パッケージの（インストールと）読み込みを行ったあと、以下の
R コマンドを実行します。

```
data1 <- read.table("ke06021.csv",header = TRUE, sep =",")
data1
fm4 <- gls(E ~ Y, weights = varPower(), data = data1)
summary(fm4)
```

次のような結果を得ることができます。

```
Generalized least squares fit by REML
  Model: E ~ Y
  Data: data1
       AIC      BIC    logLik
  146.5134 151.3889 -69.25669

Variance function:
 Structure: Power of variance covariate
 Formula: ~fitted(.)
 Parameter estimates:
   power
```

付録 B　練習問題解答　341

```
2.754773

Coefficients:
                Value Std.Error    t-value  p-value
(Intercept) -22.672118 2.3553015 -9.625994        0
Y             1.419551 0.0562698 25.227590        0

 Correlation:
  (Intr)
Y -0.992

Standardized residuals:
      Min        Q1        Med        Q3        Max
-2.0108171 -0.4756783 -0.1168913  0.7816753  1.8369911

Residual standard error: 5.297632e-05
Degrees of freedom: 27 total; 25 residual
```

$$\hat{E}_i = -22.6721 + 1.4196\ Y_i$$
$$\quad\ (-9.6260)\quad (25.2276)$$
$$\quad\ \ [0.000]\qquad [0.000]$$

$$e_i^2 = E_i^{2.755} + v_i$$

$s = 0.000053,\ n = 27$。ただし、( ) 内は t 値、[ ] 内は P 値、s は標準誤差

γ の推定値は 2.755 となっており、それを前提として推定を行うと、β の推定値の P 値は 0.0000（四捨五入された値であり、小数第 5 位が 5 未満であることを表している）と小さく、極めて有意であることがわかります。

第 7 章

【問題 7.1】

決定係数 R^2 は、全平方和 $\Sigma(Y_i - \bar{Y})^2$ に対する回帰による平方和 $\Sigma(\hat{Y}_i - \bar{Y})^2$ の比率ですが、この回帰による平方和は、全平方和 $\Sigma(Y_i - \bar{Y})^2$ から残差平方和 Σe_i^2 を差し引いたものにあたります。最小 2 乗法はこの残差平方和 Σe_i^2 を最小にするものですが、説明変数を追加するということは、この残差平方和 Σe_i^2 が必ず小さくなります。すなわち、説明変数の追加によって回帰による平方和 $\Sigma(\hat{Y}_i - \bar{Y})^2$ が必ず大きくなりますから、決定係数 R^2 は必ず大きくなります。

【問題 7.2】

決定係数 R^2 は、回帰式の説明力を表すものであり、被説明変数の変動のう

342 付　録

ち、回帰式が説明できている割合を示すものです。重回帰分析では、説明変数の数を増やせば増やすほど決定係数 R^2 が大きくなるため、決定係数によって式の説明力を評価することは誤解を招きます。そこで、説明変数が増えると実質的なデータの数である自由度が小さくなり、誤差 1 つ当たりの大きさを反映する誤差分散の推定値が大きくなることを考慮するため、決定係数を修正することが考えられます。そこで、重回帰分析では、回帰式の実質的な説明力を表すものとして決定係数を修正した自由度修正済決定係数 $\bar{R}^2$ が用いられます。

【問題 7.3】

R の lm コマンドでは、「+」記号と追加する変数の変数記号を加えることによって説明変数を追加できます。したがって、この場合は、

```
fm07 <- lm(Y ~ X + Z + W, data = data07)
```

と表せばよいことになります。

【問題 7.4】

決定係数は、回帰式の説明力を表すものであり、被説明変数の変動のうち、回帰式が説明できている割合を示すものです。重回帰分析では、説明変数の数を増やせば増やすほど決定係数が大きくなるため、決定係数によって式の説明力を評価することは誤解を招きます。そこで、説明変数が増えると実質的なデータの数である自由度が小さくなり、誤差 1 つ当たりの大きさを反映する誤差分散の推定値が大きくなることを考慮するため、決定係数を修正することが考えられます。そこで、重回帰分析では、回帰式の実質的な説明力を表すものとして決定係数を修正した自由度修正済決定係数が用いられます。

【問題 7.5】

① R による推定結果から、定数項の P 値は 0.2141、X の係数の P 値は 0.0485、Z の係数の P 値は 0.0715 です。これから、有意水準 5％で X の係数が、有意水準 10％では Z の係数も有意となることがわかります。

② 重回帰分析では、説明変数の数を増やせば増やすほど決定係数が大きくなるため、決定係数によって式の説明力を評価することは誤解を招きます。そこで、説明変数が増えると実質的なデータの数である自由度が少なくなり、誤差分散の推定値が大きくなることを考慮して決定係数を修正することが考えられます。これが、回帰式の実質的な説明力を表す

ものとして作られる自由度修正済決定係数であり、図の単純回帰では 0.38、R の出力結果の重回帰では 0.3722 となっています。これは、図の式 $Y_i = \alpha + \beta X_i + u_i$ に、Z を追加しても真の説明力が増加しなかったことを表しています。

【問題 7.6】

(a) 式は、(b) 式に M が説明変数として追加されています。説明変数を追加すると、決定係数は必ず増加することから、$R_a^2 > R_b^2$。自由度修正済み決定係数は必ず決定係数よりも小さくなることから、$\overline{R}_a^2 < R_a^2$ および $\overline{R}_b^2 < R_b^2$ が成立することから、(D) $= R_a^2 = 0.9855$、(B) $= R_b^2 = 0.9845$、(C) $= \overline{R}_a^2 = 0.9850$、(A) $= \overline{R}_b^2 = 0.9840$ があてはまります。

【演習 7.1】

①以下の R コマンドを実行します。

```
data1 <- read.table("ke0701.csv",header = TRUE, sep =",")
data1
fm1 <- lm(lnM ~ lnY + lnP, data = data1)
summary(fm1)
```

次のような結果を得ることができます。

```
Call:
lm(formula = lnM ~ lnY + lnP, data = data1)

Coefficients:
            Estimate Std. Error t value Pr(>|t|)
(Intercept)  -0.9256     1.3919  -0.665   0.5124
lnY           0.9918     0.1435   6.910 3.81e-07 ***
lnP          -0.3031     0.1309  -2.315   0.0295 *

Residual standard error: 0.1099 on 24 degrees of freedom
Multiple R-squared:  0.9209,     Adjusted R-squared:  0.9143
F-statistic: 139.8 on 2 and 24 DF,  p-value: 5.977e-14
```

$$\ln \hat{M}_t = -0.9256 + 0.9918 \ln Y_t - 0.3031 \ln P_t$$
$$(-0.67) \quad (6.91) \qquad (-2.32)$$
$$[0.512] \quad [0.000] \qquad [0.030]$$

$R^2 = 0.9209$, $\overline{R}^2 = 0.9143$, $n = 27$。ただし、( ) 内は t 値、[ ] 内は P 値

344 付　録

②推定結果から回帰係数の P 値を見ると、いずれも極めて小さいことから
それぞれの説明変数は有意であることがわかります。また、$\ln Y$ の係数
はプラスで、所得の増加に応じて輸入は増加し、$\ln P$ の係数はマイナスで、
輸入価格の上昇に応じて輸入が減少するという通常の需要関数の特徴を有
していることがわかります（ただし、この演習は 2000 年以前のデータを
用いてますが、最近のデータを含めると、価格については係数の符号がプ
ラスになることもあります。これは、最近、製造業製品の逆輸入の増加な
ど輸入品目の構成に関して生じた変化によると考えられ、さらなる分析が
必要となります）。

【演習 7.2】

①以下の R コマンドを実行します。

```
data1 <- read.table("ke0702.csv",header = TRUE, sep =",")
data1
fm1 <- lm(GY ~ GL + GK, data = data1)
summary(fm1)
```

次のような結果を得ることができます。

```
Call:
lm(formula = GY ~ GL + GK, data = data1)

Coefficients:
            Estimate Std. Error t value Pr(>|t|)
(Intercept)  0.2752    0.2817    0.977   0.3365
GL           0.7506    0.1246    6.026   1.3e-06 ***
GK           0.3184    0.1564    2.036   0.0507 .

Residual standard error: 0.9067 on 30 degrees of freedom
Multiple R-squared:  0.7716,    Adjusted R-squared:  0.7564
F-statistic: 50.68 on 2 and 30 DF,  p-value: 2.397e-10
```

$$\widehat{G(Y)_i} = 0.2752 + 0.7506\,G(L)_i + 0.3184\,G(K)_i$$
$$\quad\quad\;(0.977)\quad\;(6.026)\quad\quad\;\;(2.036)$$
$$\quad\quad[0.3365]\;\;[0.000]\quad\quad\;[0.051]$$

$R^2 = 0.7716$, $\bar{R}^2 = 0.7564$, $n = 33$。ただし、( ) 内は t 値、[ ] 内は P 値

②推定結果から回帰係数の P 値を見ると、いずれも小さく、それぞれの説

付録 B 練習問題解答 345

明変数は5%有意水準でほぼ有意であることがわかります。生産において、労働と資本が重要な生産要素であることが確認できます。

第8章

【問題8.1】

多重共線性は、重回帰分析において、本来説明力があるはずである説明変数が、他の説明変数との相関が強いためにその係数が有意とならない現象です。

【問題8.2】

説明変数の係数の推定値の標準誤差が大きくなると、その係数の t 値が小さくなり、その P 値が大きくなり、その説明変数の係数が有意でなくなります。重回帰分析において、説明変数の係数の推定値の標準誤差が大きくなる原因としては、①他の変数との相関が強い（相関係数の絶対値が大きい）、②回帰式全体の説明力が小さい（回帰式の標準誤差が大きい）、③説明変数の散らばりが小さい（説明変数の偏差平方和が小さい）が挙げられます。このうち、①が原因であるとき、多重共線性と呼ばれます。

【問題8.3】

決定係数は回帰式の説明力の大きさを示す統計量です。しかしながら、説明変数を増やせば決定係数は必ず大きくなるため、決定係数を基準として変数選択を考えるとすべての変数を取り込むことが優れた回帰式ということになってしまいます。一方、説明変数を増やすと自由度が小さくなるため、誤差1つ当りの大きさが拡大し、係数の有意性は低くなっていきます。係数の有意性のマイナスを上回るような説明力のプラスが存在するかどうかを基準に説明変数の追加を評価する統計量が自由度修正済決定係数です。すなわち、自由度修正済決定係数を最も大きくする説明変数の組み合わせを見つけるように変数の選択を行っていくことは、変数選択と呼ばれます。Rでは step コマンドで変数選択を行うことができますが、その際には、自由度修正済決定係数ではなく、同様の性質を持つ赤池情報量基準が用いられています。

【問題8.4】

①多重共線性とは、重回帰分析において、説明変数が似た動きをしているため、本来有意である変数の係数が有意にならないという現象です。

②資料の行列は cor コマンドにより算出された変数間の相関係数行列を表

したものです。

③資料では X5 の係数が有意となっていません。相関係数行列から、この X5 と他の変数のそれぞれとの相関係数の値を見ると、絶対値で 0.7 を超えるような値はないため、多重共線性の問題は発生していないと考えられます。

④pairs コマンドは、変数間の散布図行列を描くコマンドであり。変数間の相関の強さを図で表現するものです。

【問題 8.5】

①決定係数は回帰式の説明力の大きさを示す統計量です。しかしながら、説明変数を増やせば決定係数は必ず大きくなるため、決定係数を基準として変数選択を考えるとすべての変数を取り込むことが優れた回帰式ということになってしまいます。一方、説明変数を増やすと自由度が小さくなるため、誤差 1 つ当たりの大きさが拡大し、係数の有意性は低くなっていきます。そこで、係数の有意性のマイナスを上回るような説明力のプラスが存在するかどうかを基準に変数選択を考える指標として考えられたのが自由度修正済決定係数です。

②変数選択の結果から、X02、X05、X09 が変数選択の結果式から外されたことがわかります。これらの変数について選択された他の変数との間の相関係数を計算された相関係数行列から見ると、X05 と X09 はいずれも X03 などとの間の相関係数の絶対値が（0.7 を超えて）大きくなっていますが、X02 とそれ以外の他の変数との間の相関係数の絶対値はいずれも小さくなっています。したがって、X05 と X09 については、多重共線性が存在する可能性があるといえるでしょう。

【問題 8.6】

多重共線性とは、重回帰分析において、説明変数が似た動きをしているため、本来有意である変数の係数が有意にならないという現象です。推定結果を見ると、(a) の式は、A の係数の P 値が 0.104 となっており通常の 5% 水準で有意となっていません。変数 A と変数 P の間の相関係数を相関係数行列から見ると、−0.6103406 となっており、通常、基準とされる絶対値 0.7 と比較しても大きくありません。したがって、多重共線性の問題はないと考えられます。一方、(b) の式は、すべての説明変数について有意となっているため、これらの推定については多重共線性の問題は発生していないと考えられます。

付録 B　練習問題解答 347

【演習 8.1】

①以下の R コマンドを実行します。

```
data1 <- read.table("ke08011.csv",header = TRUE, sep =",")
data1
fm1 <- lm(lnM ~ lnY + lnP, data = data1)
summary(fm1)
```

次のような結果を得ることができます。

```
Call:
lm(formula = lnM ~ lnY + lnP, data = data1)

Coefficients:
            Estimate Std. Error t value Pr(>|t|)
(Intercept) -10.9571     1.6642  -6.584 1.76e-05 ***
lnY           2.3398     0.1901  12.310 1.54e-08 ***
lnP           0.1216     0.1330   0.914    0.377

Residual standard error: 0.0531 on 13 degrees of freedom
Multiple R-squared:  0.9683,    Adjusted R-squared:  0.9634
F-statistic: 198.3 on 2 and 13 DF,  p-value: 1.821e-10
```

$$\ln \hat{M}_t = -10.9571 + 2.3398 \ln Y_t + 0.1216 \ln P_t$$
$$(-6.58) \qquad (12.31) \qquad\quad (0.91)$$
$$[0.000] \qquad [0.000] \qquad\quad [0.377]$$

$R^2 = 0.9683,\ \bar{R}^2 = 0.9634,\ n = 16$。ただし、( ) 内は t 値、[ ] 内は P 値

②推定結果を見ると、また、$\ln Y$ の係数の P 値は小さくなっていますが、$\ln P$ の係数の P 値は大きく、有意とはいえません。通常は、輸入価格の上昇に応じて輸入が減少しますから、$\ln P$ の係数はマイナスで有意になるべきところです。

③以下の R コマンドを実行します。

```
data1 <- read.table("ke08011.csv",header = TRUE, sep =",")
data1
data1$Year <- NULL
cor(data1,method="pearson")
pairs(data1)
```

348 付　録

cor コマンドによって、次のような結果を得ることができます。

```
> cor(data1,method="pearson")
            lnM         lnY         lnP
lnM   1.0000000   0.9829650  -0.7734867
lnY   0.9829650   1.0000000  -0.8136140
lnP  -0.7734867  -0.8136140   1.0000000
```

$\ln Y$ と $\ln P$ の相関係数は -0.8136 と、その絶対値が大きく、多重共線性によって、$\ln P$ の係数が有意にならなかった可能性があることがわかります。
④以下の R コマンドを実行します。

```
data1 <- read.table("ke08011.csv",header = TRUE, sep =",")
data1
fm2 <- lm(lnM ~ lnY, data = data1)
summary(fm2)
fm3 <- lm(lnM ~ lnP, data = data1)
summary(fm3)
sd(data1$lnY);sd(data1$lnP)
mean(data1$lnY);mean(data1$lnP)
sd(data1$lnY)/mean(data1$lnY)
sd(data1$lnP)/mean(data1$lnP)
```

$\ln P$ の単純回帰では、次のような結果を得ることができます。

```
Call:
lm(formula = lnM ~ lnP, data = data1)

Coefficients:
            Estimate Std. Error t value Pr(>|t|)
(Intercept)   9.0828     1.1857   7.660 2.26e-06 ***
lnP          -1.2108     0.2652  -4.566  0.00044 ***

Residual standard error: 0.182 on 14 degrees of freedom
Multiple R-squared:  0.5983,    Adjusted R-squared:  0.5696
F-statistic: 20.85 on 1 and 14 DF,  p-value: 0.0004399 0
```

$$\ln \hat{M}_t = 9.0828 - 1.2108 \ln P_t$$
$$(7.660) \quad (-4.57)$$
$$[0.000] \quad [0.000]$$

$R^2 = 0.5983$, $n = 16$。ただし、( ) 内は t 値、[ ] 内は P 値

推定結果を見ると、$\ln P$ の係数の P 値が小さく、係数の符号もマイナスになっていることがわかります。これは、通常の輸入関数にあるように、輸入価格の上昇に応じて輸入が減少することになりますから、重回帰分析で有意とならなかったのは、やはり多重共線性による可能性が高いことがわかります。

sd および mean コマンドから、次の結果を得ることができます。

```
> sd(data1$lnY);sd(data1$lnP)
[1] 0.1240605
[1] 0.1772412
> mean(data1$lnY);mean(data1$lnP)
[1] 6.02025
[1] 4.468187
> sd(data1$lnY)/mean(data1$lnY)
[1] 0.0206072
> sd(data1$lnP)/mean(data1$lnP)
[1] 0.03966735
```

平均の大きさが lnP と lnY ではやや異なることから標準偏差を平均で割った変動係数を見ると、$\ln P$ の変動係数が $\ln Y$ の約 2 倍となっており、変数の散らばりは、その係数が有意となった $\ln Y$ よりも有意とならなかった $\ln P$ のほうが大きく、$\ln P$ は十分な散らばりを有していたと考えられます。このことからも、重回帰分析で有意とならなかったのは、多重共線性による可能性が高いことがわかります。

⑤データの期間を広げて、以下の R コマンドを実行します。

```
data1 <- read.table("ke08012.csv",header = TRUE, sep =",")
data1
fm1 <- lm(lnM ~ lnY + lnP, data = data1)
summary(fm1)
```

次のような結果を得ることができます。

```
Call:
lm(formula = lnM ~ lnY + lnP, data = data1)

Coefficients:
            Estimate Std. Error t value Pr(>|t|)
(Intercept)  -0.9256     1.3919  -0.665   0.5124
```

```
lnY          0.9918      0.1435    6.910 3.81e-07 ***
lnP         -0.3031      0.1309   -2.315   0.0295 *

Residual standard error: 0.1099 on 24 degrees of freedom
Multiple R-squared:  0.9209,    Adjusted R-squared:  0.9143
F-statistic: 139.8 on 2 and 24 DF,  p-value: 5.977e-14
```

$$\ln \hat{M}_t = -0.9256 + 0.9918 \ln Y_t - 0.3031 \ln P_t$$
$$\quad (-0.67) \quad\;\; (6.91) \qquad\quad (-2.32)$$
$$\quad [0.512] \quad\; [0.000] \qquad\;\; [0.030]$$

$R^2 = 0.9209,\ \bar{R}^2 = 0.9143,\ n = 27$。ただし、( ) 内は t 値、[ ] 内は P 値

⑥推定結果から回帰係数の P 値を見ると、いずれも極めて小さいことから
それぞれの説明変数は有意であることがわかります。また、$\ln Y$ の係数
はプラスで、所得の増加に応じて輸入は増加し、$\ln P$ の係数はマイナスで、
輸入価格の上昇に応じて輸入が減少するという通常の需要関数の特徴を有
していることがわかります。データの期間を長くしたことによって、多重
共線性の問題を回避できたことがわかります。

⑦以下の R コマンドを実行します。

```
data1 <- read.table("ke08012.csv",header = TRUE, sep =",")
data1
data1$Year <- NULL
cor(data1,method="pearson")
pairs(data1)
```

cor コマンドによって、次のような結果を得ることができます。

```
> cor(data1,method="pearson")
           lnM         lnY         lnP
lnM  1.0000000   0.9504025  -0.8738575
lnY  0.9504025   1.0000000  -0.8445973
lnP -0.8738575  -0.8445973   1.0000000
```

$\ln Y$ と $\ln P$ の相関係数は -0.8446 と、その絶対値は依然として大きく、
多重共線性により係数が有意にならない可能性はあったものの、期間を広
げた結果は有意となったことがわかります。

⑧以下の R コマンドを実行します。

付録 B　練習問題解答　351

```
data1 <- read.table("ke08012.csv",header = TRUE, sep =",")
data1
fm2 <- lm(lnM ~ lnY, data = data1)
summary(fm2)
fm3 <- lm(lnM ~ lnP, data = data1)
summary(fm3)
sd(data1$lnY);sd(data1$lnP)
mean(data1$lnY);mean(data1$lnP)
sd(data1$lnY)/mean(data1$lnY)
sd(data1$lnP)/mean(data1$lnP)
```

$\ln P$ の単純回帰では、次のような結果を得ることができます。

```
Call:
lm(formula = lnM ~ lnP, data = data1)

Coefficients:
            Estimate Std. Error t value Pr(>|t|)
(Intercept)   8.4196     0.5570  15.116 4.41e-14 ***
lnP          -1.0672     0.1188  -8.987 2.64e-09 ***

Residual standard error: 0.1861 on 25 degrees of freedom
Multiple R-squared:  0.7636,    Adjusted R-squared:  0.7542
F-statistic: 80.76 on 1 and 25 DF,  p-value: 2.644e-09
```

$$\ln \hat{M}_t = 8.4196 - 1.0672 \ln P_t$$
$$(15.116) \quad (-8.99)$$
$$[0.000] \quad [0.000]$$

$R^2 = 0.7636,\ n = 27$。ただし、( ) 内は t 値、[ ] 内は P 値

推定結果を見ると、期間を広げたことによって、$\ln P$ の係数の P 値が 0.00044 から 0.00000000264 へとさらに小さくなったことがわかります。

sd および mean コマンドから、次の結果を得ることができます。

```
> sd(data1$lnY);sd(data1$lnP)
[1] 0.2803948
[1] 0.3074076
> mean(data1$lnY);mean(data1$lnP)
[1] 5.816222
[1] 4.680889
> sd(data1$lnY)/mean(data1$lnY)
[1] 0.0482091
```

352 付　録

```
> sd(data1$lnP)/mean(data1$lnP)
[1] 0.06567295
```

　標準偏差を平均で割った変動係数を見ると、$\ln P$ の変動係数が 0.03967 から 0.06567 へと大きくなり、期間を広げたことにより、変数の散らばりが大きくなり、$\ln P$ の係数が有意になりやすくなったことがわかります。

【演習 8.2】

　①以下の R コマンドを実行します。

```
data1 <- read.table("ke0802.csv",header = TRUE, sep =",")
data1
data1$i <- NULL
fm <- lm(Y ~ ., data = data1)
summary(fm)
slm1 <- step(fm)
summary(slm1)
```

　次のような結果を得ることができます。

```
Call:
lm(formula = Y ~ X4 + X5 + X6 + X7 + X8, data = data1)

Coefficients:
            Estimate Std. Error t value Pr(>|t|)
(Intercept) -175.04126  132.34384  -1.323   0.2106
X4             1.60069    1.01092   1.583   0.1393
X5             7.14149    5.99354   1.192   0.2565
X6             0.19970    0.07268   2.748   0.0177 *
X7            -0.07281    0.02973  -2.449   0.0307 *
X8             6.21493    2.58404   2.405   0.0332 *

Residual standard error: 43.68 on 12 degrees of freedom
Multiple R-squared:  0.4861,    Adjusted R-squared:  0.272
F-statistic:  2.27 on 5 and 12 DF,  p-value: 0.1136
```

付録 B　練習問題解答 | 353

$$\ln \hat{Y}_i = -175.0413 + 1.6007\ X4_i + 7.1415\ X5_i + 0.1997\ X6_i$$
$$(-1.323)\qquad (1.583)\qquad\quad (1.192)\qquad\quad (2.748)$$
$$[0.2106]\qquad [0.1393]\qquad\ \ [0.2565]\qquad\ \ [0.0177]$$
$$-\ 0.0728\ X7_i + 6.2149\ X8_i$$
$$(-2.449)\qquad\ (2.405)$$
$$[0.0307]\qquad\ [0.0332]$$

$R^2 = 0.4861,\ \bar{R}^2 = 0.2720,\ n = 18$。ただし、( ) 内は t 値、[ ] 内は P 値

推定結果から、$X4,\ X5,\ X6,\ X7,\ X8$ が選択され、そのうち、$X6$ と $X8$ の係数がプラスで有意、$X7$ の係数がマイナスで有意となり、交通事故発生件数（$X6$）や年間救急出動件数（$X8$）が多い都道府県で地方債発行が多くなり、外国人人口（$X7$）が多い都道府県で地方債発行が少なくなる傾向にあることがわかります。

②以下の R コマンドを実行します。

```
data1 <- read.table("ke0802.csv",header = TRUE, sep =",")
data1
data1$i <- NULL
cor(data1,method="pearson")
pairs(data1)
```

cor コマンドによって、次のような結果を得ることができます。

```
> cor(data1,method="pearson")
            Y          X1          X2          X3          X4          X5
Y   1.0000000  0.2071819   0.1746116  -0.1025234   0.13436103  -0.1380793
X1  0.2071819  1.0000000   0.8352103   0.1745644   0.50406998  -0.6116818
X2  0.1746116  0.8352103   1.0000000   0.1791341   0.52249784  -0.8176504
X3 -0.1025234  0.1745644   0.1791341   1.0000000  -0.26183210  -0.1499938
X4  0.1343610  0.5040700   0.5224978  -0.2618321   1.00000000  -0.4864764
X5 -0.1380793 -0.6116818  -0.8176504  -0.1499938  -0.48647643   1.0000000
X6  0.2054697 -0.2612782  -0.1262309  -0.1286804   0.08290457   0.0146889
X7 -0.2393574 -0.5821987  -0.7426674  -0.2942635  -0.14182131   0.7517544
X8  0.1683556 -0.1547099  -0.4236734  -0.2374641  -0.38205927   0.4640740
            X6          X7          X8
Y   0.20546965  -0.2393574   0.1683556
X1 -0.26127825  -0.5821987  -0.1547099
X2 -0.12623086  -0.7426674  -0.4236734
X3 -0.12868043  -0.2942635  -0.2374641
X4  0.08290457  -0.1418213  -0.3820593
```

```
X5   0.01468890   0.7517544   0.4640740
X6   1.00000000   0.3457430  -0.3730637
X7   0.34574304   1.0000000   0.2721903
X8  -0.37306366   0.2721903   1.0000000
```

相関係数の絶対値で 0.7 を基準に考えると、変数選択で外れた変数 $X1 \sim$ $X3$ の中では、$X2$ と $X7$ の相関係数の絶対値が大きく、また、変数選択で選ばれたけれども有意でない変数 $X4$、$X5$ では、$X5$ と $X7$ との相関係数の絶対値が大きくなっています。したがって、多重共線性により、$X2$ は外され、$X5$ は P 値が小さくならなかった可能性があるといえるでしょう。

第 9 章

【問題 9.1】

回帰分析は、ある変数の変化や大きさの違いを他の変数の変化や大きさの違いで説明するものですが、その説明変数としては、数値でとらえられるもの、すなわち定量的なものが一般に用いられます。しかし、産業、地域、性別など数値化できないもの、すなわち定性的な特徴の変化や違いを説明する場合もあります。そのような定性的な特徴を表す変数としてダミー変数が用いられます。ダミー変数を用いることによって、定性的な特徴の違いに関する仮説検定を行うことが可能となります。

【問題 9.2】

$$Y_i = \alpha + \beta X_i + \gamma D_i$$

のようにダミー変数 D_i が用いられる場合、ダミー変数が 1 のとき、この式の定数項は、$\alpha + \gamma$ となります。このように、定数項の値の違いを反映するようなダミー変数は定数項ダミーと呼ばれます。一方、

$$Y_i = \alpha + \beta X_i + \delta(D_i X_i)$$

のようにダミー変数 D_i が用いられる場合、ダミー変数が 1 のとき、この式の説明変数の係数は、$\beta + \delta$ となります。このように、説明変数の係数の値の違いを反映するようなダミー変数は係数ダミーと呼ばれます。また、係数ダミーは定数項ダミーと、

$$Y_i = \alpha + \beta X_i + \gamma D_i + \delta(D_i X_i)$$

付録 B　練習問題解答　355

のように同時に用いられることが多くあります。

【問題 9.3】

　回帰分析における誤差の大きさは、各データと回帰線との縦軸方向の距離です。ダミー変数を用いない場合は 1 本の直線から誤差が測られることになります。一方、ダミー変数を用いた場合は、ダミー変数が 0 の期間についてはダミー変数を 0 としたときの式から誤差が測られ、ダミー変数が 1 の期間についてはダミー変数を 1 としたときの式から誤差が測られることになります。このように、ダミー変数を用いない場合よりもダミー変数を用いた場合のほうが、誤差が小さくなりますが、その小さくなる程度が有意に小さくなったといえるかどうかを F 検定によって検定することになります。

【問題 9.4】

①以下のように、日本とドイツのデータを上下に並べ、日本については 0、ドイツについては 1 とするダミー変数 D の列を作成します（日本を 1、ドイツを 0 としても構いません）。そして、X の列の値と D の列の値を掛け合わせて DX の列を作成します。

	A	B	C	D	E
1	i	X	Y	D	DX
2	1	X_1	Y_1	0	0
3	2	X_2	Y_2	0	0
⋮	⋮	⋮	⋮	⋮	⋮
30	29	X_{29}	Y_{29}	0	0
31	30	X_{30}	Y_{30}	1	X_{30}
⋮	⋮	⋮	⋮	⋮	⋮
67	66	X_{66}	Y_{66}	1	X_{66}

② $Y_i = \alpha + \beta X_i + \gamma D_i + \delta(D_i X_i)$ の式において、$D = 0$ のとき、日本の式になることから、$\alpha = -0.2544, \beta = -0.1566$。$D = 1$ のとき、ドイツの式になることから、$\alpha + \gamma = 2.6441$ より $\gamma = 2.6441 - \alpha = 2.6441 - (-0.2544) = 2.8985$、$\beta + \delta = -0.1899$ より $\delta = -0.1899 - \beta = -0.1899 - (-0.1566) = -0.0333$。すなわち、推定された式は、$\hat{Y_i} = -0.2544 - 0.1566 X_i + 2.8985 D_i - 0.0333(D_i X_i)$ と考えられます。

③ $Y_i = \alpha + \beta X_i$ の推定式によって計算される誤差の大きさと、$Y_i = \alpha + \beta X_i + \gamma D_i + \delta(D_i X_i)$ の式によって計算される誤差の大きさに違

いがあるかどうかを、F 検定によって検定します。資料から $F = 9.2009$ であり、その P 値は 0.0003169 と非常に小さいことから、ダミー変数の追加に意味がある、すなわち、日本とドイツの式は異なることが示されたことになります。

【問題 9.5】

①図から、コア CPI 前年比が失業率によって説明されており、失業率が高くなるとコア CPI 前年比が小さくなっていることがわかります。したがって、推定結果に現れる Y は被説明変数であるコア CPI 前年比、X は説明変数である失業率にあたります。

②図から、1994 年以降の傾きが 1993 年以前の傾きよりも緩やかであり、X の係数がマイナスで DX の係数がプラスであることから、ダミー変数は 1993 年以前が 0、1994 年以降が 1 と定義されていると考えられます。

	A	B	C	D	E
1	i	X	Y	D	DX
2	1980Q1	X_{1980Q1}	Y_{1980Q1}	0	0
3	1980Q2	X_{1980Q2}	Y_{1980Q2}	0	0
:	:	:	:	:	:
57	1993Q4	X_{1993Q4}	Y_{1993Q4}	0	0
58	1994Q1	X_{1994Q1}	Y_{1994Q1}	1	X_{1994Q1}
:	:	:	:	:	:
144	2015Q3	X_{2015Q3}	Y_{2015Q3}	1	X_{2015Q3}

③回帰分析における誤差の大きさは、各データと回帰線との縦軸方向の距離です。これを (a) ダミー変数を用いない場合（回帰線は 1 本）と (b) ダミー変数を用いた場合（回帰線は 2 本）のそれぞれにおいて求めたとき、構造変化があれば、(a) の誤差と (b) の誤差の大きさが大きく異なり、構造変化がなければあまり変わらないことになります。F 分布を用いてこの判定を行います（1994 年以降は、$D = 1$ であるため、$Y = 12.6424 - 4.2097X - 8.7027 + 3.3120X$ から、$Y = 3.9397 - 0.8977X$ となります）。

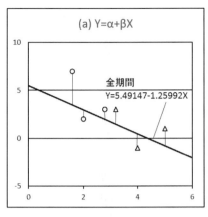
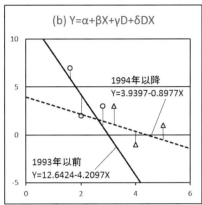

④ダミー変数を用いた回帰式 $Y_i = \alpha + \beta X_i + \gamma D_i + \delta(D_i X_i)$ において、t 検定によって構造変化が生じているかどうかは、$H_0 : \gamma = 0$、$H_1 : \gamma \neq 0$ を t 検定する際の P 値が、$1.91e-08$、$H_0 : \delta = 0$、$H_1 : \delta \neq 0$ を t 検定する際の P 値が、$1.25e-08$ となり、いずれも5%有意で構造変化があったと結論されます。一方、$H_0 : \gamma = \delta = 0$、$H_1 : \gamma \neq 0$ あるいは $\delta \neq 0$ を F 検定する際の P 値は、$8.187e-08$ となり、5%有意で構造変化があったと結論されます。したがって、t 検定と F 検定の結論は一致しています。

【問題9.6】

①医薬品ダミーの列を作成します。19番目を医薬品とすると、19番目のみ1、1～18番目については0とします。

	A	B	C	D
1	i	X	Y	D
2	1	X_1	Y_1	0
3	2	X_2	Y_2	0
:	:	:	:	:
19	18	X_{18}	Y_{18}	0
20	19	X_{19}	Y_{19}	1

② $Y_i = \alpha + \beta X_i$ の推定式によって計算される誤差の大きさと、$Y_i = \alpha + \beta X_i + \gamma D_i$ の式によって計算される誤差の大きさに違いがあるかどうかを、F 検定によって検定しています。資料から $F = 12.057$ でその P 値は 0.003412 と小さいことから、ダミー変数の追加に意味がある、すなわち、医薬品だけ、特別な位置にいることが示されたことになります。

【演習 9.1】

①以下の R コマンドを実行します。

```
data1 <- read.table("ke0901.csv",header = TRUE, sep =",")
data1
plot(data1$lnY, data1$lnE,xlab="lnY",ylab="lnE",main="輸出関数")
```

次のような結果を得ることができます。

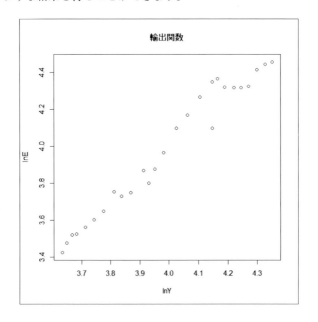

② $D_i = \begin{cases} 0 & if \quad \sim 2005 年 \\ 1 & if \quad 2006 年\sim \end{cases}$ のようにダミー変数を定義します。

③ 2006 年頃から傾きが緩やかになっているように観察できるため、係数ダミーに定数項ダミーを加えた次の式を想定します。

$$\ln E_i = \alpha + \beta \ln Y_i + \gamma D_i + \delta(D_i \ln Y_i) + u_i$$

~ 2005 年は、$D_i = 0$ ですから、

$$\ln E_i = \alpha + \beta \ln Y_i + u_i \tag{式 A}$$

2006 年〜は、$D_i = 1$ ですから、

$$\ln E_i = (\alpha + \gamma) + (\beta + \delta)\ln Y_i + u_i \tag{式 B}$$

となりますから、1本の式の推定で2期間それぞれの計2本を推定できることになります。

④次のように Excel ファイルを用意します。

	A	B	C	D	E
1	YEAR	lnE	lnY	D	DlnY
2	1990	3.426	3.635	0	0
3	1991	3.477	3.649	0	0
:	:	:	:	:	:
17	2005	4.168	4.062	0	0
18	2006	4.267	4.105	1	4.105
:	:	:	:	:	:
28	2016	4.456	4.351	1	4.351

以下の R コマンドを実行します。

```
data1 <- read.table("ke09012.csv",header = TRUE, sep =",")
datafm0 <- lm(lnE ~ lnY, data = data1)
summary(fm0)
fm1 <- lm(lnE ~ lnY + D + DlnY, data = data1)
summary(fm1)
anova(fm0,fm1)
```

ダミー変数を入れない式の推定から次のような結果を得ることができます。

```
Call:
lm(formula = lnE ~ lnY, data = data1)

Coefficients:
            Estimate Std. Error t value Pr(>|t|)
(Intercept) -1.94744    0.21959  -8.868 3.41e-09 ***
lnY          1.48578    0.05496  27.034  < 2e-16 ***

Residual standard error: 0.06456 on 25 degrees of freedom
Multiple R-squared:  0.9669,    Adjusted R-squared:  0.9656
F-statistic: 730.8 on 1 and 25 DF,  p-value: < 2.2e-16
```

$$\ln \hat{E}_i = -1.94744 + 1.48578 \ln Y_i$$
$$\quad\quad (-8.868) \quad (27.034)$$
$$\quad\quad [0.000] \quad\quad [0.000]$$
$$R^2 = 0.9669,\ n = 27。ただし、(\ )内は t 値、[\ ]内は P 値$$

360 付　録

ダミー変数を入れた式の推定から次のような結果を得ることができます。

```
Call:
lm(formula = lnE ~ lnY + D + DlnY, data = data1)

Coefficients:
            Estimate Std. Error t value Pr(>|t|)
(Intercept)  -2.1773     0.4057  -5.366 1.89e-05 ***
lnY           1.5448     0.1059  14.583 4.12e-13 ***
D             2.9522     1.0254   2.879  0.00847 **
DlnY         -0.7022     0.2468  -2.845  0.00917 **

Residual standard error: 0.05722 on 23 degrees of freedom
Multiple R-squared:  0.9761,    Adjusted R-squared:  0.973
F-statistic:   313 on 3 and 23 DF,  p-value: < 2.2e-16
```

$$\ln \hat{E}_i = -2.1773 + 1.5448 \ln Y_i + 2.9522\, D_i - 0.7022\ D\ln Y_i$$
$$(-5.366)\quad (14.583)\qquad\quad (2.879)\qquad (-2.845)$$
$$[0.000]\quad\ [0.000]\qquad\quad [0.008]\qquad\ [0.009]$$
$$R^2 = 0.9761,\ \overline{R}^2 = 0.9730,\ n = 27。ただし、( ) 内は t 値、[ ] 内は P 値$$

● t 値による構造変化の検定

定数項ダミー、係数ダミーのそれぞれの P 値は、0.00847、0.00917 と小さく、構造変化があったことがわかります。

● F 値による構造変化の検定

anova コマンドにより次のような結果を得ることができます。

```
> anova(fm0,fm1)
Analysis of Variance Table

Model 1: lnE ~ lnY
Model 2: lnE ~ lnY + D + DlnY
  Res.Df      RSS Df Sum of Sq      F  Pr(>F)
1     25 0.104207
2     23 0.075314  2  0.028893 4.4118 0.02389 *
```

P 値が 0.02389 と小さく、構造変化があったことがわかります。

付録 B　練習問題解答 361

【演習 9.2】

① $D_i = \begin{cases} 1 & if \quad \text{Greece あるいは Italy} \\ 0 & if \quad \text{その他} \end{cases}$ のようにダミー変数を定義します。

② 定数項ダミーを加えた次の式を想定します。

$$G(Y)_i = \alpha + \beta G(L)_i + \gamma G(K)_i + \delta D_i + u_i$$

③ 次のように Excel ファイルを用意します。

	A	B	C	D	E
1	i	GY	GL	GK	D
2	1	2.88	1.9	3.71	0
3	2	1.05	1.34	1.53	0
:	:	:	:	:	:
12	11	1.48	1.24	1.3	0
13	12	-4.82	-4.95	-0.74	1
14	13	1.39	0.91	0.93	0
:	:	:	:	:	:
17	16	3.42	3.35	3.72	0
18	17	-1.11	-0.72	0.51	1
19	18	0.69	0.24	0.89	0
:	:	:	:	:	:
34	33	1.93	1.24	1.24	0

以下の R コマンドを実行します。

```
data1 <- read.table("ke0902.csv",header = TRUE, sep =",")
data1
fm0 <- lm(GY ~ GL + GK, data = data1)
summary(fm0)
fm1 <- lm(GY ~ GL + GK + D, data = data1)
summary(fm1)
anova(fm0,fm1)
```

ダミー変数を入れない式の推定から次のような結果を得ることができます。

```
Call:
lm(formula = GY ~ GL + GK, data = data1)

Coefficients:
            Estimate Std. Error t value Pr(>|t|)
(Intercept)   0.2752     0.2817   0.977   0.3365
GL            0.7506     0.1246   6.026  1.3e-06 ***
```

```
GK              0.3184      0.1564     2.036    0.0507 .

Residual standard error: 0.9067 on 30 degrees of freedom
Multiple R-squared:  0.7716,   Adjusted R-squared:  0.7564
F-statistic: 50.68 on 2 and 30 DF,  p-value: 2.397e-10
```

$$\widehat{G(Y)}_i = 0.2752 + 0.7506\,G(L)_i + 0.3184\,G(K)_i$$
$$(0.977) \quad (6.026) \qquad\quad (2.036)$$
$$[0.3365] \quad [0.000] \qquad\quad [0.051]$$

$R^2 = 0.7716,\ \overline{R}^2 = 0.7564,\ n = 33$。ただし、( ) 内は t 値、[ ] 内は P 値

ダミー変数を入れた式の推定から次のような結果を得ることができます。

```
Call:
lm(formula = GY ~ GL + GK + D, data = data1)

Coefficients:
            Estimate Std. Error t value Pr(>|t|)
(Intercept)   0.4681     0.2801   1.671   0.1054
GL            0.6313     0.1297   4.869 3.65e-05 ***
GK            0.3144     0.1475   2.131   0.0417 *
D            -1.6072     0.7391  -2.174   0.0380 *

Residual standard error: 0.8552 on 29 degrees of freedom
Multiple R-squared:  0.8036,   Adjusted R-squared:  0.7833
F-statistic: 39.56 on 3 and 29 DF,  p-value: 2.235e-10
```

$$\widehat{G(Y)}_i = 0.4681 + 0.6313\,G(L)_i + 0.3144\,G(K)_i - 1.6072\ D_i$$
$$(1.671) \quad (4.869) \qquad\quad (2.131) \qquad\qquad (-2.174)$$
$$[0.105] \quad [0.000] \qquad\quad [0.042] \qquad\qquad [0.038]$$

$R^2 = 0.8036,\ \overline{R}^2 = 0.7833,\ n = 33$。ただし、( ) 内は t 値、[ ] 内は P 値

● t 値による構造変化の検定

定数項ダミーの P 値は、0.038 と小さく、Greece と Italy はこの時期、他の先進諸国と構造が異なっていたことがわかります。

● F 値による構造変化の検定

anova コマンドにより次のような結果を得ることができます。

付録 B　練習問題解答　363

```
> anova(fm0,fm1)
Analysis of Variance Table

Model 1: GY ~ GL + GK
Model 2: GY ~ GL + GK + D
  Res.Df    RSS Df Sum of Sq      F  Pr(>F)
1     30 24.665
2     29 21.207  1    3.4577 4.7283 0.03797 *
```

　P 値が 0.038 と小さく、Greece と Italy はこの時期、他の先進諸国とは構造が異なっていたことがわかります。

第 10 章

【問題 10.1】

　経済活動の仕組みを原因と結果の関係式として表す式の集まりを構造方程式と呼びます。そして、構造方程式において同時決定すると考えられる内生変数を被説明変数とし、構造方程式ではその大きさが決定されない外生変数を説明変数とするように、構造方程式から導いた式を誘導形と呼びます。

【問題 10.2】

　間接最小 2 乗法は、最初に、構造方程式体系において同時決定する内生変数と考えられる変数を被説明変数とし、外生変数を説明変数とする誘導形を導きます。その誘導形について、古典的最小 2 乗法を用いて、誘導形の係数を推定します。次に、それら誘導形の係数と構造方程式の係数の関係を示す連立方程式を用いて構造方程式の係数を解くことによって構造方程式の係数を求めます。

【問題 10.3】

　2 段階最小 2 乗法は、最初に、構造方程式体系において同時決定する内生変数と考えられる変数を被説明変数とし、外生変数を説明変数とする誘導形を導きます。その誘導形について、古典的最小 2 乗法を用いて、誘導形の係数を推定します。推定した誘導形から構造方程式の右辺に説明変数として現れる内生変数の理論値を求めます。その内生変数の理論値を構造方程式の右辺の内生変数の実績値と入れ替えた構造方程式を、古典的最小 2 乗法によって推定することにより、構造方程式の係数を求めます。

【問題 10.4】

Y を Y、r を XR、I を XI、M を XM とおきます。

```
data1 <- read.table("ファイル名.csv",header = TRUE, sep = ",")
data1
iseq <- Y ~ XR + XI
lmeq <- Y ~ XR + XM
system <- list( IS curve = iseq , LM curve = lmeq )
inst <- ~ XI + XM
sys2sls <- systemfit( system, "2SLS",inst = inst, data = data1)
summary(sys2sls)
```

【問題 10.5】

① 両方の式に同じ変数が登場しますが、対象が全産業と製造業と異なるだけであり、需要関数・供給関数のように市場で同時決定する変数とは考えられないためです。

② 生産性（Y）が稼働率（ρ）とタイムトレンド（t）によって説明され、さらに、稼働率（ρ）が労働生産性（Y）と設備投資額（I）で決まるとすると、生産性（Y）と稼働率（ρ）を内生変数、タイムトレンド（t）と設備投資額（I）を外生変数とする次のような同時方程式体系と考えられます。

$$Y_t = \alpha_0 + \alpha_1 \rho_t + \alpha_2 t + u_t$$
$$\rho_t = \beta_0 + \beta_1 Y_t + \beta_2 I_t + v_t$$

③ 誘導形は構造方程式について左辺を内生変数、右辺を外生変数とするように解いたものであり、次のような形になります。

$$Y_t = \gamma_0 + \gamma_1 t + \gamma_2 I_t + \varepsilon_t$$
$$\rho_t = \delta_0 + \delta_1 t + \delta_2 I_t + \omega_t$$

【問題 10.6】

① 例えば、$\ln I_i = \alpha_0 + \alpha_1 \ln P_i + \alpha_2 \ln F_i + u_i$ の式の右辺に現れる誤差項 u が変化すると、左辺の $\ln I$ が変化しますが、$\ln F_i = \beta_0 + \beta_1 \ln I_i + \beta_2 \ln S_i + v_i$ の式の左辺の $\ln F$ も変化します。すなわち、$\ln I_i = \alpha_0 + \alpha_1 \ln P_i + \alpha_2 \ln F_i + u_i$ の式の誤差項 u と説明変数である $\ln F$ に関係が生じることになり、説明変数は独立であるという古典的最小 2 乗法でおかれる仮定の 1 つが成立しないことになるため、古典的最小 2 乗法では正しい推定および検定が行えないことになります。

付録 B 練習問題解答 365

②誘導形は構造方程式について左辺を内生変数、右辺を外生変数とするように解いたものであり、次のような形になります。

$$\ln I_i = \gamma_0 + \gamma_1 \ln P_i + \gamma_2 \ln S_i + \varepsilon_i$$
$$\ln F_i = \delta_0 + \delta_1 \ln P_i + \delta_2 \ln S_i + \omega_i$$

【演習 10.1】

systemfit パッケージの（インストールと）読み込みを行ったあと、以下の R コマンドを実行します。

```
data1 <- read.table("ke1001.csv",header = TRUE, sep = ",")
data1
dem <- L ~ W + Y
sup <- L ~ W + U
system <- list( demand = dem, supply = sup )
inst <- ~ Y + U
sys2sls <- systemfit( system, "2SLS",inst = inst, data = data1)
summary(sys2sls)
```

次のような結果を得ることができます。

```
2SLS estimates for'demand' (equation 1)
Model Formula: L ~ W + Y
Instruments: ~Y + U
            Estimate Std. Error  t value   Pr(>|t|)
(Intercept) 5156.42019 421.20784 12.24199 7.4095e-10 ***
W             -5.67384   2.30502 -2.46152  0.0248241 *
Y              6.60653   1.92950  3.42395  0.0032356 **

Residual standard error: 71.28918 on 17 degrees of freedom
Number of observations: 20 Degrees of Freedom: 17
SSR: 86396.501794 MSE: 5082.147164 Root MSE: 71.28918
Multiple R-Squared: 0.135354 Adjusted R-Squared: 0.033631

2SLS estimates for'supply' (equation 2)
Model Formula: L ~ W + U
Instruments: ~Y + U
            Estimate Std. Error  t value  Pr(>|t|)
(Intercept) 4124.82559 1227.74501 3.35968 0.0037184 **
W              7.21160    3.79322 1.90118 0.0743678 .
U           -101.93363   58.19327 -1.75164 0.0978547 .

Residual standard error: 139.349862 on 17 degrees of freedom
```

```
Number of observations: 20 Degrees of Freedom: 17
SSR: 330112.529408 MSE: 19418.384083 Root MSE: 139.349862
Multiple R-Squared: -2.303729 Adjusted R-Squared: -2.692403
```

労働需要関数は、

$$\hat{L}_i = 5156.42 - \underset{(-2.462)}{5.6738} \ W_i + \underset{(3.424)}{6.6065} \ Y_i$$
$$\underset{[0.000]}{(12.242)} \quad \underset{[0.025]}{(-2.462)} \quad \underset{[0.003]}{(3.424)}$$

労働供給関数は、

$$\hat{L}_i = 4124.83 + 7.2116 W_i - 101.93 \ U_i$$
$$\underset{[0.004]}{(3.360)} \quad \underset{[0.074]}{(1.901)} \quad \underset{[0.098]}{(-1.752)}$$

ただし、( )内は t 値、[ ]内は P 値

　これらの結果から、労働需要は、賃金上昇に伴い減少し、経済の拡大に伴い増加することが明らかとなり、労働供給は、賃金上昇に伴い増加し、失業率の上昇に伴い減少していることが明らかとなります。

【演習 10.2】

　systemfit パッケージの（インストールと）読み込みを行ったあと、以下の R コマンドを実行します。

```
data1 <- read.table("ke1002.csv",header = TRUE, sep = ",")
data1
dem <- lnQ ~ lnP + lnX
sup <- lnQ ~ lnP + lnE
system <- list( demand = dem, supply = sup )
inst <- ~ lnE + lnX
sys2sls <- systemfit( system, "2SLS",inst = inst, data = data1)
summary(sys2sls)
```

　次のような結果を得ることができます。

```
2SLS estimates for 'demand' (equation 1)
Model Formula: lnQ ~ lnP + lnX
Instruments: ~lnE + lnX

            Estimate Std. Error  t value Pr(>|t|)
```

付録 B 練習問題解答 | 367

```
(Intercept) 66.379796   52.542629   1.26335 0.223515
lnP         -9.391025   10.130333  -0.92702 0.366891
lnX         -2.015621    0.751621  -2.68170 0.015765 *

Residual standard error: 0.121645 on 17 degrees of freedom
Number of observations: 20 Degrees of Freedom: 17
SSR: 0.251558 MSE: 0.014798 Root MSE: 0.121645
Multiple R-Squared: 0.489306 Adjusted R-Squared: 0.429224

2SLS estimates for 'supply' (equation 2)
Model Formula: lnQ ~ lnP + lnE
Instruments: ~lnE + lnX

              Estimate Std. Error  t value Pr(>|t|)
(Intercept) -43.495839  18.880808 -2.30371 0.034133 *
lnP          11.255980   4.039544  2.78645 0.012661 *
lnE          -0.365241   0.130460 -2.79964 0.012315 *

Residual standard error: 0.116521 on 17 degrees of freedom
Number of observations: 20 Degrees of Freedom: 17
SSR: 0.23081 MSE: 0.013577 Root MSE: 0.116521
Multiple R-Squared: 0.531427 Adjusted R-Squared: 0.4763
```

乗用車需要関数は、

$$\ln \hat{Q}_i = 66.3798 - 9.3910 \ln P_i - 2.0156 \ln X_i$$
$$(1.263) \quad (-0.927) \qquad (-2.682)$$
$$[0.224] \quad [0.367] \qquad [0.0158]$$

乗用車供給関数は、

$$\ln \hat{Q}_i = -43.4958 + 11.2559 \ln P_i - 0.3652 \ln E_i$$
$$(-2.304) \quad (2.786) \qquad (-2.800)$$
$$[0.034] \quad [0.013] \qquad [0.012]$$

ただし、( ) 内は t 値、[ ] 内は P 値

　これらの結果から、乗用車に対する需要は、乗用車価格上昇に伴い減少し、保有台数の増加に伴い減少することが明らかとなり、乗用車の供給は、その価格上昇に伴い増加し、輸出台数の増加に伴い減少していることが明らかとなります。ただし、需要関数における乗用車価格の係数は有意ではなく、乗用車に対する需要は価格以外の要因、例えばデザインや品質の変化も重要であることが考えられます。

参考文献

（1）R について

R に関する書籍が最近次々と出版されるようになっています。

統計学の基礎・応用と R に関する丁寧な記述があるものとして、山田剛史・杉澤武俊・村井潤一郎『R によるやさしい統計学』（オーム社、2008 年）。また、「R コマンダー」を用いての R への導入としては、逸見功『「R」超入門：実例で学ぶ初めてのデータ解析』（講談社、2018 年）などがあります。

社会科学全般での R による分析については、今井耕介『社会科学のためのデータ分析入門（上）（下）』（岩波書店、2018 年）が挙げられます。

（2）計量経済学について

R を用いた計量経済学のテキストとしては、福地純一郎・伊藤有希『R による計量経済分析』（朝倉書店、2011 年）、赤間世紀『「R」で学ぶ計量経済学』（工学社、2009 年）などがあります。

計量経済学について初心者にわかりやすく書かれたテキストとしては、羽森茂之『ベーシック計量経済学（第 2 版）』（中央経済社、2018 年）、田中隆一『計量経済学の第一歩：実証分析のススメ』（有斐閣、2015 年）などが挙げられます。

計量経済学の手法とその数理などについて包括的にまとめられているテキストとしては、蓑谷千凰彦『計量経済学（第 2 版）』（多賀出版、2003 年）、浅野晢・中村二朗『計量経済学（第 2 版）』（有斐閣、2009 年）、黒住英司『計量経済学』（東洋経済新報社、2016 年）、鹿野繁樹『新しい計量経済学：データで因果関係に迫る』（日本評論社、2015）、山本勲『実証分析のための計量経済学：正しい手法と結果の読み方』（中央経済社、2015 年）が挙げられます。蓑谷は数式展開が詳しく、浅野・中村は入門書ではあまり用いない行列表記を使い高度な手法も解説し、黒住は実証分析の進め方や論文執筆の初歩にも言及され、鹿野は因果関係の識別にかかわるトピックも取り上げられ、山本では多くの分析手法が取り上げられています。将来、研究者を目指そうという人にはこれらのテキストは有用となるでしょう。

将来、海外の大学への留学などを考えている人は、計量経済学を英語で勉強することも役に立つでしょう。W. H. Greene, "Econometric Analysis, 8th ed.", (Pearson, 2018) は、現在、米国の学部上級・大学院における計量経済学のテキストとして広く使われています。翻訳書があるテキストとしては、J. H. Stock & M. W. Watson, "Introduction to Econometrics, 3rd ed.", (Pearson, 2017) （宮尾龍蔵訳『入門計量経済学』、共立出版、2016 年、原書第 2 版）が挙げられます。

（3）計量ソフトを用いた計量経済学について

R によって計量ソフトに興味を持たれた方は、他の計量ソフトにチャレンジするのもよいでしょう。山内長承『Python による統計分析入門』（オーム社、2018 年）、松浦寿幸『Stata によるデータ分析入門：経済分析の基礎からパネル・データ分析まで（第 2 版）』（東京図書、2015 年）、高橋青天・北岡孝義『EViews によるデータ分析入門：計量経済学の基礎からパネルデータ分析まで』（東京図書、2013 年）などが挙げられます。

索　引

[数字]

2段階最小2乗法 280

[A]

AIC 233

[B]

BPテスト 157, 177

[C]

CES型生産関数 36

[D]

DW 111

[E]

Excel 62

[F]

*F*検定 257

[O]

OLS 48

[P]

*P*値 98

[R]

R 53

[T]

*t*検定 256
*t*値 97
*t*分布 97

[あ]

赤池情報量基準 233
一階の自己相関 106
横断面データ 23, 153

[か]

カイ2乗分布 155
回帰係数 46, 85, 97, 190, 197
回帰係数の標準誤差 91, 197, 220
回帰式 46, 79
回帰分析 39, 42, 46, 51, 62, 74
外生変数 277
ガウス＝マルコフの定理 87
拡張機能のインストール 305
拡張機能の読み込み 309
仮説検定 25, 97
片対数 51
傾き 46
関数の推定 52
関数の特定化 51
間接最小2乗法 280
棄却域 97
帰無仮説 26
供給関数 14, 274
供給曲線 13, 274
均一分散 41, 89, 150
クロスセクションデータ 29, 169, 246
経済学 20
経済現象 39
経済構造 3
経済モデル 20
経済モデルの提示 22
経済問題 3
経済理論 4, 8
係数ダミー 248
計量経済学 15, 20, 38
計量経済分析 20
ケインズ型消費関数 29
決定係数 80, 83, 202
限界消費性向 22
限界性向 165
恒常所得仮説 32
構造変化 245
構造方程式 277
勾配 46
勾配の標準誤差 91

効用関数 6
誤差 80
誤差項 24, 46, 190
誤差分散 80
古典的最小2乗法 41, 48, 86, 106, 150, 277
コブ＝ダグラス型生産関数 34

[さ]

最小2乗法 46
残差 47
残差平方和 82
散布図 63, 66
識別可能 276
識別不能 276
識別問題 274
時系列グラフ 142
時系列データ 23, 153
自己相関 88, 106, 121
市場均衡 13
実績値 47, 213
重回帰分析 190, 202, 220
重回帰モデル 190
習慣形成仮説 30
習慣形成効果 30
従属変数 46
自由度 81
自由度修正済決定係数 203
需要関数 8, 14, 274
需要曲線 13, 274
消費関数 6, 28
（消費の）所得弾力性 23
正規分布 94
正規方程式 48
生産関数 33
絶対所得仮説 29
切片 46
説明変数 8, 46, 190
説明変数を追加 190
線形 51
線形関数 23
双曲線 52
相対所得仮説 30, 31

[た]

ダービン＝ワトソン統計量 111, 113, 131
ダービン＝ワトソン統計量の分布表 134
対数化 164
対数線形 23, 51, 165
タイムシリーズデータ 23, 248

対立仮説 26
多重共線性 220, 223, 225, 232
ダミー変数 246
単純回帰分析 45, 53
単純回帰モデル 46, 190
弾力性 166
定数項 46
定数項ダミー 246
データの収集 23
デモンストレーション効果 31
統計分析 11
同時方程式体系 273, 280
同時方程式バイアス 278
独立変数 46
トランス・ログ型生産関数 37
トレンド項 123

[な]

内生変数 277

[は]

外れ値 152
パッケージのインストール 305
パッケージの読み込み 309
被説明変数 46, 190
標準誤差 81, 91, 197
比率 169
不均一分散 89, 150, 154, 164
ブロイシュ・ペーガン・テスト 156
分散 81
分析ツール 68
変数選択 233
変数変換 121, 127, 164, 169, 232
母集団 26

[ま]

マクロ経済学 4, 5
ミクロ経済学 4, 6
見せかけの関係 9
モデルの推定 24
モデルの特定化 23

[や]

有意水準 97
誘導形 279

[ら]

ラチェット効果 31
理論値 47, 191, 213

〈著者略歴〉

秋山　裕（あきやま　ゆたか）

1985 年　慶應義塾大学経済学部卒業
1987 年　慶應義塾大学大学院経済学研究科修了、同大学経済学部
　　　　　助手
1994 年　慶応義塾大学大学院経済学研究科博士課程単位取得、同
　　　　　大学経済学部専任講師
1996 年　助教授
1989 ～ 93 年：米国カリフォルニア大学ロサンゼルス校（UCLA）
　　　　　に留学
現在　慶應義塾大学経済学部准教授

■■ 主な著書

『経済発展論入門』（単著、東洋経済新報社、1999 年 4 月）
『統計学基礎講義（第 2 版）』（単著、慶應義塾大学出版会、2015
年 4 月）
『世界経済・社会統計　2012』（The World Bank『World Devel-
opment Indicators 2012』の日本語訳書、柊風舎、2014 年 12 月）

- 本書の内容に関する質問は、オーム社ホームページの「サポート」から、「お問合せ」
の「書籍に関するお問合せ」をご参照いただくか、または書状にてオーム社編集局宛
にお願いします。お受けできる質問は本書で紹介した内容に限らせていただきます。
なお、電話での質問にはお答えできませんので、あらかじめご了承ください。
- 万一、落丁・乱丁の場合は、送料当社負担でお取替えいたします。当社販売課宛に
お送りください。
- 本書の一部の複写複製を希望される場合は、本書扉裏を参照してください。
JCOPY ＜出版者著作権管理機構　委託出版物＞

Rによる計量経済学　第 2 版

2009 年 1 月 23 日　　第 1 版第 1 刷発行
2018 年 9 月 5 日　　第 2 版第 1 刷発行
2023 年 5 月 25 日　　第 2 版第 6 刷発行

著　　者　秋山　裕
発行者　村上和夫
発行所　株式会社 オーム社
　　　　　郵便番号　101-8460
　　　　　東京都千代田区神田錦町 3-1
　　　　　電話　03(3233)0641（代表）
　　　　　URL　https://www.ohmsha.co.jp/

© 秋山　裕 2018

組版　チューリング　　印刷・製本　三美印刷
ISBN978-4-274-22265-8　Printed in Japan

関連書籍のご案内

Rで統計 この3冊

Rの操作と統計学の基礎から応用まで学べる！

『R』とは、統計解析のフリーソフトです。データ分析で役立つ数多くの関数が用意されており、基本統計量の算出や検定、グラフを出力する関数などがあります。これらの機能を使うことによって、Excel よりも複雑な多変量解析が簡単に行えるようになります。

＊Rのダウンロードとインストールは、CRANホームページ
https://cran.r-project.org/ より

Rの操作手順と統計学の基礎が身につく1冊！
- 山田 剛史・杉澤 武俊・村井 潤一郎 共著
- A5判・420頁
- 定価（本体 2,700 円＋税）

マーケティングデータを用いて統計分析力を身につける！
- 本橋 永至 著
- A5判・272頁
- 定価（本体 2,600 円＋税）

この1冊で実務に対応！統計の基礎から応用まで網羅!!
- 外山 信夫・辻谷 将明 共著
- A5判・384頁
- 定価（本体 3,800 円＋税）

もっと詳しい情報をお届けできます。
◎書店に商品がない場合または直接ご注文の場合は右記宛にご連絡ください。

ホームページ	https://www.ohmsha.co.jp/
TEL／FAX	TEL.03-3233-0643　FAX.03-3233-3440

（定価は変更される場合があります）